水基钻井液成膜理论与技术

孙金声　蒲晓林　等著

石油工业出版社

内 容 提 要

本书对水基钻井液半透膜、隔离膜、超低渗透膜处理剂的合成或形成理论与作用机理，双膜封堵保护储层作用机理和技术做了较全面的论述。还介绍了纳米膜水基钻井液、超低渗透膜钻井液技术及现场应用实例分析等。

本书可供从事钻井液理论与技术研究人员、现场技术人员、石油院校相关专业师生参考使用。

图书在版编目（CIP）数据

水基钻井液成膜理论与技术／孙金声，蒲晓林等著
北京：石油工业出版社，2013.11
ISBN 978-7-5021-9765-0

Ⅰ．水…

Ⅱ．①孙…②蒲…

Ⅲ．水基钻井液

Ⅳ．TE254

中国版本图书馆 CIP 数据核字（2013）第 215116 号

出版发行：石油工业出版社
　　　　　（北京安定门外安华里 2 区 1 号　100011）
　　　　　网　址：www.petropub.com.cn
　　　　　编辑部：(010) 64523563　发行部：(010) 64523620
经　　销：全国新华书店
印　　刷：北京中石油彩色印刷有限责任公司

2013 年 11 月第 1 版　2013 年 11 月第 1 次印刷
787×1092 毫米　开本：1/16　印张：13
字数：316 千字

定价：50.00 元

前　言

石油和天然气是我国最重要的一次性能源，对国民经济建设有重大影响。钻井工程是油气勘探与开发重要的生产技术手段，其成本约占总成本的 50%。井筒完整性（井壁稳定、井壁坚实不漏等）和目标地层有效性（储层保护）是长期以来钻井过程中尚未圆满解决的世界性难题。钻井过程中井壁垮塌及井漏造成的直接经济损失巨大，其所引起的固井质量差、储层伤害等间接经济损失更为严重。钻井过程中储层伤害严重影响新油田的发现和油气井产量，据统计，我国约 80% 的井存在储层伤害。储层保护一直是国际石油工程界最为关注的重大技术攻关方向之一，是一项亟待解决的重大国际性难题。目前国内外主要是通过隔绝性的暂堵技术和提高钻井液液相的抑制性来保护储层，研究重点主要是针对储层表面通道的物理封堵技术。但传统物理封堵技术选择暂堵剂的规则和方法受储层介质表面通道的非均匀性和非确定性制约而具有明显的局限性。其技术虽然在有些油田保护储层有很好效果，但在另一些油田却效果不佳。暂堵剂选择不当时，甚至导致储层伤害更加严重。

随着石油钻井工程向更深、更快、更经济、更清洁、更安全方向发展，对决定钻井工程成败的钻井液技术提出了更高的要求，仅仅依靠传统的钻井液防塌、堵漏、储层保护技术难以应对油气钻井工程中面临的重大技术难题，必须研究和发展新理论、新方法、新产品和新技术才能在攻克重大技术难题上有所突破。

针对油气钻井中的井筒完整性和目标地层有效性提出的重大技术难题，国家与中国石油天然气集团公司陆续设立重大科技项目，经过 10 余年持续攻关，在基础理论与应用技术方面均取得重要进展。其中，提出了水基钻井液成膜（半透膜、隔离膜、超低渗透膜及"双膜"保护储层）理论，形成了多项具有自主知识产权的关键技术，经过全面推广应用，取得了技术与生产显著效果。

随着钻井液技术的发展，相关理论、技术和方法有很多进展，笔者将相关研究成果编写并出版《水基钻井液成膜理论与技术》一书，以供石油科研院所、高校、石油勘探公司等相关研究人员参考使用。

本书共六章，各章由相关技术的主要研究人员编写。第一章"绪论"由孙金声、卜海编写；第二章"半透膜水基钻井液理论与成膜技术"由孙金声、任福深、蒲晓林、林喜斌、张艳娜编写；第三章"隔离膜水基钻井液理论与技术"由孙金声、蒲晓林、张洁编写；第四章"超低渗透膜水基钻井液理论与技术"由孙金声编写；第五章"'双膜'保护储层钻井液理论与技术"由孙金声、杨枝、张洁、张希文编写；第六章"现场应用典型实例"由孙金声、卜海、张希文编写。本书由孙金声、蒲晓林统编和修改。

本书在编写过程中，得到了中国石油集团总部、中国石油钻井工程技术研究院、相关油气田单位领导以及有关院士、专家的大力支持，在此一并致谢。书中不妥之处，恳请各位专家和学者批评指正，以期再版时充实提高。

蒋锦 蒲晓林

2013 年 7 月

目　　录

第一章 绪 论

第一节 水基钻井液成膜技术的发展

随着二十世纪初旋转钻井方式的工业应用，一种开始为了携出井底钻屑为主要功能的钻井连续循环液体应需而生。初始是用清水作为携出岩屑的载体，随着钻井实践的广泛进行，人们发现自然浑水比清水更有利于岩屑的携带，于是有了"泥浆（mud）"这一早期钻井液（Drilling mud）的代名词，随着井的加深和钻井工程难度的加大，开始人为有意识地研究改善和提高钻井液的工程服务性能，于是逐渐形成了各种具有特征性能的"钻井液体系"（Drilling Mud System）。整个钻井液的发展路线图为清水—浑水—细分散体系—粗分散体系—不分散体系—无黏土相体系。这些钻井液体系发展的核心均是对钻井液中的黏土（主要是配浆土，次为钻屑）处理技术的发展。例如：在初期由于认识到浑水比清水有利于携带岩屑、清洗井底，因而人为的加入分散型化学剂，使较大尺度的黏土颗粒分散到胶体颗粒范围来保持"钻井液性能"的稳定，因而形成了"稳定的分散体系"。但随着井深的增加，所钻地层复杂性的增大（如大段水敏性泥页岩、岩层、石膏层等），很快就发现钻井液中必须加具有抑制作用的添加剂，才能顺利的钻穿这些复杂地层，保持井壁的稳定。这样，钻井液技术处理的原则和目的就从"高度分散"走向了如何能抑制和降低黏土（岩屑）的高度分散，同时又能保持适宜的流变性、造壁性等，因而形成了适度分散的"粗分散"钻井液体系。随着技术水平的提高，抑制黏土分散的方法和处理剂得到发展，从无机物到有机物、从低级化学剂到高级化学剂进而形成了"不分散、低固相聚合物钻井液"体系。在这一发展过程中，人们为了杜绝因"水"而引起的麻烦，研究了以油为分散介质的钻井液体系，发展了从原油到柴油、白油、植物油和合成烃类化合物。目前，在海上钻深井时，虽然80%以上井使用了油基钻井液体系，但是由于成本因素及日益严格的环保限制，国内钻井及国外陆地钻井主要还是采用水基钻井液体系。

纵观钻井液技术的发展，始终是着眼于井筒安全并围绕着"地层稳定"与"钻井液稳定"这一对稳定但又是一对矛盾的"相互转化"、"相互联系"、"相互依赖"又"相互排斥"的过程而发展进步的。近年来，随着油气勘探开发效益和效率要求的提高，已使传统的"钻井液完井液技术"要求凝炼升华为"完井液钻井液技术"要求，即将油气层保护作为油气钻井的第一位要求。为了"地层稳定"，人们开发利用了无机盐（一价、二价、三价以及络合物）抑制剂，阴离子、阳离子、两性离子以及不同官能团不同相对分子质量的高聚物絮凝剂和包被剂。为了"钻井液稳定"，人们开发利用了膨润土类、纤维素类、褐煤类、淀粉类、木质素类、沥青类等系列产品和一些带磺酸基团的聚合物，以达到既能保持地层稳定，又能具有良好钻井液性能的协调统一。钻井液技术的发展已将原始的膨润土—水这一负电性的初级钻井液分散体系改造成为能够适应多种复杂环境、复杂条件影响的多功能完井液钻井液高级分散体系。

在油气钻井中，井壁稳定性问题一直是钻井工程的重大技术难题，虽经过历年无数技术人员的研究，形成过许多防塌钻井液技术，见到过良好的防塌效果，但限于井壁失稳的岩石力学、钻井液流体力学与化学综合作用机制的复杂性，目前仍没有彻底解决，仍然是当前钻井工程普遍存在的井下复杂情况之一。当前，我国老油田尽管绝大部分井均能钻达目的层，但井塌现象仍然普遍存在，井径扩大率偏大，不能完全满足井眼质量的要求。而新区钻探时，由于对地层岩石物理化学组构特性和岩石三压力剖面认识不清，防塌措施缺乏准确预测性和针对性，钻井过程井塌仍然不断发生，尤其是在西部深井钻井，钻遇山前强地应力构造和大段泥页岩、特别是盐膏井段过程中井壁失稳问题表现得尤为突出。当前有效的防塌剂如沥青类、腐殖酸类等产品，因荧光级别或颜色深经常被地质与环保部门禁用，给井壁稳定问题的解决更增加了难度；此外，钻进多压力层系井段、强地应力作用下山前构造带、煤层、玄武岩、辉绿岩、凝灰岩、石灰岩、岩膏层、含盐膏软泥页岩等非泥页岩地层时，井壁不稳定问题以及井壁失稳诱发的井下复杂情况仍然相当严重。因而为了攻克此难题，必须继续加强研究井壁稳定技术。

众所周知，水进入近井壁泥页岩地层是井壁失稳的主要原因之一，水的进入一方面使得近井壁地层岩石孔隙压力增高，围岩有效应力减小，引起井眼周围岩石应力分布发生严重变化与恶化，另一方面，泥页岩岩石吸水后强度降低，引起岩石抗剪力学性质降低，容易发生剪切破坏，导致岩石在高剪切力作用和低剪强度弱抵抗下极易发生失稳垮塌。由此可见，井壁失稳的原因之一是由于孔隙压力扩散增大所至，维持井壁稳定的途径之一就在于控制孔隙压力扩散增大的问题上。在过平衡钻井中，若是井眼没有有效的阻隔层，钻井液将会渗入地层，由于地层的低渗透性且已处于饱和状态，即便是极少量的滤液渗入地层，也会在近井眼地带引起很大的孔隙压力，导致井眼的不稳定。因此，采用水基钻井液钻井时，首先必须采取一切技术手段阻止水进入地层。水进入地层的推动力主要有：静压差、动压差、渗透压差、毛细管力，减小这些推动力的大小，或者改变推动力的方向，均对防塌有利有效。其次，降低水进入地层的速度和总量，改变水的性质，也是防塌的有效技术手段。

石油钻探的目的是为了发现油气层和正确评价油气藏，以及最大限度的开发油气层。从钻开储层到固井、射孔、试油、修井、取心以及进行增产措施如压裂、酸化、注水过程中，由于外来液体和固相侵入储层，与储层中的黏土及其他物质发生物理化学作用，使井眼周围油层渗透率下降形成低渗透带，增加油流阻力降低原油产量导致储层伤害。储层伤害使原油产量降低，储采比降低，这一问题对中、低渗透性的油层至关重要，对于高渗透油层的危害亦不可忽视。因此，钻井过程中储层保护技术一直是国际石油工程界最为关注的重大技术难题之一，不仅影响储层的发现和油气井产量、试井与测井资料的准确性，严重时可导致误诊，漏掉甚至"枪毙"储层。控制储层伤害已成为油田勘探开发中的重要课题。

井漏是钻井过程中最普遍最常见的井下复杂情况之一，在钻遇压力衰竭地层、裂缝发育地层、破碎或弱胶结性地层、高渗储层以及深井长裸眼大段复杂泥页岩和多套压力层系等地层时，钻井液漏失问题非常突出。井漏诱发的井壁失稳、因漏致塌、致喷问题是长期以来油气勘探开发过程中的世界性难题，是制约勘探开发速度的主要技术瓶颈。同时井漏造成钻井液损失巨大，而在储层漏失对储层伤害引起的损失更是难以估量。我国西部深井钻井过程中同一裸眼井段往往穿越多套压力层系，东部钻调整井由于注水地层压力系统遭到破坏，井漏以及因井漏导致的井下复杂情况也相当严重，各种井漏问题亟待解决。提高地层承压能力是解决井漏问题的主要手段，因此，探讨提高地层承压能力的技术、方法及其机理，对于减少因井漏带来的经济损失特别是对减少储层伤害具有重要意义。

水基钻井液的护壁防塌作用有多种途径和方法，其中三大基本方法为：密度支撑、封堵防透、抑制水化。本书阐述的成膜防塌技术是一种新的防塌钻井液技术方法，着眼点仍然在井壁泥页岩岩石上，属于化学与物理耦合防塌类型，它与在井壁岩石上发生的物理封堵、形成滤饼等具有不同的作用原理和含义，但却有相似而程度不同的防塌作用效果。井壁岩石表面如果存在半透膜，采用活度平衡原理可以利用膜两相流体之间渗透压差控制流体中溶剂介质朝向地层岩石或朝向井筒内的流动方向，充分发挥渗透压差的作用，从而达到阻止或减小井壁泥页岩因吸水发生的不稳定现象，起到防塌或者辅助防塌的作用效果。类似原理，如果在储层井壁岩石上也存在半透膜，则可以起到保护储层的作用效果。进而，如果在泥页岩地层和储层岩石上能够形成完全隔离水的膜类物质，且膜强度足以承受垂直于膜面静动压差和切向流体冲蚀的作用，不仅将对防塌和储层保护起到更理想的正面作用，而且会丰富防塌和储层保护技术手段，更好地满足钻井工程的技术需要。此外，如果在地层钻开后，能够迅速在井壁岩石孔隙或微裂缝中形成一层渗透率接近于"零"的封堵膜且具备较高的承压强度，将对井壁稳定起到良好作用效果。

水基钻井液成膜技术就是要使钻井液具有成膜能力，在井壁上形成半透膜，并在一定条件下转变为完全不透水的隔离膜，即在井壁外围形成保护层，阻止井筒中的水及钻井液进入地层，有效地防止地层吸水后水化膨胀，防止井壁坍塌，防止地层介质通道内黏土颗粒的运移，保护储层。成膜技术形成封堵膜，就是希望通过在井壁岩石表面形成一层低渗透封堵层，有效封堵渗透性地层和微裂缝泥页岩地层，阻止钻井液固相和液相侵入地层，达到防塌和保护储层的效果。

成膜水基钻井液与井壁泥页岩接触后在其表面形成一种具有调节、控制井筒流体与近井壁地层流体系统间传质、传能作用的膜，以达到稳定井壁、防漏堵漏和保护储层的目的，该项技术的研究与成功应用必将使钻井工程中的井壁稳定技术、储层保护技术甚至防漏技术水平提高到一个新的高度，对于提高油气勘探开发的成功率、油气钻井的井下安全、储层保护甚至于环境保护都具有积极意义。

第二节 半透膜水基钻井液技术现状

国外对水基钻井液中"半透膜"特性的研究可认为是稳定井壁和保护油气层的一种新的机理认识，已经从早期水基钻井液有没有"半透膜"的探讨发展到了如何利用水基钻井液的半透膜作用保持井壁的稳定、提高保护油气层的效果，并同时满足环保要求。

"半透膜"作用是一种物理现象，很早就已经移植到钻井液上来作为解释油基钻井液稳定井壁的机理。根据杜南（Donnan）平衡理论：当一个容器中有一个半透膜，膜的一边为胶体溶液，另一边为电解质溶液时，电解质的离子能够自由地透过此膜，而胶粒不能，则在达到平衡后，离子在膜两边的分布将是不均等的，这个体系即称作杜南体系（Donnan System），膜两边称作两个"相"，把含胶体的一边称为"内相"，仅含自由溶液的一边称为"外相"。在这种情况下，胶粒不能透过此膜的原因是由于孔径较小的半透膜对粒径较大的胶粒的机械阻力。之后发现，实际上并不一定需要一个半透膜的存在，只要能够使"胶粒相"与"自由溶液相"分开，都能组成一个杜南体系。例如一个土壤泥糊与其上部的平衡溶液或者胶体的离心沉淀物与其离心溶液都可以形成。当黏土表面吸附的阳离子浓度高于介质中的浓度时，便产生一个渗透压，从而引起水分子向黏土晶层渗透扩散。水的这种扩散程度受电解质浓度差的控制，因此，它是渗透水压膨胀的机理。钻井液技术中早在 1931 年便应用这一理论，提出使用溶解性盐以降低钻井液和坍塌页岩中液体之间的渗透压差，后来进一步发展成了饱和盐水钻井液、氯化盐钻井液等。

在油基钻井液中，采用"活度"这一名词来表示钻井液或泥页岩的"化学势能"，或叫"化学位"，水总是从高化学位端流向低化学位端。油基钻井液的活度如果保持稳定，一般为 0.70 ~ 0.75，含有矿物质的地层水的活度高于油基钻井液的活度，水向井壁地层的运移就不会发生，所描述的正是这一渗透水化机理。乳化水滴与泥页岩接触，所形成的束缚水薄膜相当于一个半透膜，当泥页岩中水的化学位小于钻井液中水的化学位时，水就会从钻井液向岩层中运移。反之若钻井液中水相的化学位小于岩层中水的化学位，则水的运移方向相反。在油基钻井液中提高水相的盐度（如用高浓度的 $CaCl_2$ 水溶液），就是为了减小钻井液的化学位，而使泥页岩中的水流向钻井液中，从而避免了泥页岩的水化，保证了井壁稳定性。

半透膜对泥页岩水化的影响一直是钻井液防塌理论研究中有争议的问题，一些研究得出由钻井液向泥页岩驱动水的动力之一是钻井液与泥页岩的水化学势之差，影响它的主要因素是钻井液压力与孔隙压力之差及钻井液水活度与泥页岩水活度之比，只有存在较高效率的半透膜时，钻井液与泥页岩的水活度之差才能在较长时间内控制水的迁移。对泥页岩存在半透膜有不同的看法，部分学者认为受到较强压实作用的泥页岩或孔隙低的泥页岩，其自身可以起到半透膜作用，但可能在几十分钟或几十小时内就消失，但可以加入特种处理剂来提高泥页岩的膜效率。另一部分人认为泥页岩本身可作为一种半透膜，但它是一种非理想的半透膜，其效率不是 100%，可用反映系数来表征膜的理想性，也作膜效率。水基钻井液可通过加入无机盐降低活度来减缓泥页岩水化膨胀。

Mondshine 和 Kercheville 在实验中发现乳化的水相可穿过油/水界面而运移，具有反应活性，而且由于泥页岩中水活度和油基钻井液中水相活度的相对高低，泥页岩既可发生水化也可发生去水化作用。美国 Chenevert 在 1970 年测定了泥页岩在不同活度的油基钻井液中的线性膨胀率，发现钻井液中水相活度越高，膨胀率越大，而当钻井液中水相活度低于泥页岩中水活度时，泥页岩发生负膨胀，即收缩。Hale 等在 1992 年测定了泥页岩用不同活度的油基钻井液处理后的力学性能，发现当钻井液活度较低时，泥页岩的强度会增加。上述泥页岩出现去水化、收缩、强度增加等现象，是钻井液与井壁泥页岩间存在半透膜活度平衡防塌理论的依据。Chenevert 和 Sharma 提出了"总水位"（即总的水化学位）的概念，指出总水位的影响因素包括液压、温度、渗透作用、表面电荷作用等，这是对活度平衡理论更加深入的探讨。

1993 年，F.K.Mody 等人用模拟井下条件的 Oedometer 型实验舱以不同水活度的水溶液与 pierre 泥页岩岩心相互作用，得出 pierre 泥页岩在 13.8MPa 或更高压实应力下有显著的半透膜特性。1994 年中国石油勘探开发研究院钻井工艺研究所与美国得克萨斯州立大学，用同位素示踪技术证实了泥页岩的半透膜作用并测定出其膜效率。

CSIRO（Commonwealth Scientific and Industrial Research Organization） 和 Baroid 报道筛选研制出了具有成膜效能的三种新型化合物，它们的膜效率在 55% ~ 85% 之间。形成了具有高膜效率的新型水基钻井液，在泥页岩地层稳定方面发挥着类似于油基钻井液的作用，有助于满足今后石油工业的技术需求。还研制了专门测定膜效率的实验装置，可以模拟钻井液和泥页岩间的相互作用。但是这些产品的组分、结构、作用机理及是否进行了现场应用未见报道。

根据国外文献调研，已经肯定几种钻井液体系可以形成半透膜，并在现场见到了好的防塌效果，分别为：①多元醇类钻井液体系；②甲基葡萄糖甙钻井液体系；③硅酸盐钻井液体系。其中膜效率最好的首推硅酸盐钻井液体系，下面分别介绍这几种钻井液体系的成膜防塌特点。

（1）多元醇类钻井液：多元醇属于非离子聚合物，具有"浊点"效应。它的亲水性受温度影响，当温度低于一个临界值时，聚合醇溶于水，显水溶性；当温度高于临界值时，多元醇在水中分散，表现出憎水的特性。在钻井作业中，随着井深的增加，井温不断升高，可利用井温的变化和多元醇的浊点效应来实现预定的技术思路，根据这种设想研制出多元醇类防塌水基钻井液。多元醇分子链束在钻屑表面附着而形成一层憎水膜，抑制钻屑的水化分散，提高地面的固控效率，维护钻井液流变性的稳定。多元醇分子链束在钻屑和井壁上附着，形成一层类似于油基钻井液半渗透膜的憎水性连续分子链束膜，提高井壁稳定性。当钻井液返回到地面时，因温度降到临界点以下，多元醇又恢复其水溶性，使分子链束膜从钻屑表面脱附而进入钻井液体系，降低多元醇的损耗。

（2）甲基葡萄糖甙（MEG）钻井液：研究表明，MEG 钻井液具有良好的抑制性和油气层保护特性，主要原因是 MEG 处理剂独特的分子结构及由此产生的半透膜效应。MEG 分子结构上有 4 个亲水的羟基，它可以吸附在井壁岩石和钻屑上，如果钻井液中 MEG 加量较大，则在井壁岩石和钻屑上形成一层吸附膜，可将岩石和水隔开。这一层吸附膜具有半渗透膜效能，可通过调节钻井液活度实现活度平衡钻井，控制钻井液与地层内水的运移，有效阻止泥页岩水化膨胀，以保持井壁稳定，另外 MEG 环状分子上含有 4 个氢氧根，可与水分子形成牢固的氢键。因此，MEG 钻井液的滤液进入地层后有脱水作用。试验表明，其脱水效果比 KCl 钻井液和甘油（丙三醇）钻井液好，可防止泥页岩水化分散及微粒的产生，因而可以大大减少对油气层的伤害。MEG 钻井完井液具有低的表面张力，当滤液进入储层后，返排出来比较容易，防止或减少水分滞留在油气层，减少储层渗透率的下降。

（3）硅酸盐钻井液：国外对硅酸盐钻井液进行了系统研究，认为硅酸盐钻井液在维护井眼稳定方面与油基钻井液（OBM）一样有效，并有利于保护油气层。Bailey 等人研究结果表明，硅酸盐可在泥页岩内沉积，形成一层屏障或膜阻止离子的运动，这种离子膜的膜效率较油基钻井液膜效率小。进一步实验证实，高 pH 值的硅酸盐钻井液会改变黏土的物理化学性质，硅—铝有可能发生重新分布，这对硅酸盐钻井液的抑制性起到了重要作用。硅酸盐钻井液体系能减小压力扩散。硬度试验表明，阳离子聚合物和硅酸盐可提高页岩的硬度，而硅酸盐钻井液的摩擦系数与其他水基钻井液的差别较小。

半透膜水基钻井液的成膜机理可以分为以下几类：

（1）钻井液和泥页岩的相互作用：①通过表面吸附形成高黏度的层状聚合物分子连续层（薄膜），如水溶性聚合物 + 交联剂，能与水和矿物表面形成氢键的凝胶；②通过堵塞 / 充填成胶和沉淀，当溶液 pH 值、电解质类型及浓度发生变化时，成膜聚合物发生相转移，从而堵塞、充填空隙。

（2）电解质作用：①利用在泥页岩井壁上形成扩散双电层，阻止溶剂出入；②改变黏土表面性质，利用阳离子聚合物改变泥页岩黏土片的带电性能。

（3）功能分子的吸附：利用 H 键、范德华作用力、孔隙堵塞作用、井壁覆盖作用或改变溶质—孔隙的尺寸比例将功能分子附着在井壁、泥页岩表面上。

（4）黏土改造：通过成膜剂的加入在黏土片之间（端表面和平表面）发生反应，形成"柱状"黏土。

各种成膜钻井液和成膜处理剂的作用机理不可能完全相同，也不一定就是其中单独的一种，应区别对待。

井壁岩石表面如果存在半透膜，采用活度平衡原理可以利用膜两相流体之间渗透压差控制流体中溶剂介质朝向地层岩石或者朝向井筒内的方向流动，充分发挥渗透压差的作用，从而达到阻止或减小井壁泥页岩因吸水发生的不稳定现象，起到防塌或者辅助防塌作用效果。但是，国内外的研究表明，天然泥页岩的半透膜是非理想膜，非理想则意味着膜是渗漏的，溶质没有完全阻止透过膜。至于如何将泥页岩的非理想膜改善成为理想膜或接近理想半透膜的机制，是长期以来研究井壁稳定问题过程中未能解决的重要难题，也是钻井液前沿基础性理论研究的待研问题。

第三节　隔离膜水基钻井液技术现状

钻井液是石油工程中最先与油气层相接触的工作液，其类型和性能的好坏直接影响到井壁是否稳定和对油气层伤害的程度。井壁失稳是影响井眼规则和钻井综合效益的关键因素之一。对国内数百口井的统计说明，90% 以上的井塌发生在泥页岩地层，其中硬脆性泥页岩地层约占三分之二，软泥页岩地层约占三分之一，国外的统计结果与此一致。

为了解决井壁稳定及多压力层系地层保护油气层技术难题，发展了屏蔽暂堵技术。此项技术利用油气层被钻开时，钻井液液柱压力与油气层压力之间形成的压差，在极短的时间内，在钻井液中人为加入的各种类型和尺寸的固相粒子进入油气层孔喉，在井壁附近形成渗透率接近零的屏蔽暂堵带。此带能够有效阻止钻井液对油层的继续污染，从而减缓了浸泡时间增长对油层的伤害。完井后，由于屏蔽环极薄很容易被射穿或被酸溶解，因而也称暂时性堵塞，屏蔽暂堵剂就是钻井液中起主要暂堵作用的惰性添加剂。研究表明，暂堵剂应由起桥堵效果的刚性颗粒和起逐级充填作用的粒子及软化粒子组成。架桥和充填颗粒通常使用各种粒度的碳酸钙，可变形粒子常用油溶性树脂、石蜡和沥青等。

实施屏蔽暂堵技术的关键在于储层孔喉与钻井液中暂堵剂颗粒的尺寸大小和分布上的合理匹配，即根据储层孔喉尺寸及分布优选暂堵剂。

自 20 世纪 90 年代后期，为了解决强水敏和强应力泥页岩地层的井壁稳定问题，钻井技术人员开始研究开发和应用了多元醇水基钻井液，该体系主要通过聚乙二醇的浊点行为达到封堵效果，其水溶液被加热到一定温度时，会出现微粒而变混浊，这些微粒可封堵地层孔喉并形成致密的表面膜，阻止滤液向地层渗透，避免泥页岩水化分散而造成井眼不稳定。

以上实践表明，钻井技术人员为了解决井壁稳定和油气层保护难题，一直在有意与无意的把成膜的理念运用于水基钻井液中以提高其效能。根据本章第一节中的分析，当采用过平衡钻井钻进泥页岩地层时，若井壁上没有有效的封隔层，那么钻井液就会渗入地层，从而引起钻井液的支撑能力下降，导致井壁不稳定。为了减少钻井液的压力渗透，可通过在井眼处产生一层隔离膜或是减小泥页岩的水化分散来实现，隔离膜可以起到这种作用。

钻井液形成的隔离膜是指成膜钻井液和井壁岩石发生物理、化学作用，在井壁上形成一层非渗透性薄膜，在一定压差下阻止任何物质的通过，而且具有一定的强度、韧性和厚度，这种膜的组成不是传统的惰性固体物质，而主要是特种聚合物。在井壁岩石表面形成的隔离膜是一种非选择性化学封堵作用，克服了传统物理封堵方法（屏蔽暂堵）难以与储层孔喉匹配的缺陷，能够更好的保护储层。

隔离膜研究在国内外是一个十分活跃的多学科交叉领域。在民用方面，有序分子膜组装方法目前主要有：Langmuir-Blodgett 膜（LB 膜）、分子自组装膜和浇铸膜等。LB 方法用于气液界面上形成两亲分子的单分子膜，并转移成多层 LB 膜，广泛地用于制备 5 ~ 500nm 厚度的有机、高分子超薄膜；分子自组装膜可由含特殊端基的长脂链在适当衬底上的化学吸附来实现单分子组装；浇铸膜可由浸渍方法或旋转涂抹法来制备，但很难实现分子有序度和膜纳米尺寸的调控。钻井液中的隔离膜则是通过特种聚合物在泥页岩上的化学吸附或化学反应形成单层或多层吸附。

据报道美国正在研究试验能达到完全隔离效能的水基钻井液，聚合物通过吸附或化学反应在井上形成一层隔离膜，即在井壁的外围形成保护层，阻止水（滤液）及钻井液进入地层，该类产品已在海上油气田应用，效果明显，具有很好地稳定井壁和保护储层效果。

传统的隔离膜水基钻井液主要是靠加入一些无机材料，利用它们的尺寸效应封堵地层孔隙，膜效率较低，而如今多集中在聚合物成膜剂的研制上，利用聚合物分子链的交叉和多点吸附成膜或者和其他材料形成复合膜。

CSIRO（Commonwealth Scientific and Industrial Research Organization） 和 Baroid 研发出了能在井壁上形成高效率隔离膜的成膜型化合物，用此化合物优选出成膜型水基钻井液配方，这对维持井壁稳定具有现实指导意义。运用专门的膜效率测试装置和相关的检测手段对新型成膜化合物进行了 300 多个实验，测定了它们在 Pierre Ⅱ 页岩上的成膜能力。新一代的成膜型水基钻井液在页岩地层稳定方面发挥着类似于油基钻井液的作用，能形成隔离膜的聚合物在井壁上形成分子膜，现场应用证明具有很好地稳定井壁和保护储层性能。

麦克巴钻井液公司经研究确定了3种类型的膜，分别为：

（1）水基钻井液成膜（Ⅰ型膜），这类膜形成于页岩表面，钻井液滤液、页岩/黏土、孔隙流体的化学性、孔隙尺寸、滤液黏度、渗透率、黏土组分和页岩的胶结作用等都会影响膜的形成。在水基钻井液中能够成膜的物质有糖类化合物及其衍生物（如甲基葡糖苷MEG）、丙烯酸类聚合物、硅氧烷、木质素磺酸盐、乙二醇及其衍生物和各种表面活性剂（如山梨糖醇酐的脂肪酸盐）等。

（2）封堵材料成膜（Ⅱ型膜），如硅酸盐、铝酸盐、铝盐、氢氧化钙和酚醛树脂等封堵材料。在实验中发现在硅酸盐钻井液中加入糖类聚合物可保持实际渗透压接近理论渗透压，硅酸盐钻井液的成膜效率可达到70%以上。

（3）合成基和逆乳化钻井液成膜（Ⅲ型膜）。钻井液中的流体和页岩作用导致了毛细管力和较高的膜效率，此膜是由连续相的可移动薄膜、表面活性剂薄膜和钻井液的水相薄膜组成的膜，Ⅲ型膜形成了一道防止水和溶质扩散的屏障。

此外，麦克巴公司把物理与化学膜相结合的一种成膜技术作为保护微裂缝油气藏技术应用于我国南海油田，单井产量提高了30%～40%。产品的组分、分子结构及作用机理未见报道，初步分析是聚合物通过吸附或化学反应在井壁上形成一层膜即在井壁的外围形成保护层，阻止水及钻井液进入地层，达到稳定井壁和保护储层的效果。

中国石油大学（华东）的丁锐等研制出了一种成膜树脂防塌剂FGA。它属于非离子型的饱和碳链聚合物，以其配制的钻井液遇到多孔介质时，可以向介质内渗滤少量水从而在介质表面形成一层致密且强韧的膜，阻止水继续进入，所以具有显著的防止黏土水化膨胀和分散、降低钻井液滤失量和泥饼渗透率的作用，它与CMC、K-PHP、SMP等常用的有机处理剂配伍性较好，还具有很好的抗盐侵、钙侵的能力和抗温能力，FGA钻井液已在新疆柴窝堡地区试用，对松散易坍塌地层起到了明显的稳定作用。

中国石化新星公司钻井研究所的金军斌、于忠厚等研制的新型成膜防塌剂MFT-1，主链上全是碳原子，侧链上全是羟基，其相对分子质量在5～15万之间，通过吸附交联，粘连成膜，MFT-1具有适当的表面活性，它通过提高液相黏度，吸附在黏土颗粒表面，形成一层致密膜来减小泥饼孔隙而降低滤失量。

西南石油大学的王煦、赵晓东等研制出了两种成膜剂（JC和HZ），并把它们用于空气雾化钻井中，这两种成膜剂的相对分子质量在5～6万之间。钻井过程中空气流中含有JC和HZ的水雾滴与页岩表面随机碰撞接触并铺展成液膜。在液膜形成过程中，一方面含羟基、π键的JC分子将通过氢键力、静电引力与页岩的黏土颗粒紧密桥接，含酚羟基的HZ分子可与黏土颗粒中的高价离子发生络合作用而被牢牢吸附在页岩表面上；另一方面，水因处于不饱和状态，在空气流与井温的影响下迅速蒸发，液膜中JC和HZ的浓度迅速提高，与黏土颗粒的桥接或络合作用趋于强烈，结果在页岩表面形成保护膜，阻止水与页岩的作用，当浓度达到一定值时，相当于页岩表面吸附的成膜剂分子布满单分子层后，络合吸附达到了极限，其水化膨胀抑制力就不再增大。

以上国内报道的成膜剂技术都仅仅是依据其一定的作用效果来预测在井壁上形成了膜，没有理论与实验结果依据。

根据以上分析，在钻井作业中，把成膜效应的思想运用到水基钻井液，这是一种新思路、新技术的前沿基础性理论与应用技术研究，也是钻井液满足稳定井壁和保护储层的一个必然趋势。

隔离膜水基钻井液技术就是从稳定井壁和保护油气层出发，运用稳定井壁的化学、物理固壁新观念、新思路，使钻井液能在井壁上生成高分子膜（隔离膜），在井壁的外围形成保护层，阻止滤液及钻井液进入地层，有效地防止地层水化膨胀，封堵地层层理裂隙，防止地层内黏土颗粒运移，阻止井壁坍塌，保护油气层。

第四节　超低渗透膜水基钻井液技术现状

随着油气勘探开发领域的不断扩展，钻井过程中遇到的地层越来越复杂，在钻遇压力衰竭地层、裂缝发育地层、破碎或弱胶结性地层、低渗储层及深井长裸眼大段复杂泥页岩和多套压力层系等地层时，压差卡钻、钻井液漏失和井壁垮塌等复杂问题及地层伤害问题非常突出。为了解决以上复杂问题，必须阻止井筒钻井流体向非储层及储层漏失和滤失，这也是油气钻井过程中防塌、防漏和保护储层的基本要求。

目前，在正压差条件下的裸眼井段钻进中，阻止井筒流体进入井壁或者地层的技术方法主要有造壁法、成膜法和封堵法。

造壁法是指通过钻井液中降滤失剂与活性固相粒子（膨润土）发生吸附作用，改变活性黏土粒子的表面性质（增加表面 Zeta 电位，增加水化膜厚度）和分散状态，使得在正压差作用下沉积在井壁上的黏土粒子组合（滤饼）具有致密阻水效果。

成膜法是指采用特殊功能的聚合物，通过吸附、沉积在泥页岩孔隙或表面上，使得泥页岩本身或者泥页岩表面上形成选择性通过物质的膜，利用膜两相之间的活度差，控制水流方向，达到阻止或者减小水流入地层的目的。

封堵法包括防塌性封堵、防漏性封堵及储层保护性封堵：防塌性封堵是指通过惰性固体粒子沉积、沉淀在泥页岩孔隙、裂隙甚至裂缝处，形成致密的阻隔屏障，阻挡水的进入和因水进入而同时带来的压力传递，既阻水又提供压力支撑点，保持井壁稳定；防漏性封堵是指通过堵漏材料物质进入漏层内，堵塞或者凝结固化在漏失通道处，形成隔断，阻挡流体通过漏层进入地层，保持钻井液的正常循环，属于这一类型封堵的材料有水泥、桥塞物质、聚合物凝胶等；储层保护性封堵是指针对储层的屏蔽式暂堵，这在本章的第三节已有介绍，就不详述了。

防塌、防漏、屏蔽暂堵材料虽具备各自的专项治理优点，但功能单一，多功能性不强。如能研究出一种能够同时具备防塌、防漏、屏蔽暂堵多功能作用效果的钻井液技术，以弥补现有技术存在的不足，对解决渗透性地层井壁稳定、多套压力层系或衰竭油藏的井漏、井塌、压差卡钻、油层伤害等问题具有重要意义。

因此，近年来提出了超低渗透膜水基钻井液理论与技术，超低渗透膜钻井液又称无渗透或无（低）侵入钻井液。

超低渗透膜水基钻井液在惰性材料对高渗透性介质封堵的基础上，进一步引入人工合成的特殊聚合物处理剂，具有很宽 HLB 值，惰性材料和聚合物组成超低渗透处理剂。当超低渗透处理剂添加到水基钻井液中时即可形成超低渗透膜水基钻井液体系，该体系利用特殊聚合物处理剂，在井壁岩石表面浓集形成胶束。在过平衡压力的驱动下，依靠聚合物胶束或胶粒界面吸力、处理剂界面化学封闭与物理封堵作用，能封堵岩石表面较大范围的孔喉，在井壁岩石表面形成致密的超低渗透封堵膜，有效封堵不同渗透性地层和微裂缝泥页岩地层，在井壁的外围和近井壁处形成保护层，钻井液及其滤液完全隔离，不会渗透到地层中，可以实现近零滤失钻井。

超低渗透膜水基钻井液形成的胶束是可变形的，当压力升高时，能更进一步压缩和减小封堵膜的渗透率，其可变形能力和较宽的尺寸分布使它们具备了比特定尺寸桥堵颗粒更宽和更有效的封堵能力，使得超低渗透膜具备随钻防漏堵漏及保护储层的双重作用。同时，形成的超低渗透膜承压能力强，能提高漏失压力和破裂压力梯度，相当于拓宽了安全密度窗口，能较好解决以往钻长裸眼多套压力层系或压力衰竭地层时易发生的漏失、卡钻、坍塌和油层伤害等共存技术难题。

超低渗透膜水基钻井液独特的性能主要表现在以下几个方面：

（1）独特的表面化学作用形成封堵膜。

利用独特界面化学低（无）渗透逐步封堵机理，当钻井液渗入表面微裂缝或孔喉时，能够迅速吸附，在固液界面发生缔合，形成双分子层，并以这种方式向空间纵深延展，形成很薄的封闭膜，阻缓滤液进一步侵入。

（2）很低的动滤失。

超低渗透膜水基钻井液防止钻井液侵入岩石，不是依赖钻井液的固相滤饼，而是依靠封堵地层的裂缝和孔隙来实现的，从而限制钻井液的渗透性，且超低渗透膜钻井液的滤失量不是时间平方根的函数。

（3）渗透率恢复值高。

酸溶性测试结果表明超低渗透膜钻井液泥饼 98%～99% 可清除，压力反转可自动脱落，渗透率恢复值大于 95%，有利于保护储层，提高产能。

（4）环境友好。

美国环保署的 LC50 测试结果表明超低渗透膜水基钻井液毒性数据大于 1000000mg/L，在英国北海地区也通过了环保鉴定，在环保敏感地区可代替油基钻井液。

（5）防止压差卡钻。

超低渗透膜水基钻井液通过快速形成一个渗透率很低的封闭层，减少了井筒压力对地层的压持影响，滤饼厚度增加的速度没有传统钻井液快，以达到防止压差卡钻的效果。

（6）防止钻井液漏失。

超低渗透膜钻井液能提高破裂压力梯度，防止漏失，体现在以下几点：①井壁上（或附近）渗透率很低的封闭膜使孔隙流体与井筒流体分离，钻井液几乎不会渗入地层，井壁围岩地层孔隙压力不会像传统钻井液那样升高很多，有效应力没有因此而显著降低，井壁上不易产生裂缝；②如果弱胶结地层上产生裂缝，超低渗透膜钻井液中的胶束会在裂缝中形成封闭膜，产生堵塞，使得裂缝的传播变慢或停止，从而防止或减少严重的钻井液漏失。

Jack C. Estes-Amoco 是美国石油公司钻井工程师及高级研究员，主要研究因钻井液及泥页岩而引起的井壁稳定问题，他率先提出并促进了超低渗透膜钻井液体系的研究与诞生。

随后，美国环保钻井技术公司（EDTI）研制出了四种具备无侵入特性、满足环境要求、不会导致产层伤害的超低渗透钻井液处理剂：FLC2000、LCP2000、DWC2000 及 KFA2000 产品，加入以上四种处理剂到水基钻井液中，即可转化为超低渗透膜水基钻井液，三种产品特征如下：

（1）FLC2000 产品是一种滤失控制井眼稳定剂。它是由植物衍生物形成的混合物、可完全水溶解和部分水溶解的合成有机聚合物、不溶金属氧化物等组成，具有温度稳定性。加入 11.4 ~ 11.7g/L 的该产品可将水基钻井液体系转化为超低渗透体系。FLC2000 产品虽不是一种堵漏材料，但加入 5.7g/L 可控制动滤失，加入 8.55g/L 可使泥页岩稳定，加入 11.4g/L 可防止卡钻，加入 14.25g/L 可用于钻压力衰竭层及稳定松散的砂岩。FLC2000 产品加量为 8.55 ~ 11.4g/L 即可替代其他许多滤失控制添加剂如部分水解聚丙烯酰胺、SPA、沥青质、乙二醇及聚合物絮凝剂。使用 FLC2000 产品可以消除压差卡钻、能减少滤失、抗盐类污染；提高衰竭砂岩层的压裂梯度、消除泥页岩崩落及钻较弱地层时地层的破裂问题；改善定向井的偏移；清除低密度固相且不需要利用超细振动筛来清洗亚微米及钻屑、简化固控设备；减少软泥岩的水化分散、提高渗透率恢复值。

（2）LCP2000 产品是非架桥材料，由数种混合聚合物、经过处理的薄片、纤维和颗粒组成，其中薄片粒径为 0.15 ~ 4mm，纤维长度为 0.2 ~ 1.3mm，材料细度低至 0.03mm。LCP2000 可用于松散地层、裂缝／破裂未密封的断层带和孔洞孔穴地层的渗透漏失、部分漏失和严重漏失的防漏堵漏。在钻进漏失地层前，加入 5.7 ~ 11.4g/L 的 LCP2000，钻井液就具有了动态封堵作用，并可以防止漏失；使用较低的浓度（2.8 ~ 5.7g/L）时可封堵渗漏地层和部分漏失地层；当发生全漏失时，可通过形成膨胀钻井液来封堵地层。在漏失区，钻井液具有剪切增稠性，进入漏失区足够深度后，流变摩擦阻力大于地层压力时，钻井液停止向前继续移动而进行堵漏。这种封堵不是永久性的，故可用于生产层。LCP2000 还可配制水泥隔离液，用于预期漏失区和地层破裂区，LCP2000 已成功地作为封井器使用来防止井喷。

（3）DWC2000 称为一袋化产品，可以直接加入到水中配合加重材料配制超低渗透膜水基钻井液。它是由可溶解的、部分溶解的和不溶解的聚合物组成的。其突出特点是 DWC2000 对岩心无污染。

美国得威公司用 4000 万美金从 EDTI 独家买断了超低渗透膜钻井液技术并面向市场推广销售，在美国、阿根廷、印度尼西亚、墨西哥等地得到了广泛应用并取得了良好的防止井壁坍塌、防漏堵漏和保护储层效果，应用实例如下：

（1）在 2001 年前，美国在远东地区两个井区，使用传统钻井液完井液，在两年期间钻井液的漏失量分别达到 345.21L/m 和 155.54L/m。2001 年底，使用超低渗透膜钻井液后，钻井液的损失仅为 22.76L/m 和 79.66L/m，由此节省的钻井液损失量和产能是可观的。

（2）2002 年底，在远东地区的一口油井中，钻井液渗进储层页岩的裂缝中，泵入含 LCP2000 195.15kg/m³ 的钻井液 6.36m³，浸泡一小时后，漏失停止，三小时后，井压达到 6.895Mpa，没有发生漏失。

（3）对于天然的碳酸盐裂隙储层和弱砂储层，在美国本土使用超低渗透膜钻井液处理大规模漏失事故已有 5 年。在钻天然的碳酸盐裂隙储层时，加入 6.3 ~ 9.6m³ 浓度为 142.6 ~ 214.0kg/m³ 的 LCP2000 即可，在处理严重漏失事故时，加入 LCP2000 可使漏失量下降 80% ~ 90%。

（4）在南美沿安第斯山脉，阿根廷北部以北一直到哥伦比亚地区地质构造强度非常大，此地区的页岩非常硬，页岩层间包裹砂石，常常发生渗漏。有时使用了十五种防漏失剂控制漏失，但效果甚微，卡钻事故经常发生。使用超低渗透膜钻井液，确保了井壁的稳定性。

（5）在墨西哥湾强黏土页岩上钻井时，对超低渗透膜钻井液与传统钻井液进行比较，发现在超低渗透膜钻井液中添加 3%KCl 可防止钻井液渗漏。

（6）在美国的俄克拉何马州的南部的 Atoka 盆地，用传统钻井液打一口井通常需要 18 个月时间，而用超低渗透膜钻井液打一口井通常只需要 4 个月时间。

（7）在巴西的一个海洋油井区，10 年前，人们认为必须靠化学反应来处理页岩油藏，以解决井壁不稳定问题。在用保存的井下岩样进行实验后发现，用超低渗透膜钻井液可消除井壁不稳定问题。

（9）在孟买深海，碳酸盐段有断层，在 7 口井的钻井过程中发生大量的钻井液漏失，用 DOBC 平均 27h 堵住漏层，而用超低渗透膜钻井液只用了 6 小时，油井比预期的产能高出 580%。

中国石油勘探开发研究院钻井所于 2004 年研制研制成功超低渗透钻井液处理剂 JYW−1 及 JYW−2，在水基钻井液中加入一定量的 JYW−1、JYW−2，可以形成超低渗透膜钻井液体系，JYW−1 主要用于中、低孔隙及微裂缝地层，JYW−2 主要用于大孔喉及裂缝性地层，其主要组成是由植物衍生物质形成的混合物、合成有机聚合物、不溶的金属氧化物等组成，抗温达 204℃，其配制形成的超低渗透膜钻井液适应于高密度、高温高压苛刻条件下，且使用维护简单，环境友好。

胜利石油管理局钻井工艺研究院通过对植物衍生物进行改性处理合成出了胶束聚合物，优选改性木质素作为惰性材料、符合粒径要求的活性硅粉作为抗压辅剂，将三种处理剂进行复配研制出了超低渗透处理剂 YHS−1。其配制的超低渗透膜钻井液利用惰性材料、活性矿物材料先形成先期架桥，聚合物胶束在此基础上形成致密的超低渗透封堵膜。

中国石化集团石油勘探开发研究院的李家芬、苏长明等研制了一种提高地层承压能力的 CY−1 无渗透处理剂；中国石油大学（华东）的邱正松等在单剂优选的基础上研制出了超低渗透处理剂 SDN−1；华北石油管理局钻井工艺研究院的孙东江、左凤江等用可溶、部分可溶及不溶的聚合物材料作基础原料，研制出了超低渗透处理剂 DLS−06；等等。

总的来说，超低渗透膜水基钻井液能较好地解决以下技术难题：

（1）超低渗透膜水基钻井液同一配方就能有效封堵不同渗透性地层，即具有广谱防漏和保护储层效果，而传统钻井液中固体颗粒桥堵作用效果却主要取决于颗粒分布与地层孔喉大小匹配吻合度，地层适应范围较窄。

（2）超低渗透膜水基钻井液封堵层形成速度快且薄，位于岩石表面上，没有渗入岩石深处，所以只要消除过平衡压力，封堵膜的作用就将减弱，一旦有反向压力，封堵膜就会被清除。因此，在完井和生产过程中，封堵层易于清除不会产生永久堵塞伤害储层。

（3）超低渗透膜钻井液水基封堵隔层（膜）承压能力强，能提高漏失压力和破裂压力梯度，相当于扩大了安全密度窗口，能较好解决以往钻长裸眼多套压力层系或压力衰竭地层时易发生的漏失、卡钻、坍塌和油层伤害技术难题。

（4）其形成的滤饼不同于常规钻井液滤饼，超低渗透膜水基钻井液井壁表面封堵层很薄，且阻隔压力传递能力强，能有效避免滤饼压差卡钻。

（5）超低渗透膜水基钻井液滤饼 98% ~ 99% 可清除，压力反转可自动脱落，渗透率恢复值大于 95%，有利于提高产能。

第二章 半透膜水基钻井液理论与成膜技术

研究表明，泥页岩这一致密多孔介质在与水接触情况下会产生"半透膜"效应，特别是年代久远的泥页岩，具有半透膜作用，只是它不是"理想"的完整半透膜而是"非理想"的不完整半透膜，也就是说溶质是局部可渗透的。目前研究的重点是利用物理和化学的方法建立起泥页岩的尽可能完整"半透膜"，增强其"理想性"，使之接近或等于在油基钻井液中的半透膜作用。

因此，在分析水基钻井液形成半透膜机制的基础上，研制成功了有机硅酸盐半透膜成膜剂，由其为主处理剂形成的水基钻井液体系的半透膜膜效率达 75% 以上。有机硅酸盐具有硅氧四面体结构，可与井壁上的硅酸盐、硅氧化物等硅化合物结合，形成 Si—O—Si 链化合物。由于 Si—O 键能巨大（452 kJ/mo1），形成的化合物非常稳定，在井壁上形成一层具有一定强度和半透膜性能的"封固壳"，能有效抑制泥页岩的水化分散、膨胀，阻止水及钻井液进入地层，防止井壁坍塌。

第一节 半透膜水基钻井液基础理论

一、孔隙压力扩散与井壁失稳

泥页岩的一个主要特征是它们的低渗透性，其渗透率用微毫达西表示（从几微毫达西到几十微毫达西），且泥页岩孔隙非常小，孔隙直径仅为 0.001 ~ 0.01 μm。泥页岩低渗透率使得一般的水基钻井液在泥页岩地层表面上不能形成致密的滤饼，这样导致钻井液中的水容易逐步渗透进入泥页岩。假定钻井液压力 p_w 高于初始孔隙压力 p_o，图 2-1 表示了原始孔隙压力的扩散增大过程。在刚开钻时，靠近井壁的孔隙压力低于原始孔隙压力，这是由于受到泥页岩未排水和钻井液冷却作用的温度梯度影响，这样井壁周围的孔隙压力会随时间变化而变化，直到形成一种稳定的压力分布。最终孔隙压力的增加将导致井壁有效过平衡液柱压力的减少（Δp_{eff}），结果导致岩石发生剪切破坏、井壁失稳，如图 2-2 所示，由于泥页岩的低渗透性，这种破坏作用将会延迟。孔隙压力扩散传递的快慢取决于泥页岩的渗透性、弹性和钻井液与泥页岩井壁之间物理化学作用等边界条件。通常情况下，泥页岩渗透率越低，压力增长愈慢。渗透率不同，当井壁内孔隙压力与井筒压力平衡时，压力扩散到某一点的时间可能是几小时，也可能是几天。从这一点来看，对于页岩稳定的钻井液体系，首要任务是最大可能地避免流体渗入泥页岩体内，以消除或延缓孔隙压力的扩散进入速率和进入量。

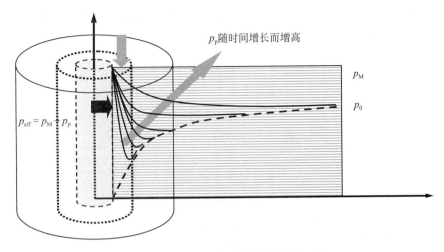

图 2-1　时间与井壁压力扩散增大关系图

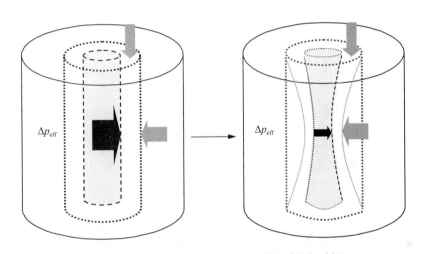

图 2-2　孔隙压力增大压差降低导致井壁剪切破坏

二、半透膜基本概念

不同的学科领域对半透膜的定义有差别：化学中的半透膜是指只允许某种混合物（单一相）中的一些物质透过，而不容许另外一些物质透过的薄膜，与溶液的"化学势（活度）"相关；物理学中的半透膜是指只允许某种小于膜孔径的混合物（溶液、混合气体）中的物质透过，而不允许另一些大于膜孔径物质透过的薄膜；生物学中的半透膜是指只让溶剂分子透过而不让溶质分子透过的薄膜。

从上述概念中可看出，半透膜是指在分散体系中，一些组分可以透过，另一些组分不能透过的多孔性"薄膜"。通常是指可以让小分子物质透过而大分子物质不能通过的一类薄膜的总称，小分子和大分子的界定依据膜的种类不同来划分。例如：对于鸡蛋膜而言，葡萄糖分子就是大分子物质；而对于透吸管，葡萄糖是小分子物质；对于肠衣，碘及葡萄糖是小分子物质，而淀粉是大分子物质。

半透膜为两相之间一个具有透过选择性的屏障，如图 2-3 所示，在某种作用力的作用下，分子或颗粒通过膜从一相传向另一相。作用力 F 平均的大小取决于位梯度，或近似地以膜位差 Δx 除以膜厚度 l 表示：

$$F_{平均} = \frac{\Delta x}{l}(\text{N/mol})$$

(2—1)

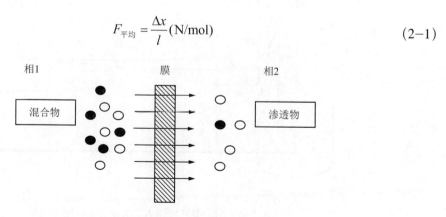

图 2-3　被膜分开的两相系统

因此，选择性和渗透性是膜的两个性质特征。

选择性是针对混合物溶质而言的。不同分子尺寸大小、不同电性的分子通过膜的能力不同，从而导致混合物中某一种组分优先或者主导通过膜。凡是具有选择性和流动渗透性的膜称为半透膜。

表示膜渗透性的特征参数有：通量或者渗透速率，即单位时间通过单位面积膜的体积流量。根据密度和相对分子质量可以将体积通量转换成质量通量和摩尔通量。

三、半透膜基本特征

1. 渗透与渗透压

当用一个半渗透膜分隔两种不同浓度的溶液（或者一种纯溶液和一种溶质）时，由于膜允许溶剂通过而不允许溶质通过，所以会产生渗透压。如图 2-4 所示，膜将两相分开，即浓相 1 和稀相 2。

图 2-4　渗透过程示意图

等温条件下浓相 1 中溶剂的化学位为：

$$\mu_{i,1} = \mu_{i,1}^o + RT \ln a_{i,1} + V_i p_1$$

(2—2)

稀相 2 中的溶剂的化学位为：

$$\mu_{i,2} = \mu_{i,2}^o + RT \ln a_{i,2} + V_i p_2$$

(2—3)

稀相中溶剂分子的化学位比浓相中高（更负），所以会使溶剂从稀相流动到浓相。该过程不断进行，直到达到渗透平衡，即两相中溶剂分子的化学位相等。

$$\mu_{i,1} = \mu_{i,2} \tag{2-4}$$

根据前面三式，可得：

$$RT\ (\ln a_{i,2} - \ln a_{i,1}) = (p_1 - p_2)\ V_i = \Delta\pi V_i \tag{2-5}$$

体压差（$p_1 - p_2$）称为渗透压差 $\Delta\pi$（$\Delta\pi = \pi_1 - \pi_2$）。如果膜一侧为纯溶剂（相2），即，$a_{i,2} = 1$，上式变成：

$$\pi = -\frac{RT}{V_i}\ln a_{i,1} \tag{2-6}$$

π 为相1的渗透压，浓度很低时（$\gamma_i \Rightarrow 1$），上式可以利用 Raoult 定律简化：

$$\ln a_i = \ln \gamma_i x_i \approx \ln(1 - x_j) = -x_j \tag{2-7}$$

$$\pi = \frac{RTx_j}{V_i} \tag{2-8}$$

公式（2-8）中 $x_j = n_j /\ (n_i + n_j)$，对于稀溶液：$x_j \approx n_j/n_i$ 和 $\pi n_i V_i = n_j RT$

由于 $n_i V_i \approx V$（稀溶液）：

$$\pi V = n_j RT \tag{2-9}$$

且 $n_j/V = c_j/M$，所以：

$$\pi = c_j RT/M \tag{2-10}$$

这个表示渗透压与溶质浓度间简单关系的式子称为范特霍夫（Vant Hoff）方程。可以看出，渗透压正比于浓度而反比于相对分子质量。如果溶质解离（如盐）或者缔合，上式必须进行修正，当发生解离时，摩尔数目增加，渗透压增大，而缔合使摩尔数减少，渗透压降低。因此，渗透压为半透膜必须考虑的重要基本特征。

2. 膜传递推动力

膜的传递必须有推动力的作用才能进行，推动力为膜两侧压差或浓度差（活度差）。压力、浓度（活度）以及温度等参数可以包括在一个参数内，即化学位：

$$\mu = f\ (T,\ p,\ a\ 或\ c) \tag{2-11}$$

在一定温度 T 时，混合物中组分 i 的化学位为：

$$\mu = \mu_i^0 + RT\ln a_i + V_i p \tag{2-12}$$

其中 μ_i^0 为在压力为 p，温度为 T 时 1mol 纯物质的化学位，对于纯组分，活度为1，即 $a=1$，对于液体混合物，活度为组分摩尔分数 x_i 与活度系数 γ_i 的乘积：

$$a_i = x_i \gamma_i \tag{2-13}$$

对于理想混合物，活度系数 $\gamma_i = 1$，所以活度等于摩尔分数，即 $a_i = x_i$。然而，许多非水溶液都是非理想的，所以应当采用活度而不是浓度。

膜两侧溶液相均有各自的化学位，化学位差才是膜传递的推动力，可以将化学位差进一步分解成组成差和压力差：

$$\Delta\mu_i = RT\ln a_i + V_i\Delta p \tag{2-14}$$

其中组成的贡献（活度或摩尔分数）等于 RT 与组成对数的乘积。

将推动力无因次化更便于进行比较，如果假设化学位是推动力并假设为理想条件，即 $a_i = x_i$ 及 $\Delta\ln x_i \approx (1/x_i)\Delta x_i$，推动力可写成：

$$F_{\text{平均}} = \frac{RT}{l}\frac{\Delta x_i}{x_i} + \frac{V_i}{l}\Delta p \tag{2-15}$$

上式两侧乘以 l/RT（mol/N），则推动力变成无因次的：

$$F_{\text{无因次}} = \frac{\Delta x_i}{x_i} + \frac{V_i}{RT}\Delta p \quad \text{或} \quad F_{\text{无因次}} = \frac{\Delta x_i}{x_i} + \frac{\Delta p}{p^*} \tag{2-16}$$

其中：

$$p^* = \frac{RT}{V_i} \tag{2-17}$$

根据式（2-16）可以对压力、浓度等几种不同推动力的大小进行比较。

3. 膜的类型与制造

（1）膜的类型。

普遍使用的广义膜有两种分类法。

按照膜的性质分类：分为生物膜和人工合成膜两种类型。生物膜包括有生命膜和无生命膜，合成膜包括有机膜（聚合的或者液体）和无机膜（陶瓷、金属）。

按照膜的形态和结构分类：分为液体膜和固体合成膜两类。固体合成膜分为对称膜和不对称膜，如图 2-5 所示。

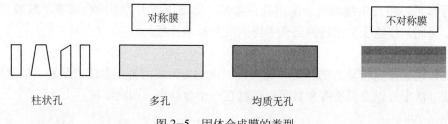

图 2-5　固体合成膜的类型

因为凡是具有选择性和渗透性的膜称为半透膜，选择性的原理在于尺寸阻挡和电性排斥，所以，膜面孔隙尺寸大小及孔隙尺寸分布对于混合物中各种分子大小的溶质具有不同的选择性阻挡或者容许通过的能力。

（2）膜的制造。

广义膜的制造方法有很多种，传统有代表性方法为：①表面活性剂定向排列；②无机材料的烧结、拉伸等；③高分子材料的浸没沉淀相转化（溶剂蒸发沉淀、浸没沉淀等）；④无机 / 高分子材料的复合。

根据广义膜的膜传递原理与制造方法可见，其膜传递原理可以借鉴，但制造方法难以实现，原因在于：①作为分离用途的广义膜制造方法主要是在人工可控条件（p、t、c）或者非淹没大气环境下强化制成（如高浓度，压制等）；②钻井井下处于淹没、高温高压环境、难以实施类似于地面上的强化操作成膜手段。

因此，广义膜的成膜方法难以用于实际井下条件下水基钻井液与井壁之间的成膜。

第二节　水基钻井液形成半透膜机制

一、实际井壁形成半透膜形式与机制

既然实际井下条件钻井液难以采用地面上成膜的技术手段来形成膜，那么水基钻井液怎样才能在井壁岩石上形成半透膜？

依据半透膜性质特征，推测实际井下井壁岩石形成半透膜主要有两种形式：

（1）泥页岩的多孔而致密特性本身就是一种有孔型的半透膜，因为其孔径大小分布范围为：$0.001 \sim 0.01\,\mu m$，孔径尺寸大小落在了"微滤"、"超滤"范围，见图2-6（a），对于尺寸范围在$0.001 \sim 0.01\,\mu m$以下的溶质具有选择性透过能力。

（2）多孔性泥页岩表面进一步吸附聚合物分子，表面上形成聚合物膜，多孔性岩石作为支撑体，与所吸附的聚合物一起构成孔径更小（<2nm）的、甚至无孔的液体半透膜，见图2-6（b）。

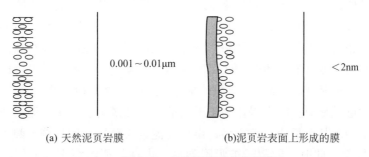

(a) 天然泥页岩膜　　　　　　　(b)泥页岩表面上形成的膜

图2-6　井壁岩石两种类型膜

"半透膜"作用是一种物理现象，很早就移植到钻井液上来作为解释油基钻井液稳定井壁的机理。根据杜南（Donnan）平衡理论：当一个容器中有一个半透膜，膜的一边为胶体溶液，另一边为电解质溶液时，电解质的离子能够自由地透过此膜，而胶粒不能。则在达到平衡后，离子在膜两边的分布将是不均等的，这个体系即称作杜南体系（Donnan System），杜南（Donnan）从热力学角度分析了小离子的膜平衡情况，并得到了满意的解释，称这种平衡为杜南平衡（Donnan equilibrium）。杜南平衡示意图如图2-7所示。

钠离子与氯离子在膜两边平衡的条件是化学势相等：

$$\frac{C_{Na+(内)}}{C_{Na+(外)}} = \frac{C_{Cl-(外)}}{C_{Cl-(内)}} \tag{2-18}$$

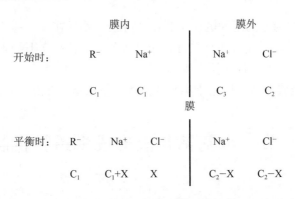

图 2-7 杜南平衡示意图

杜南体系膜的两边称作两个"相"，将含胶体的一边称为"内相"，仅含自由溶液的一边称为"外相"。在这种情况下，胶粒不能透过此膜的原因是由于孔径较小的半透膜对粒径较大胶粒的机械阻力。实际上并不一定需要一个膜的存在，只要能使"胶粒相"与"自由溶液相"分开，都能组成一个杜南体系。例如一个土壤泥糊与其上部的平衡溶液或胶体的离心沉淀物与其离心溶液都可以形成。当黏土表面吸附的阳离子浓度高于介质中的浓度时，便产生一个渗透压，从而引起水分子向黏土晶层扩散。水的这种扩散程度受电解质浓度差的控制，因此它是渗透水化膨胀的机理。

在油基钻井液中，是用"活度"这一名词来表示钻井液或页岩的"化学势能"，要求油基钻井液的活度要保持平衡，一般为 0.70 ~ 0.75，则水的运移就不会发生，所描述的正是这一渗透水化机理。无数紧挨着的乳化水球与页岩接触，其所形成的薄膜就相当于一个半透膜，当页岩中水的化学位小于钻井液中水的化学位时，水就会从钻井液向岩屑中运移。反之若钻井液中水相的化学位小于岩层中水的化学位，则水的运移方向相反。人们在油基钻井液中提高水相的盐度（如用 30% 的 $CaCl_2$ 水溶液）就是为了减小钻井液的化学位，而使页岩中的水流向钻井液中，从而避免泥页岩的水化，提高井壁稳定性。

当相邻页岩薄层重叠时，泥页岩作为半透膜的功能便产生了。由于泥页岩孔隙尺寸与双层间厚度（几十纳米甚至更小）差不多，出现在泥页岩薄层之间狭窄孔隙中的水膜，被重叠的页岩完全控制。此时，阳离子被吸附到带负电性的压缩泥页岩薄层，阴离子被泥页岩薄层上的负电荷排斥出孔隙。阳离子立即被流体中靠近泥页岩的正电荷所排斥（图2-8）。水是电中性的，所以能通过泥页岩孔隙，这一效果即人们熟知的"同性相斥、异性相吸"。为了维持外部溶液的电中性，阳离子倾向维护它们的聚离子。这样黏土形成一个半透膜，它可以运送溶剂组分，但是阻止了溶质组分的通过。

如果泥页岩薄层上吸附的阳离子越多，双电层结构将得以加强，在泥页岩薄层的电荷密度能增加渗透膜的理想性。增加阳离子吸附量的一个有效方法是增加在泥页岩薄层的电荷密度，即在泥页岩薄层上先吸附上较高电荷密度的负离子。而带负电荷的此种物质必须小到能够进入页岩孔隙，然后强烈吸附在页岩上。

两相之间半透膜的渗透压差按下式计算：

$$\Delta p = \Delta \pi = \frac{RT}{\overline{V}_w} \ln\left(\frac{a_w^I}{a_w^{II}}\right) \tag{2-19}$$

式中　Δp——渗透压差；

　　　$\Delta\pi$——气体常数；

　　　T——绝对温度；

　　　$\overline{V}_W$——水的摩尔体积；

　　　a_w^I——溶液 1 的活度；

　　　a_w^{II}——溶液 2 的活度。

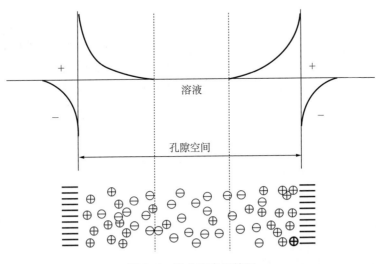

图 2-8　黏土双电层简图

式（2-19）用来计算两种溶液间的理论渗透压力差。如果半透膜是理想半透膜，理论渗透压差将等于所产生的水力压头，如图 2-9 所示。

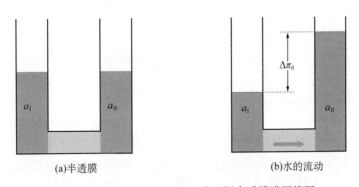

(a)半透膜　　　　　　　　　　　(b)水的流动

图 2-9　水力压头穿过理想和非理想半透膜进展简图

$$\Delta p = \Delta\pi_o = \frac{RT}{\overline{V}_W}\ln\left(\frac{a_w^I}{a_w^{II}}\right)$$

天然泥页岩常常是非理想膜，半透膜由于穿过的浓度不同，所产生的水力压头比理想条件所得出的低；非理想则意味着膜是渗漏的，溶质没有完全被阻止进入膜，将从高浓度相向低浓度一边扩散，引起相邻双层重叠缩减，使盐分更易渗透。非理想渗透膜的渗透系数用 δ 表示，其定义为：在水没有运移的情况下，实测的水力压头 Δp 与理论渗透压 $\Delta\pi$ 之

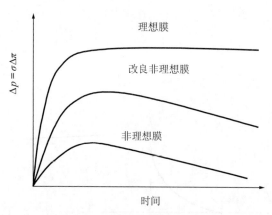

图 2-10　理想和非理想半透膜的水力压力变化

比，即：

$$\delta = \left(\frac{\Delta p}{\Delta \pi}\right)_{J_v = 0} \qquad (2-20)$$

一个理想膜渗透系数为 1，并且所有的溶质将被渗透膜阻止；非理想膜 δ 在 0～1 之间。图 2-10 显示理想和非理想半透膜的水力压力变化。由于非理想半透膜中盐的漏失，δ 将随时间的延长而减小。

半透膜渗透系数 δ 又可用 Friz-Marine Membrane 公式计算：

$$\delta = 1 - \frac{K_s \left(R_w + 1\right)}{\left[\left(R_w \dfrac{\overline{C}_a}{\overline{C}_c} + 1\right) + R_{wm}\left(R_m \dfrac{\overline{C}_a}{\overline{C}_c} + 1\right)\right]\phi_w} \qquad (2-21)$$

式中　$K_s = C_a/C_s$；

K_s——半透膜抗盐量；

C_a——膜孔隙中阴离子浓度；

C_s——膜外部溶质平均浓度；

C_c——膜孔隙中阳离子浓度。

其中：

$$\overline{C}_c = \overline{C}_a + CEC\rho_p\left(1 - \phi_w\right) \qquad (2-22)$$

$$\overline{C}_a = -\frac{1}{2}CEC\rho_p\left(1 - \phi_w\right) + \frac{1}{2}\sqrt{CEC^2\rho_p^2\left(1 - \phi_w\right)^2 + 4\overline{C}_s^2\phi_w^2} \qquad (2-23)$$

式中　CEC——阳离子交换能力；

ρ_p——膜材料离子密度；

ϕ_w——体积水含量或膜孔隙。

式（2-21）中有 3 个摩擦比例系数：R_m 是固体膜结构（m）中阳离子（c）和阴离子（a）摩擦系数（f）的比值，即 $R_m = f_{cm}/f_{am}$，它反映了摩擦阻力减少的倾向；R_{wm} 是渗透膜骨架中阴离子摩擦系数与渗透膜水中离子摩擦系数比值 $R_{wm} = f_{am}/f_{aW}$；R_w 是渗透膜水中阳离子和阴离子摩擦系数比值 $R_w = f_{cW}/f_{aW}$。理想膜的孔隙中不含有游离盐，也就是说溶质不是被束缚在含阳离子多的吸收层，然而非理想膜孔隙中含有溶质。所有的泥页岩是非理想膜，但在孔隙率具有阳离子交换能力的泥页岩隔离的稀释溶液中抗盐效率最大，双层重叠越大，膜结构抗盐越高。由式（2-23）可知，当孔隙率趋近于零，$\overline{C}_a$ 也趋近零；如果这些孔隙被膜结构外部环境的盐所大量填充，双层中对抗离子的特性将变得失效；如果 $\overline{C}_s$ 很大，$\overline{C}_a$ 接近 $\overline{C}_s\phi_w$；对于非选择多孔介质 $\overline{C}_a = \overline{C}_s$，因此对于理想膜 $\overline{C}_s$ 为 0。

对于一个恒温等电位体系，垂直通过渗透膜的溶剂量（J_v）、溶质量（J_s）计算公式如下：

$$J_V = L_P \left(\Delta p_{eff} - \delta \Delta \pi \right) \tag{2-24}$$

$$J_S = \overline{C}_S \left(1 - \delta \right) J_V + \omega \Delta \pi \tag{2-25}$$

式中　L_P——水力渗透系数；

　　　ω——溶质渗透系数；

　　　Δp——有效渗透压差。

$$L_P = \frac{K}{\rho g x \mu} \tag{2-26}$$

式中　ρ——流体密度；

　　　g——重力常数；

　　　x——渗透膜厚度；

　　　K——泥页岩渗透性；

　　　μ——滤液黏度。

$$\omega = \frac{D_0}{RTx\tau} \tag{2-27}$$

式中　R——气体常数；

　　　D_0——膜孔直径；

　　　T——绝对温度；

　　　τ——渗透膜曲率；

　　　x——渗透膜厚度。

$$\tau = L_e / L \tag{2-28}$$

式中　L_e——流体经过膜的实际有效距离；

　　　L——膜的宏观距离。

由此定义得出的 $\tau \geqslant 1$，注意：$\Delta p_{eff} = p_M - p_p$ 和 p_p 将随时间和位置的变化而变化。根据式（2-24），液体浸入泥页岩是由于水力压力的差异和渗透压造成的，对常规密度和活度的钻井液体系，液体进入速度取决于泥页岩本身结构和流体与地层之间的相互作用。

根据式（2-21），加入某种特殊处理剂可以提高泥页岩的膜效率，这些特殊处理剂应具有高电荷密度，通过吸附可以增强在泥页岩薄层的电荷密度、减小泥页岩孔隙尺寸。孔隙尺寸或增加在泥页岩薄层的电荷密度能增加渗透膜的理想性。在特殊情况下，当 $\delta \Delta \pi > \Delta p_{eff}$，孔隙流体将流出泥页岩层，导致负的 $\delta p(t)$，此种物质必须小到能够进入页岩孔隙，然后强烈吸附在页岩上。换言之，这些物质可以在井筒周围泥页岩骨架内形成一种内泥饼，由于内泥饼的渗透率比泥页岩的更低，因此沿着它有一个突变的压力降，进而增加 δ 将延缓孔隙压力扩散率。图 2-11 和图 2-12 分别表示了靠近井眼渗透率增高和降低时井壁上的孔隙压力扩散情况。

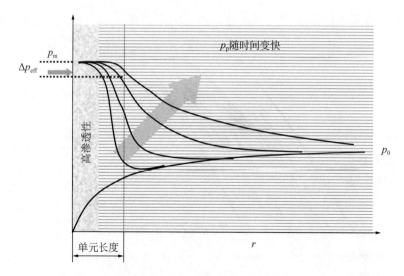

图 2-11　靠近井眼渗透率增高时井壁上的孔隙压力扩散

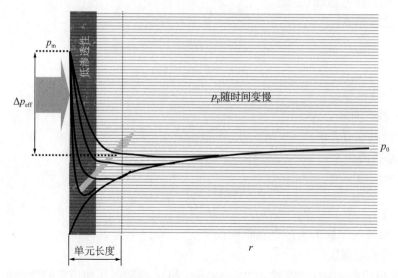

图 2-12　靠近井眼渗透率降低时井壁上的孔隙压力扩散

二、水基钻井液形成半透膜的种类

任何膜必须在两相之间或者某一相之间形成界面，这种膜才能具有物质传递的基础。在高温高压条件和流体淹没环境下，实际钻井井筒内的井壁岩石表面可能存在或者形成以下几种膜：

（1）井壁泥页岩本身天然具有多孔膜特征，相当于起分离作用的"微滤膜"、"超滤膜"，其表面孔隙尺寸约为：$0.05 \sim 10\,\mu m$（微滤膜）、$1 \sim 100nm$（超滤膜），此时形成膜的半透膜性质属于阻挡大分子（分子大小 $1 \sim 100nm$）透过型半透膜，不能选择性透过电解质离子，因而难以采用控制钻井液中电解质活度方法来控制膜之间的渗透压差，从而调控水流方向和大小，还需要借助于钻井液的滤失造壁性来降低水进入地层的速度和数量。

（2）具有天然多孔膜特征的岩石孔隙进一步被钻井流体中的固体颗粒、沉淀物、聚合物处理剂堵塞，减小孔隙直径，形成相当于"纳滤膜"、"反渗透膜"类型的多孔膜，其表面孔隙尺寸小于 2nm，此时形成的膜具有选择性阻挡离子透过半透膜的性质，可以采用控制钻井液中电解质活度方法来控制膜之间的渗透压差，从而调控水流方向图 2-13。

(a)微滤性质膜　　　　　　　　　　　(b) 超滤性质膜

图 2-13　天然泥页岩形成的膜

（3）井壁岩石作为支撑体，聚合物吸附在表面，浓集、覆盖形成致密有孔膜或者无孔液膜，如图 2-14 所示。聚合物吸附在泥页岩表面形成膜，如果膜的表面有大量的有机疏水基团，可以降低水对泥页岩的侵入。

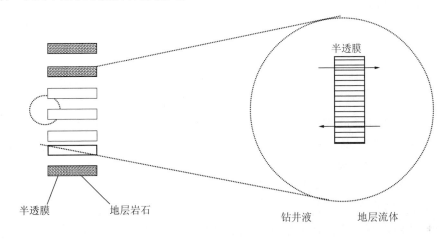

图 2-14　井壁岩石表面吸附聚合物成膜模型

三、半透膜两侧的实际推动力与水流方向

1. 膜两侧实际推动力

钻井工程中，膜两侧实际推动力为压差和膜两侧的渗透压差。压差等于钻井液液柱静压力、动循环压力与地层流体压力之差，在正压差钻井条件，压差作用方向始终指向地层。渗透压差作用方向则随膜两侧两相流体的活度不同而发生变化，如果钻井液的活度小于地层流体的活度，则渗透压差方向指向井筒内；反之，指向地层。

2. 水流方向

假设井壁形成了半透膜，正压差钻井条件，钻井液中水流动方向有以下形式：

（1）压差作用方向与渗透压差方向相同，压差与渗透压差共同作为驱动力，钻井液中自由水流动方向朝向地层，如图 2-15（a）。这种情况不利于井壁稳定。

（2）压差作用方向与渗透压差方向相反，但是，压差小于渗透压差，钻井液中自由水流动方向朝向井筒内，如图2-15（b），这种情况有利于井壁稳定。

（3）压差作用方向与渗透压差方向相反，但是，压差大于渗透压差，钻井液中自由水流动方向朝向地层，如图2-15（c），这种情况不利于井壁稳定。

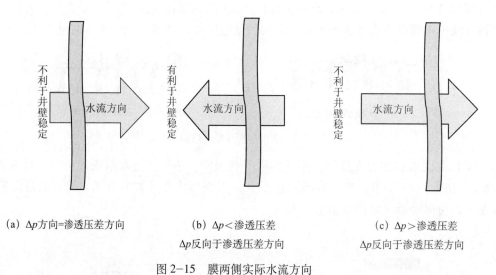

（a）Δp方向=渗透压差方向　　　　（b）Δp<渗透压差　　　　（c）Δp>渗透压差
　　　　　　　　　　　　　　　　　Δp反向于渗透压差方向　　　　Δp反向于渗透压差方向

图2-15　膜两侧实际水流方向

图2-15（a）、（c）种情形虽然水流动方向都是指向地层，但是在水流动的速度、程度上有所不同，第（c）种情形水的推动力为压差与渗透压差的差值，其大小上低于第（a）种情形（压差与渗透压差的加和值），相当于降低了实际作用推动力（压差），结果可能是在相同的时间内，水进入地层的总量不仅比压差与渗透压差的加和情形小，而且比单纯压差作用时也小，或者说如果相同量的水进入地层，第（c）种情形比第（a）种情形所需时间更长，相当于延长了泥页岩水化稳定时间。

由以上分析可知，泥页岩是非理想的半透膜，井壁泥页岩本身天然具有多孔膜特征，孔隙尺寸直接影响泥页岩表面形成膜的质量，只有当孔隙尺寸小到与电介质微粒尺寸相当时，泥页岩表面形成的半透膜才具有选择电介质通过的能力。因此，泥页岩孔隙尺寸的大小是影响半透膜形成及其效率的一个重要因素。

四、改善泥页岩膜理想性的理论途径

从泥页岩形成半透膜的机制分析得出，要改善泥页岩膜的理想性，就必须做到以下两点：（1）减小泥页岩的孔隙尺寸；（2）增加泥页岩薄层的电荷密度。然而要做到这两点要求这种物质能够小到进入泥页岩的孔隙内部，把泥页岩的孔隙尺寸减到足够小，并能强烈的吸附到泥页岩表面，还要能够在井筒周围泥页岩骨架内形成一种内泥饼，且形成的泥饼渗透率比泥页岩更低。此外，如果分子链上带有疏水基团，将进一步增强泥页岩膜的理想性。这就为我们如何提高、改善泥页岩膜的理想性提供了思路。

半透膜剂在水基钻井液中能够成功应用，使泥页岩膜的理想性得到增强，钻井液可以通过控制钻井液活度的方法大大提高抑制泥页岩的水化膨胀能力，还可以在效率较高的半透膜作用下，利用渗透压原理来维持井壁稳定。

第三节 半透膜质量控制

一、半透膜效率测定方法

半透膜测定方法包括判断半透膜是否形成及效果的评价方法和半透膜膜效率测定方法两大类。目前，半透膜及半透膜膜效率测定方法有：液面高度测定法、溶质截流浓度测定法、扫描电镜法（SEM）、原子力显微镜法（AFM）、高温高压膜效率测定法和膨胀量测定法等。

1. 液面高度测定法

该测定方法的原理是通过测定膜之间两相溶液的液位高低差值和透过膜的液量体积来反映有无半透膜存在和半透膜的效果，如图 2-16 所示。

评价：由于测定对象膜不是在本身仪器内形成的，而是滤失实验后取出的泥饼膜，因此，泥饼上即使形成了半透膜，也可能是由于溶剂挥发干燥后由相转化分离原理产生的膜，与实际井下淹没条件下形成的膜并不相同。

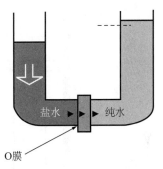

图 2-16 液面高度测定法

2. 溶质截流浓度测定法

该测定方法的原理是通过测定膜直接截留溶质的相对分子质量来表征膜性能优劣（截留定义为 90% 能被膜截留的相对分子质量），也可以通过测定溶质浓度的变化反映膜性能的好坏。

评价：由于大分子的形状、浓差极化现象等要影响测试结果，截留相对分子质量及浓度的测定比较复杂，该测定方法不适用于钻井液半透膜评价。

3. 扫描电镜法（SEM）

利用扫描电镜可以清楚地观测膜的全部结构，表层、断面和底面均可以很好地观察。从扫描电镜图片上可以获得多孔膜的孔径、孔径分布及表面孔隙率，也可以观察孔的几何结构。

评价：由于该方法观测的是大气条件下已经形成的固体膜，膜不是在淹没条件下形成的，因而观测结果与实际井下淹没条件下膜的形态并不一定相同。

4. 原子力显微镜法（AFM）

以直径小于 10nm 的非常尖的探针以恒定的力扫过被测表面时，探针里面的原子会与样品发生 London-vander Waals 相互作用。通过检测这些力就可得到样品表面的扫描结果。运用微尺度悬臂，可以实现在小于 1nm（$1nm=10^{-9}m$）的很小相互作用力下检测，因此可以使用该方法检测聚合物膜这样软的表面，图 2-17 为膜表面检测结果示意图。

评价：该检测方法仍然是在大气条件下进行测量，检测的膜表面结构与实际井下淹没条件下膜的形成结构并不相同。

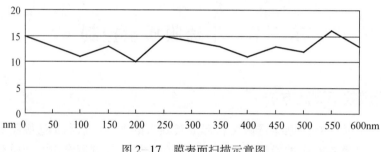

图2 17 膜表面扫描示意图

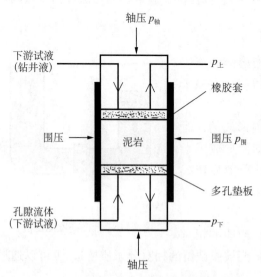

图2-18 高温高压膜效率测定装置结构示意图

5. 高温高压膜效率测定法

先将一定轴压围压下的泥页岩样用盐水溶液饱和，然后用另外一种浓度（活度）的盐溶液或水替代盐水溶液，由于溶液浓度（活度）变化，泥页岩产生膨胀压力（膨胀时为正，收缩为负），与理论膨胀压进行比较，即得泥页岩的半透膜效率。测试仪原理结构如图2-18所示。

评价：由于岩样上膜是在淹没条件下形成和检测的，与实际成膜情形相似，其检测结果具有代表性。

6. 膨胀量测定法

用清水或者盐水溶液浸泡后制得的岩样放入测试容器套内，先测量一定时间的膨胀量，后用吸管把水或盐水溶液吸出，再次归零，将所测定溶液倒入，当测定的溶液具有成膜作用时，由于活度差的原因，一定时间后将出现负值，而不具有成膜作用时，仍然为正值。

评价：该检测方法是在常温常压下进行成膜测量，与井下高温高压条件有差异，但是，该方法因为检测容易，可以作为判断有无半透膜形成的简便方法。

综上所述，由于钻井过程中钻井液与地层发生作用是在井下发生的，因此能评价半透膜效率的方法最好采用模拟井下条件的高温高压膜效率测定法，其次采用膨胀量测定法，其余检测方法仅仅可以作为两种方法的补充或参考。

二、半透膜效率测试原理

半透膜现象是一种物理现象，半透膜具有允许某些小分子（尤其水分子易于通过）通过而大分子则不能通过的特性。泥页岩的半透膜是非理想膜，加入某种特殊处理剂可以提高泥页岩的膜效率，如何测定和评价这些特殊处理剂加入后对泥页岩的作用效果呢？因此，有必要建立一种装置和测试方法来评价它的效果。

用半透膜将纯溶剂与溶液、稀溶液或浓溶液隔开，溶剂分子能从纯溶剂一边进入溶液一边，或从稀溶液一边进入浓溶液一边，这种现象称为渗透现象，如图2-19所示。

达到渗透平衡后，纯溶剂的液面较之于渗透前降低了，而溶液的液面较之于渗透前升高了，如图 2-20 所示。

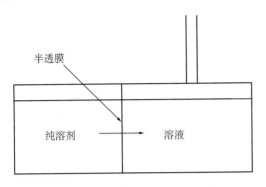

图 2-19　渗透压仪器示意图

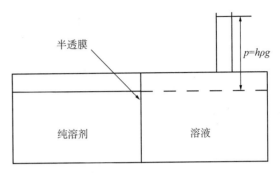

图 2-20　渗透压仪器示意图

由此在两个液体之间产生液面差，亦即在两液面之间产生液位差，产生一个液柱压力，其大小为 $p=h\rho g$，也就是渗透压为 $p=h\rho g$，这里的 h 为液面差，ρ 为溶液的密度，g 为重力加速度。

可以这样设想，在最初时，如果在半透膜的两边均为纯溶剂，则两边的纯溶剂组分的化学势相等，如果在半透膜的一边加入了溶质 x_2 又增加了一些压力，则这两种因素都使得溶剂的化学势发生改变，其总改变值为 $\mathrm{d}\mu_1$，则

$$\mathrm{d}\mu_1 = \left(\frac{\partial \mu_1}{\partial p}\right)_{T,x_1} \mathrm{d}p + \left(\frac{\partial \mu_2}{\partial x_2}\right)_{T,P} \mathrm{d}x_2 \tag{2-29}$$

式中　μ_1——溶剂 1 的化学势；

　　　μ_2——溶剂 2 的化学势；

　　　x_2——溶质

　　　p——压力。

当达到渗透平衡时，则溶液组分 1 的化学势仍然等于纯组分 1 的化学势，也就是说，$\mathrm{d}\mu_1$ 的值已由上述二种原因相互抵消等于零，即：

$$\mathrm{d}\mu_1 = \left(\frac{\partial \mu_1}{\partial p}\right)_{T,x_1} \mathrm{d}p + \left(\frac{\partial \mu_2}{\partial x_2}\right)_{T,P} \mathrm{d}x_2 = 0 \tag{2-30}$$

展开，可得

$$\left(\overline{V_1}\right)_{T,x_1} \mathrm{d}p + \left(\frac{\partial\left(\mu_1^\circ + RT\ln x_1\right)}{\partial x_2}\right)_{T,p} \mathrm{d}x_2 = 0 \tag{2-31}$$

略去 $\overline{V_1}$ 的脚标，可得

$$\overline{V_1}\mathrm{d}p + RT\left(\frac{\partial \ln\left(1 - x_2\right)}{\partial x_2}\right)_{T,p} \mathrm{d}x_2 = 0 \tag{2-32}$$

$$\overline{V_1}\mathrm{d}p = -RT\frac{\mathrm{d}(1-x_2)}{1-x_2} \tag{2-33}$$

$$\int_{p_{初}}^{p_{终}} \overline{V_1}\mathrm{d}p = -RT\int_{x_2=0}^{x_2}\frac{\mathrm{d}(1-x_2)}{1-x_2} \tag{2-34}$$

$$\overline{V_1}\left(p_{终}-p_{初}\right) = -RT\ln(1-x_2) \approx RT\left(x_2+\frac{1}{2}x_2^2+\frac{1}{3}x_2^3+\cdots\right) \approx TRx_2 \tag{2-35}$$

由于 $p_{终}-p_{初}$ 等于渗透压 Π（大气压），因此

$$\pi\overline{V_1} \approx RTx_2 \tag{2-36}$$

而

$$\pi\overline{V_1} \approx RTx_2 = RT\frac{n_2}{n_1+n_2} \approx RT\frac{n_2}{n_1} \tag{2-37}$$

于是

$$\pi n_1 \overline{V_1} \approx RTn_2 \tag{2-38}$$

对于稀溶液

$$n_1\overline{V_1} \approx V_{溶剂} \approx V_{溶液} \tag{2-39}$$

则

$$\pi V = n_2 RT \tag{2-40}$$

从以上的公式推导过程可以看出，式（2-25）是式（2-34）对稀溶液的近似式，因为对于稀溶液：

$$\overline{V_1} \approx \overline{V_1^{\circ}} \tag{2-41}$$

则

$$n_1\overline{V_1} \approx n_1\overline{V_1^{\circ}} = V_{溶剂} \approx V_{溶液} \tag{2-42}$$

表 2-1 是根据式（2-39），式（2-40）所得计算值与实验值的比较，从表 2-1 上结果可以看出，溶液越稀，由上述两式计算所得之值与实验值越接近。

表 2-1　蔗糖水溶液的渗透压

溶液浓度		Π（大气压）		
m_B	c_B	实验值	按标准公式计算值	按推导公式计算值
0.1	0.098	2.59	2.40	2.36
0.2	0.192	5.06	4.81	4.63
0.3	0.282	7.61	7.26	6.80
0.4	0.370	10.41	9.62	8.90
0.5	0.453	12.75	12.0	10.90

续表

溶液浓度		Ⅱ（大气压）		
m_B	c_B	实验值	按标准公式计算值	按推导公式计算值
0.6	0.533	15.39	14.4	12.8
0.7	0.610	18.13	16.8	14.7
0.8	0.685	20.91	19.2	16.5
0.9	0.757	23.72	21.6	18.2

由图 2—20 中可以看出，如果在右边溶液液柱上加上一个外压，则在半透膜左右两边达到的动态平衡就要受到破坏，左边的溶剂非但不能渗透到溶液这一边，相反，溶液中的溶剂则要反渗透到溶剂这边去，这就是所谓的反渗透现象。

对于理想溶液，其渗透压可用渗透压公式：

$$\pi = cRT \qquad (2-43)$$

计算得出，c 为半透膜剂在溶液中的摩尔浓度，R 为气体常数，T 为开氏温度。

半透膜的膜效率计算可由式（2—25）得出，即：

$$\delta = (\Delta p / \Delta \pi) \quad J=0 \qquad (2-44)$$

δ 为膜效率，其意义为膜两侧无流动时，外压与渗透压之比。

根据电导率与电导的关系：

$$\overline{L} = \frac{N\Lambda}{1000} \qquad (2-45)$$

$\overline{L}$ 为电导率，N 为半透膜剂的当量浓度，Λ 为当量电导。

而电导与浓度的关系：

$$c = \frac{\Lambda\infty - \Lambda}{A} \qquad (2-46)$$

式中　$\Lambda\infty$——极限当量电导；

　　　A——常数。

将式（2—38）、式（2—40）和式（2—41）代入式（2—39）可得膜效率与电导率的关系式：

$$\sigma = \frac{A^2 \Delta p}{RT\left(\Lambda\infty - \dfrac{1000}{c}\overline{L}\right)^2} \qquad (2-47)$$

通过半透膜效率测试装置（图 2—21），测定半透膜钻井液的 Δp 及电导率，利用式（2—47）可计算半透膜钻井液的膜效率。在应用膜效率计算公式时，应当注意到渗透压计算式 $\pi = cRT$ 只适用于稀半透膜剂溶液，因为此时溶液的浓度与活度可近似相等。对于浓半透膜剂溶液，则两者的差距较大，因而用浓度值计算的膜效率与用活度计算的膜效率存在着较大的差距。

三、半透膜效率测试装置

根据半透膜效率测试原理设计了能模拟井下条件的高温高压半透膜膜效率测试仪，半透膜效率仪示意图见图 2-21。

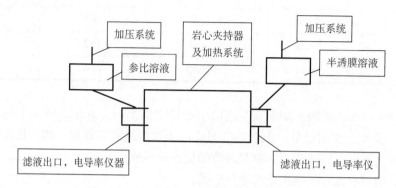

图 2-21　半透膜效率测试仪示意图

使用半透膜测试装置具体步骤如下：

（1）首先将渗透率 180～200mD 的标准岩心放入岩心夹持器中，按安装程序装好各部件；

（2）用环压机给岩心夹持器加环压，对于常压或低压测试，加环压 1～3MPa 即可，对于高压（不超过 3.5MPa）测试，加环压应大于 5MPa；

（3）将钻井液和参比溶液分别加入两边储槽中，同时打开滤液出口至液体流出，关闭滤液出口；

（4）打开气源，向两边储槽加压；

（5）打开电源给岩心夹持器升温至所需测试温度；

（6）待平衡 2 小时后，从滤液出口接收滤液，测滤液的电导率；

（7）需做升温测试的在测试完后，应先关加热器，然后向岩心室通入冷却水，冷却至室温后关水；

（8）关闭气源，卸载加在两边储槽中液体上的气压；

（9）卸环压，先从储槽排放液体，然后从滤液出口排放溶液；

（10）按安装程序拆下各部件，取出岩心夹持器将岩心取出，清洗各部件，干燥后备用。

通过上述半透膜膜效率测试仪测得电导率及有关数据，根据式（2-47）可计算半透膜钻井液的膜效率。

第四节　水基钻井液半透膜剂研制

一、合成半透膜剂基本思路

泥页岩是非理想的半透膜，井壁泥页岩本身具有多孔膜特征，孔隙尺寸直接影响泥页岩表面形成膜的质量，只有当孔隙尺寸小到与电介质微粒尺寸相当时，泥页岩表面形成的半透膜才具有选择电介质通过的能力。泥页岩中黏土形成一个半透膜，它可以运送溶剂组分，但是阻止了溶质组分的通过。

从泥页岩形成半透膜的机制分析得出，要改善泥页岩膜的理想性，就必须做到以下两点：（1）减小泥页岩的孔隙尺寸，（2）增加泥页岩薄层的电荷密度。然而要做到这两点要求加入的特殊处理剂分子结构体积能够小到进入泥页岩的孔隙内部，把泥页岩的孔隙尺寸减到足够小，并能强烈的吸附到泥页岩表面，还要能够在井筒周围泥页岩骨架内形成一种内泥饼，且形成的内泥饼的渗透滤比泥页岩更低。此外，如果分子链上带有疏水基团，将可能进一步增强半透膜的理想性。

半透膜剂加入钻井液中，既要能够形成半透膜，增强泥页岩膜的理想性，又要保证钻井液的流变性、失水造壁性和抑制性能好且易于控制，还要保证与其他处理剂具有良好的配伍性和抗污染能力。因此，在评价水基钻井液半透膜剂性能时，既要评价半透膜膜效率，又要评价半透膜剂加入钻井液后的钻井液性能。

二、有机硅酸盐半透膜剂 BTM-2 的研制

1. 有机硅酸盐的分子设计

（1）有机硅酸盐合成的基本思路。

用半透膜效率测定装置测定了几种钻井液的膜效率，结果见表 2-2，通过页岩抑制性评价实验考察了几种钻井液体系的抑制性，结果见图 2-22。在诸多的钻井液体系中，硅酸盐钻井液膜效率最高，其抑制性相对较好，与油基钻井液相仿。

表 2-2　几种钻井液体系的膜效率

钻井液类型	膜效率（%）
35%CaCl$_2$	5.0
21%NaCl	3.8
26%KCl	2.2
72%HCOOK	7.9
硅酸盐钻井液	61

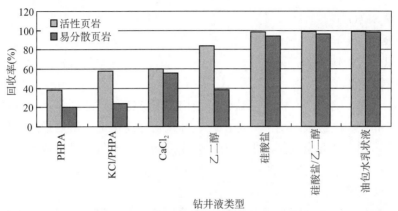

图 2-22　几种钻井液体系页岩回收率实验结果

无机硅酸盐之所以具有强抑制性，是因为它分子结构小，能够进入页岩孔隙，能增加泥页岩薄层的电荷密度，强烈吸附在页岩上或甚至与泥页岩发生化学反应，硅酸根中的 Si—O$^-$ 与地层中无机硅酸盐形成键能较大（452kJ·mol^{-1}）、较稳定的 Si—O—Si 链，在井筒周围泥页岩骨架内形成内泥饼，可减小泥页岩孔隙尺寸，增强泥页岩的半透膜理想性。因此合成的强抑制剂分子中应有硅酸根（SiO$^-$）。

无机硅酸盐作为抑制剂的一个最大缺点，就是其钻井液的流变性能、滤失量难于控制。其原因是由于硅酸盐在与膨润土、钻屑（地层硅酸盐物质）形成 Si—O—Si 键链后，还剩余一部分 Si—O$^-$ 基团，这部分 Si—O$^-$ 基团形成分子间 Si—O—Si 键链，这种键链发生缩合而连接起来形成无机大分子。这种大分子通过与水分子形成氢键、分子吸附及包裹作用消耗大量的水，使钻井液变稠。由于无机硅酸盐大分子与水分子间形成的氢键及包裹等作用太强，使稀释剂或降黏剂难以接近粘粒发生吸附作用，不易破坏 Si—O—Si 连接，因而使得钻井液的流变性难于调整。

如果 Si—O$^-$ 基团上连接上碳链，同时保留硅酸根离子的高电荷密度，增加疏水基团，将可能进一步增强半透膜理想性。由于碳链的阻碍作用，可使剩余的硅酸盐分子之间难于接近，继而防止了有机硅酸盐分子之间、有机硅酸盐分子与黏土、有机硅酸盐分子与钻屑之间发生缩合而相互连接起来形成大分子的可能性。

因此，确定在有机硅酸盐的分子中，存在两个必不可少的部分即硅酸根和碳链，控制碳链长度，确保分子结构要小到能够进入页岩孔隙。对于发挥无机硅酸盐具有高的半透膜膜效率、强的抑制性优点，克服无机硅酸盐在钻井液中流变性、滤失量难于控制的弱点有可能起到决定的作用。

（2）合成产物分子结构的确定。

根据上述思路，合成物分子结构中存在硅酸根，利用硅酸根离子的高电荷密度，进入页岩孔隙，能强烈吸附在页岩上或甚至与泥页岩发生化学反应，形成内泥饼、减小泥页岩孔隙尺寸，从而改善泥页岩半透膜理想性。同时在硅酸根的基础上连接上一个或多个碳链，分子链上带有疏水集团，将进一步增强半透膜的理想性，并可防止硅酸根之间即 Si—O$^-$ 基团之间发生缩合而相互连接起来形成无机大分子，有利于控制其钻井液的流变性。居于这些考虑，确定合成的有机硅酸盐的分子结构为：

R—Si (O$^-$)$_3$

或： R$_2$Si (O$^-$)$_2$

R$_3$Si (O$^-$)

R—有机碳链

（3）反应物选择。

根据上述设想，确立了有机硅酸盐分子结构，即碳链和硅酸根基团。碳链部分可通过含氯有机物来提供，硅酸根基团部分可由含氯硅化物在连接上碳链后通过水解而获得。在保证合成产物达到设计要求的基础上，为使合成产物的成本低，且合成反应易于进行，确定选择含氯硅化物为四氯化硅，含氯有机物为氯代物。

（4）合成反应路线。

先将氯代物与金属镁反应生成 RMgCl，即将氯代物制备成格氏试剂，然后再与四氯化硅反应，得到氯硅有机物，即 R—SiCl$_3$。将 R—SiCl$_3$ 在碱性水溶液中水解可制得有机硅酸盐化合物，即得 R—Si（O$^-$）$_3$。在合成反应中，采用格氏试剂是因为格氏试剂较易于制备，而利用格氏试剂制备其他有机物较为简单易行。其具体的合成反应如下：

①制备格氏试剂。

将氯代物和乙醚加入到支平底烧瓶中，中速搅拌，按摩尔比 1：1 缓慢加入金属镁（小块，粉末最好），加完金属镁后，继续搅拌 12h，该反应整个过程需在通风柜中进行，实验室中禁止明火。其反应方程式为：

$$RCl+Mg \rightarrow RMgCl \tag{2-48}$$

②制备氯硅有机物。

将制备的格氏试剂加入到平底烧瓶中，中速搅拌，按摩尔比（RMgCl/SiCl$_4$）为 1：1 的量将四氯化硅气体通入到烧瓶中，反应 12h。其反应方程式为：

$$RMgCl+SiCl_4 \rightarrow R-SiCl_3 \tag{2-49}$$

③ R—SiCl$_3$ 的水解。

按比例配制碱水溶液，中速搅拌，将合成的 R-SiCl$_3$ 缓慢滴入碱溶液中，加完后，继续搅拌 4h，缓慢升温，待升至反应温度，在中速搅拌下恒温反应 6h。

$$R-SiCl_3+H_2O \xrightarrow{OH^-} R-Si(O^-)_{3-n}(OH)_n+HCl \tag{2-50}$$

n 为 1 ~ 3 之中的一个自然数。

综上所述，其总的合成路线为：

$$RMgCl+SiCl_4 \rightarrow RSiCl_3 \xrightarrow{OH^-} R-Si(O^-)_{3-n}(OH)_n \rightarrow 净化处理 \rightarrow 除水、干燥 \rightarrow 成品$$

（5）合成反应条件。

在有机硅酸盐合成反应过程中，选择合适的合成反应条件，对于得到目的产物，提高合成反应的收率具有重要作用。通过调整反应物的配比、反应温度、反应时间来对合成反应的条件进行优化，由此确定最佳的反应条件。

2. 有机硅酸盐的合成

（1）反应物配比对产物性能的影响。

选择适当的反应物配比，可以避免浪费化学原材料，得到优质的合成产物或产品，从而达到最大经济效果。为选择合适的反应物配比，反应选择条件为：温度 100℃，时间 4h。对反应产物进行钻屑回收率实验，也就是考察反应物配比对反应产物的抑制能力的影响，钻屑回收率实验采用青海油田冷科 1 井 1002m 井段钻屑，合成物加量为 0.5%，热滚温度为 120℃，热滚 16h。其实验结果见表 2-3 和图 2-23。

表 2-3　反应物配比对产物性能的影响

硅化物 / 氯代物（配比）	1/1	1/2	1/3	2/1	3/1
钻屑回收率（%）	81.3	77.5	74.9	76.8	78.1

注：冷科 1 井 1002m 井段钻屑，120℃热滚 16h，合成物加量为 0.5%

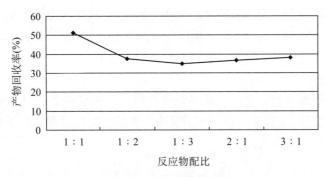

图 2-23　反应物配比对产物性能的影响

实验结果表明，反应物配比选择摩尔比 1∶1 时，钻屑回收率相对最高，也即产物的抑制能力最强。说明反应物配比为摩尔比 1∶1 是最佳配比。

（2）反应温度对产物性能的影响。

根据上述反应物配比实验结果，为使合成反应在适当低的温度下进行而得到最好的经济效果。选择最佳的反应温度，反应条件为：时间 4h，反应物配比为摩尔比 1∶1。对反应产物进行钻屑回收率实验，考察反应温度对反应产物的抑制能力的影响。钻屑回收率实验采用冷科 1 井 1002m 井段钻屑，合成物加量为 0.5%，热滚温度为 120℃，热滚 16h。其实验结果见表 2-4 和图 2-24。

表 2-4　反应温度对产物性能的影响

反应温度（℃）	60	80	100	120
回收率（%）	24.8	40.6	51.3	52.1

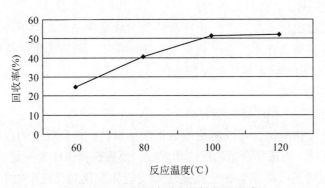

图 2-24　反应温度对产物性能的影响

实验结果表明，反应温度由 60℃ 升高到 100℃，产物的抑制能力增长幅度较大，但在 100℃ 以后，升高反应温度对产物的抑制能力影响不大。反应温度太高，增大能耗，对于生产操作、安全会带来不利的因素，对生产环境也会带来不利的影响。考虑到安全因素和经济效益，确定反应温度以 100℃ 为佳。

（3）反应时间对产物性能的影响。

反应时间的长短影响到生产周期，也影响到能耗和经济效益。为选择最佳的反应时间，反应条件为：配比为摩尔比 1：1，反应温度 100℃。对反应产物进行钻屑回收率实验，考察反应时间对反应产物抑制能力的影响。钻屑回收率实验采用冷科 1 井 1002m 井段钻屑，合成物加量为 0.5%，热滚温度为 120℃，热滚 16h。其实验结果见表 2-5 和图 2-25。

表 2-5　反应时间对产物性能的影响

反应时间（h）	2	4	6	8	10
回收率（%）	27.8	51.3	69.2	69.3	69.2

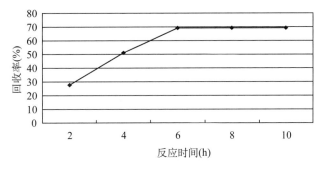

图 2-25　反应时间对产物性能的影响

实验结果表明，反应时间由 2h 延长到 6h，产物的抑制能力增长幅度较大，反应时间超过 6h，延长反应时间对产物的抑制能力没有影响，反应时间太长将影响到生产效率，因此确定反应时间以 6h 最佳。

综合上述实验结果，确定合成反应的最佳条件如下：反应物配比为摩尔比 1：1；反应温度 100℃；反应时间 6h。

3. 有机硅酸盐半透膜剂的结构分析

为了确证合成产物的分子结构是否与预先设计的有机硅酸盐的分子结构的一致性、为了解其性能与结构的关系，对合成的有机硅酸盐进行了光谱分析（红外、核磁、质谱和碳谱），以便于从分子结构这个层面上对有机硅酸盐有一个清晰而直观的了解和认识。

图 2-26 是其红外谱图，从红外谱图可以看出，合成的有机硅酸盐分子中，存在 Si—C键、Si—O 键、C—O 键、烃基和羟基。

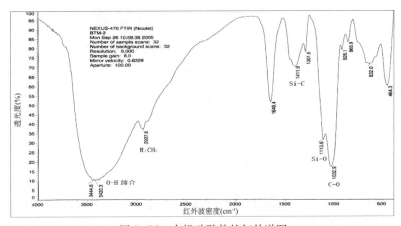

图 2-26　有机硅酸盐的红外谱图

图 2-27 和图 2-28 是有机硅酸盐的碳谱谱图，通过对碳谱谱图的分析可以进一步确定有机硅酸盐的分子结构中的基团，以达到准确确定分子结构的目的。可以看出，在化学位移 δ 为 65.109 处出现共振信号，说明在分子结构中存在甲基（CH_3-），同时在化学位移 δ 为 65.109 处也出现共振信号，说明在分子结构中存在着 $=CH-O$，由碳谱图（图 2-31）进一步说明，在有机硅酸盐的分子结构中，确实存在着碳链和 $C-O$ 键。

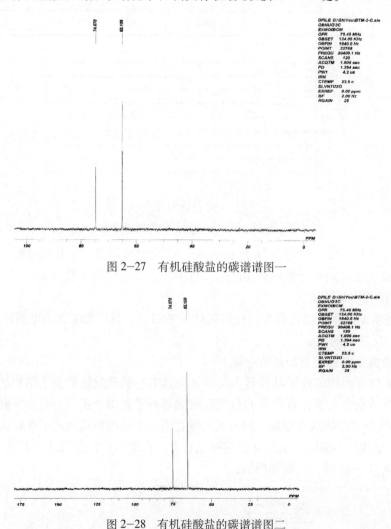

图 2-27　有机硅酸盐的碳谱谱图一

图 2-28　有机硅酸盐的碳谱谱图二

图 2-29、图 2-30 及图 2-31 有机硅酸盐的质谱谱图，通过对质谱谱图的分析，可以确定分子的相对分子质量。根据分子离子峰确认的规律，即：

（1）分子离子稳定性的一般规律。具有 Π 键的芳香族化合物和共轭链烯，分子离子很稳定，分子离子峰强；脂环化合物的分子离子峰也较强；含有羟基或具有多分支的脂肪族化合物的分子离子不稳定，分子离子峰小或有时不出现。分子离子峰的稳定性有如下顺序：芳香族化合物 > 共轭链烯 > 脂环化合物 > 直链烷烃 > 硫醇 > 酮 > 胺 > 酯 > 醚 > 酸 > 分支烷烃 > 醇。当分子离子峰为基峰时，该化合物一般都是芳香族化合物。

（2）分子离子含奇数个电子（OE^+），含偶数个电子的离子（EE^+）不是分子离子。

（3）分子离子的质量数服从氮律。只含 C、H、O 的化合物，分子离子峰的质量数是偶数。由 C、H、O、N 组成的化合物，含有奇数个氮，分子离子峰的质量是奇数；含有偶数个氮，分子离子峰的质量是偶数。这一规律就称为氮律。凡不符合氮律者，就不是分子离子峰。

从以上三个质谱谱图可以看出，有机硅酸盐的最大谱峰值为 753.5891，即质量数为奇数，根据分子离子峰的质量数为偶数的规则，质量数为奇数的谱峰不是分子离子峰，可以确定该离子实际上是一碎块，而不是分子离子，虽然质量数较大，但只不过是一个大碎块（其质量为 753）。所以从图 2—35 可以得出有机硅酸盐的相对分子质量在 1000 左右。

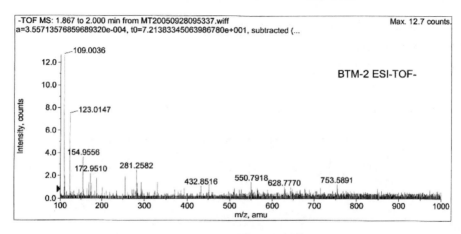

图 2—29　有机硅酸盐的质谱谱图三

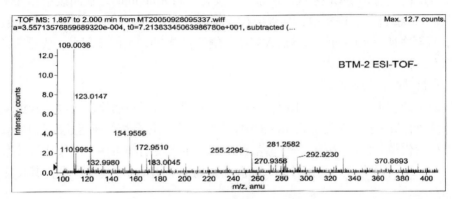

图 2—30　有机硅酸盐的质谱谱图四

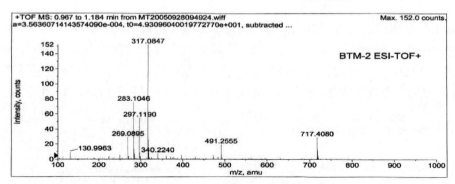

图 2-31 有机硅酸盐的质谱谱图五

通过以上的光谱分析，可以确定：有机硅酸盐的分子结构中存在着碳链和 C—O 键，其相对分子质量在 1000 左右。

4. 有机硅酸盐半透膜剂的生产工艺

（1）有机硅酸盐生产的工艺流程简介。

根据有机硅酸盐的合成路线，其工艺流程图如图 2-32 可表示为：

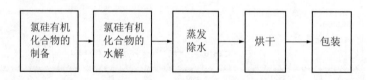

图 2-32 有机硅酸盐生产的工艺流程简图

（2）氯硅有机化合物的制备。

格氏试剂 $RMgCl_3$ 是易燃物，易于与水醇类等带活性羟基类物质反应；四氯化硅也是易于与水反应的物质。因此，要求生产车间环境保持干燥、通风，绝对不允许存在明火，不允许存在易产生明火的设备、线路等。

可先将格氏试剂 $RMgCl_3$ 泵入反应釜中，搅拌（120rpm/min），让四氯化硅气体以质量流速每分钟 0.8kg 进入反应釜中，导管应插入釜底，通入冷却水，控制反应釜内温度不高于 50℃，直至将所要求的四氯化硅加入完毕，继续搅拌 2h。关闭冷却水，从釜底将氯硅有机化合物产品放入特制储槽内。

（3）有机硅酸盐的生产。

生成的氯硅有机化合物容易水解，反应较为激烈，为了控制反应速度，避免反应物迸溅，应将氯硅有机化合物缓慢加入水溶液中，加氯硅有机化合物的流速控制在 1 ~ 2L/min，为避免产生氯化氢气体，预先应将水溶液配制成一定浓度的碱溶液，吸收待氯硅有机化合物加入完毕，继续搅拌 4h，缓慢升温，在温度达到 100℃后，继续搅拌 6h。其反应方程式为：

$$RSiCl_3+6OH^- \rightarrow RSiO_3^-+3Cl^-+3H_2O \tag{2-51}$$

将制得的有机硅酸盐溶液蒸发，烘干，包装变得成品。

（4）有机硅酸盐的产品分析。

①有机硅酸盐的提纯。

在进行结构分析前，须先将有机硅酸盐提纯，即将有机硅酸盐溶于有机溶剂中（如醚或醇类溶剂），过滤，除去不溶物，烘干。

②有机硅酸盐的结构分析。

将有机硅酸盐进行核磁共振谱、红外光谱、质谱、能谱分析，通过核磁共振谱图、红外光谱图分析，可确定是否有碳链和硅酸根的吸收峰，是否有杂质吸收峰；通过质谱谱图、能谱谱图分析，可确定其相对分子质量是否在 1000 左右。通过上述鉴定可确定生产的产品是否是有机硅酸盐。

③有机硅酸盐的性能分析。

有机硅酸盐产品的检测可按表 2-6 中的技术指标对产品进行检测。

表 2-6　半透膜剂 BTM-2 技术指标

项目	指标
外观	淡黄色黏稠液体
pH 值	$\geqslant 10$
密度（g/cm³）	$1.45 \sim 1.60$
黏土造浆降低率 % $\geqslant$	55
（0.5% 半透膜剂）膜效率 % $\geqslant$	75

④试验方法。

a）仪器与试剂。

a. 高速搅拌器；

b. 六速旋转黏度计；

c. 石油密度计；

d. 天平：灵敏度为 0.01g，0.1mg；

e. 膨润土，钻井液实验用钠膨润土；

f. pH 试纸，色阶级性 0.2。

b）膜效率测定。

分别将 400mL 的 BTM-2 溶液与 4%NaCl 溶液分别加入液槽中，待渗透平衡后，量取液面高度差，测量滤液的电导率，计算实际渗透压及膜效率。

c）pH 值测定。

量取 5g 试样，置于 100mL 烧杯中，加入 50mL 蒸馏水，搅拌溶解稀释，取广泛 pH 值试纸，用试样沾湿，比色测定。

d）密度测定。

将调好的试样，小心地沿壁倒入量筒中。量筒应放在没有气流的地方，并保持平衡，注意不要溅泼，以免生成气泡。当试样表面有气泡聚集时，可用一张清洁滤纸除去气泡。

将选好的清洁、干燥的密度计小心地放入搅拌均匀的试样中，注意液面上的密度计杆管浸泡不得超过两个最小分度值。待其稳定后，按弯月面上缘读数，并估计密度计读数至 $0.0001g/cm^3$。读数时必须注意密度计不应与量筒壁接触，眼睛要与弯月面上缘水平。根据测得的温度和视密度按 GB/T1885—1998 换算成标准密度。

e）黏土造浆降低率测定。

按蒸馏水、钠土 =100∶6.4（相当于用 1T 标准膨润土配制 16m 土浆）的比例配制基浆，高速搅拌 20min，用黏度计测其在转速为 600r/min 时的黏度值 $\Phi 1$。

在 400mL 蒸馏水中加入 0.5g（0.5%）高效半透膜抑制剂 BTM−2 高速搅拌 20min，然后加入钠土（准确称量），高速搅拌 20min，用黏度计测其在转速为 600r/min 时的黏度值，如黏度值低于 $\Phi 1$，继续加入黏土，高速搅拌 20min，测量转速为 600r/min 时的黏度值，直至转速为 600r/min 时的黏度值等于 $\Phi 1$，推算 1T 标准膨润土在 0.5% 半透膜抑制剂 BTM−2 溶液中可配制黏度为 $\Phi 1$ 土浆的体积数 V_2（m^3），按式（2−47）计算造浆降低率值。

$$造浆降低率值 = [(16-V_2)/16]\ 100\% \tag{2-52}$$

f）硅含量测定。

准确称量 5～10g（准确至 0.0001g）产品，在 700℃于马弗炉中煅烧 5h 后，取出冷却 3min，然后将其放入干燥器中冷却至室温，准确称量（准确至 0.0001g），计算有机硅酸盐的含量。

第五节　半透膜剂基本性能

一、有机硅酸盐半透膜效率

把岩心装入岩心夹持器中，将 400mLBTM−2 溶液和清水分别加入两边储槽中（见半透膜效率测试装置图），待平衡 30min 后，测量液面高度差及滤液的电导率，应用公式（2−42）计算渗透压和膜效率，实验结果见表 2−7。

表 2−7　BTM−2 的半透膜性能实验

BTM−2 浓度（%）	0.5	1	3
渗透压（Pa）	14.9	28.3	77.7
膜效率（%）	89.8	85.3	78.1

表 2−7 的试验结果表明，BTM−2 具有半透膜性能，半透膜效率较高，3%BTM−2 溶液，其半透膜效率大于 75%，1% 以下的 BTM−2 溶液，其半透膜效率大于 80%。

3% 的硅酸盐钻井液半透膜效率为 61%，而 3% 有机硅酸盐钻井液半透膜效率为 78.1%，可见，在硅酸盐上接枝有机碳链后，能有效提高半透膜效率。

3% 半透膜溶液渗透压虽然较 0.5%、1% 半透膜溶液的渗透压大，但其膜效率反而最小，这是由于浓度越大，活度就越小，即活度值小于真实浓度值，因此用活度与用浓度按式 $\pi=cRT$ 计算的渗透压值的差距就大，即实际渗透压值小于按式 $\pi=cRT$ 计算的渗透压值，所以按式 $\delta=(\Delta p/\Delta \pi)_{J=0}$ 计算膜效率的值反而小。

二、有机硅酸盐半透膜剂的抑制性

1. 钻屑回收率

将不同地区、不同层位钻屑加入到不同种类、不同浓度的抑制剂溶液中，在 120℃ 下热滚 16h 后测定回收率，结果见表 2−8、表 2−9。

表 2−8　半透膜剂的抑制性实验

名称	清水	5%甲酸钾	0.5%BTM−2	1%BTM−2	1.5%BTM−2	2%BTM−2	3%硅酸钠(2.8模)	0.5%80A51
回收率(%)	12	90.3	76.7	94.3	97.6	99.7	90.7	19.3

注：钻屑为冀东油田 M3S−3 井 2482～2103m。

表 2−9　BTM−2 的回收率

名称	清水	3%甲酸钾	1%BTM−2	2%BTM−2	3%BTM−2	3%硅酸钠(2.8模)
回收率(%)	10.83	28.2	29.01	40.64	51.92	38.00

注：钻屑为大港东 9−26 井 1116～1120m。

表 2−8、表 2−9 的试验结果表明，半透膜剂 BTM−2 抑制泥页岩水化膨胀、分散的能力较 80A51、硅酸盐、甲酸盐强，且随浓度增大，抑制性增强。

表 2−10 是采用青 2−19 井弓形山组 2300～2400m 钻屑在几种抑制剂中的（120℃ 热滚 16 小时后）钻屑回收率试验结果。

表 2−10　钻屑回收率试验结果

钻井液配方	回收率（%）
清水	7.51
清水 +0.5%KPAM	21.06
清水 +0.5%FA367	22.19
清水 +0.5%CHM（大阳离子）	22.9
清水 +2.8%FS−III（硅酸钠）	41.22
清水 +3%FS−III（硅酸钠）	42.12
清水 +5% 甲酸钾	53.22
清水 +1.0% 半透膜剂	57.32

结果表明，半透膜剂 BTM 抑制泥页岩水化膨胀、分散能力较硅酸钠、甲酸钾强，远远大于阴离子、两性离子、阳离子聚合物。半透膜剂没有聚合物的高分子长链，不能对泥页岩产生包被作用，但是它有强抑制性，而且其抑制性较聚合物强的多，原因是它利用自身硅酸根离子的高电荷密度，进入页岩孔隙，能强烈吸附在页岩上或甚至与泥页岩发生化学反应形成内泥饼，减小泥页岩孔隙尺寸，从而增强泥页岩的半透膜理想性。同时在硅酸根上连接上一个碳链，分子链上带有疏水基团，进一步增强半透膜的理想性。

2. 降低泥页岩水化趋势作用

将 2 ~ 5mm 的岩屑在表 2-11 所示的几种体系中于 80℃ 滚动 16h，测定钻屑回收率，将重约 30 ~ 40g 的整块岩心在这几种体系中于常温下浸泡 16h，取出洗去粘附的钻井液，再置于淡水中浸泡 24h，取出称重，烘干后再称重，测得其吸水量见表 2-11。试验结果表明，泥页岩在半透膜钻井液体系中处理之后，吸水量减小，其水化趋势显著降低，其稳定性比其他体系处理的泥页岩高得多。半透膜抑制剂 BTM-2、硅酸钠钻井液体系具有更好地抑制性。

表 2-11　几种体系对泥页岩水化趋势的影响

体系种类	岩屑		岩心	
	一次回收率（%）	二次回收率（%）	吸水率（%）	浸后状态
半透膜钻井液	96	80	3.2	完整硬
硅酸钠钻井液	92	79	8.6	完整硬
聚合物钻井液	70	62	8.3	碎裂
柴油	97	54	25	分散
氯化钙溶液	56	56	20	分散
淡水	41	40	26	分散

3. 半透膜剂泥球浸泡试验

称取 60g 钠膨润土加入 30g 蒸馏水，混拌均匀，捏成圆形球放入各种抑制剂溶液中浸泡，每隔一定时间称量泥球，计算进入泥球中水的百分量即水量/泥球原始重量，结果见表 2-12。

表 2-12　泥球在各种抑制剂溶液中浸泡试验结果

抑制剂 \ 不同时间吸水量	12h 吸水量（g）	72h 吸水量（g）	168h 吸水量（g）
0.5%KPAM 溶液	21.2	38	59
0.5%80A51 溶液	23	38.2	63
0.5% 天然产物包被剂	24.8	39.5	69.5
0.5%FA367	24	37	57

续表

不同时间吸水量 抑制剂	12h 吸水量（g）	72h 吸水量（g）	168h 吸水量（g）
0.5% 大阳离子	25.5	43.2	73.2
3%FS-III 硅酸钠	8.5	散，无法称量	散，无法称量
0.3%BTM-2	−2.7	4.2	9.7

实验中发现半透膜剂 BTM-2 胶液中浸泡的泥球其表面在很短时间内能形成一层坚固的"封固壳"，起初的十二小时内，泥球内部的水分向胶液中移动，即泥球重量在起初的十二小时内逐渐变轻。但十二小时后胶液中的水分依然会进入泥球中，但其进入到泥球中的水分比聚合物胶液中的泥球吸水量小得多。72 小时，聚合物中泥球的吸水量比半透膜剂中泥球吸水量大 9 ~ 10 倍，如图 2-33、图 2-34、图 2-35、图 2-36、图 2-37、图 2-38 所示。

图 2-33 泥球浸泡实验 泥球开始浸泡

图 2-34 泥球浸泡实验 泥球浸泡 4h

图 2-35　泥球浸泡实验　泥球浸泡 24h

图 2-36　泥球浸泡实验　泥球浸泡 32h

图 2-37　泥球浸泡实验　泥球浸泡 48h

图 2-38　泥球浸泡实验　泥球浸泡 72h

泥球浸泡实验能非常直观地观察到半透膜效应，半透膜剂 BTM 较聚合物抑制泥页岩水化膨胀能力强得多。半透膜剂 BTM 与无机硅酸盐相比，其半透膜效率高，吸水量小，抑制性强。半透膜剂 BTM 在初始阶段能改变泥球中水流方向，随着时间延长，最终水还是进入了泥球，进入的速度与进水量已大幅降低，说明尽管没有实现钻井液成为理想膜但已朝理想膜方向转变。

半透膜稳定黏土的主要机理是通过半透膜效应及尺寸分布较宽的有机硅酸粒子通过吸附、扩散等途径结合到黏土晶层端部，堵塞黏土层片之间的缝隙，抑制黏土的水化，从而稳定了黏土；在某些条件（如高温、长时间接触等）下，半透膜抑制剂与黏土进行化学反应产生无定形的、胶结力很大的物质，使黏土等矿物颗粒凝结成牢固的整体。有机硅酸盐可与地层多价离子反应，在井壁表面形成膜，类似化学"封固壳"，可以封堵微裂缝。

泥球浸泡，从左至右：0.5% 半透膜剂溶液、0.5%80A51、0.5% 大阳离子、3% 硅酸钠（2.8 模）、0.5%FA367 溶液。

4. 黏土分散性实验

清水加 10% 的钠膨润土，测 Φ_{600} 的黏度数值 Φ_1。然后在 0.5%BTM-2 溶液中加入 10% 的钠膨润土，测 Φ_{600} 的黏度数值 Φ_2。将上述测量值代入式 $(\Phi_1-\Phi_2)/\Phi_1$ 即可知道抑制黏土分散的程度，其结果见表 2-13 及表 2-14。

表 2-13　BTM-2 黏土分散性实验（钻井液实验用钠膨润土）

Φ_{600} 值 ＼ 钻井液	1	2	3
Φ_1	108	113	121
Φ_2	30	29	35
抑制分散程度（%）	72.22	74.34	71.07

表 2-14　BTM-2　黏土分散性实验（淮安土）

抑制剂	0.5%BTM-2	3% 甲酸钾	2% 硅酸钠（2.8 模）
抑制分散程度（%）	86.36	77.27	80.68

试验结果表明，加入 0.5%BTM-2 使 10% 的钠膨润土抑制黏土分散程度达 70% 以上，BTM-2 具有强抑制作用且抑制能力较甲酸钾、硅酸钠强。

以上的性质实验结果可以说明，有机硅酸盐（即 BTM-2）具有强的抑制泥页岩水化膨胀、分散的能力。半透膜剂没有聚合物的高分子长链，不能对泥页岩产生包被作用，但是它有强抑制性，而且其抑制性较聚合物强的多，原因是它利用自身硅酸根离子的高电荷密度，进入泥页岩孔隙，能强烈吸附在泥页岩上或甚至与泥页岩发生化学反应，形成内泥饼减小泥页岩孔隙尺寸，从而增强泥页岩的半透膜膜的理想性。同时在硅酸根上连接上一个碳链，分子链上带有疏水基团，进一步增强半透膜的理想性。

第六节　半透膜水基钻井液组成与性能

一、半透膜剂在钻井液中的配伍性

虽然已证实有机硅酸盐具有半透膜性能和强抑制性能，但必须具有良好的配伍性才能应用于钻井液中。对有机硅酸盐 BTM-2 的配伍性进行了实验评价，结果见表 2-15 至表 2-19。

表 2-15　有机硅酸盐的配伍实验

序号	性能 AV (mPa·s)	PV (mPa·s)	YP (Pa)	API FL (mL)	pH 值
1	12	11	1	2.8	9
2	13	11	2	2.6	9
3	11	9	3	2.5	9
4	12	9	3	2.5	9
5	14	10	4	2.4	9

注：1.　4%土 +1.2% BTM-2+2%CFJ-1+0.1%PAM；

　　2.　4%土 +1% BTM-2+2%CFJ-1+0.1%PAM；

　　3.　4%土 +0.5% BTM-2+2%CFJ-1+0.1%PAM；

　　4.　4%土 +0.5% BTM-2+3%CFJ-1+0.1%PAM；

　　5.　4%土 +0.5% BTM-2+2%CFJ-1+0.2%PAM。

表 2-16　有机硅酸盐的配伍实验

序号	性能 AV (mPa·s)	PV (mPa·s)	YP (Pa)	API FL (mL)	pH 值
1	14	10	4	3.6	9
2	13	10	3	3.5	9
3	11	9	2	3.2	9
4	13	10	3	3.1	9

序号 \ 性能	AV (mPa·s)	PV (mPa·s)	YP (Pa)	API FL (mL)	pH 值
5	15	10	5	2.8	9

注：1. 4%±+1.2% BTM−2+2%CFJ−1+0.1%80A51；

2. 4%±+1% BTM−2+2%CFJ−1+0.1%80A51；

3. 4%±+0.5% BTM−2+2%CFJ−1+0.1%80A51；

4. 4%±+0.5% BTM−2+3%CFJ−1+0.1%80A51；

5. 4%±+0.5% BTM−2+2%CFJ−1+0.2%80A51。

表 2−17 有机硅酸盐的配伍实验

序号 \ 性能	AV (mPa·s)	PV (mPa·s)	YP (Pa)	API FL (mL)	pH 值
1	17	15	2	4.8	9
2	16	14	2	4.4	9
3	14	11	3	3.5	9
4	15	12	3	3.2	9
5	16	12	4	3.0	9

注：1. 4%±+1.2% BTM−2+2%CFJ−1+0.1% 大阳离子；

2. 4%±+1% BTM−2+2%CFJ−1+0.1% 大阳离子；

3. 4%±+0.5% BTM−2+2%CFJ−1+0.1% 大阳离子；

4. 4%±+0.5% BTM−2+3%CFJ−1+0.1% 大阳离子；

5. 4%±+0.5% BTM−2+2%CFJ−1+0.2% 大阳离子。

表 2−18 有机硅酸盐的配伍实验

序号 \ 性能	AV (mPa·s)	PV (mPa·s)	YP (Pa)	API FL (mL)	pH 值
1	12	10	2	4.1	9
2	11	10	1	4.0	9
3	9	7	2	3.8	9
4	10	8	2	3.8	9
5	12	9	3	3.4	9

注：1. 4%±+1.2% BTM−2+2%CFJ−1+0.1%FA367；

2. 4%±+1% BTM−2+2%CFJ−1+0.1% FA367；

3. 4%±+0.5% BTM−2+2%CFJ−1+0.1% FA367；

4. 4%±+0.5% BTM−2+3%CFJ−1+0.1% FA367；

5. 4%±+0.5% BTM−2+2%CFJ−1+0.2% FA367。

表 2−19 有机硅酸盐的配伍实验

序号 \ 性能	AV (mPa·s)	PV (mPa·s)	YP (Pa)	API FL (mL)	pH 值
1	15	11	4	6.6	9

性能 序号	AV (mPa·s)	PV (mPa·s)	YP (Pa)	API FL (mL)	pH 值
2	13	10	3	6.2	9
3	10	7	3	5	9
4	12	10	2	5.2	9
5	16	13	3	4.8	9

注：1. 4%土+1.2% BTM-2+0.8%K-HPAN +0.2%80A51；

2. 4%土+1% BTM-2+0.8% K-HPAN +0.2%80A51；

3. 4%土+0.5% BTM-2+0.8% K-HPAN +0.2%80A51；

4. 4%土+0.5% BTM-2+1% K-HPAN +0.1%80A51；

5. 4%土+0.5%BTM-2+1% K-HPAN +0.2%80A51。

由表 2-15 至表 2-19 中的实验结果表明，有机硅酸盐半透膜剂 BTM-2 与降滤失剂 CFJ-1、聚丙烯酰胺 PAM、80A51、FA367、K-HPAN、大阳离子等处理剂的配伍性能良好，配制的钻井液性能良好。

二、半透膜剂水基钻井液性能评价

1. 钻井液半透膜性能

在不同配方、不同温度的钻井液中，钻井液性能是不相同的，其半透膜性能、膜效率的差异如何？

半透膜剂在各种不同类型钻井液的渗透压及膜效率结果见表 2-20。实验结果表明，各种不同类型钻井液加入半透膜剂 BTM-2 后，都具有半透膜性能，其膜效率分别为：70.2%、75.1%、75.3%、73.5%、77.2%，与半透膜剂溶液的膜效率相比，钻井液的膜效率低 14%～20%，其原因是钻井液中半透膜剂的活度较之于 0.5%BTM-2 的单剂溶液的活度大幅降低。

表 2-20 半透膜钻井液的半透膜性能试验

序 号	钻井液	渗透压 (Pa)	钻井液膜效率 (%)
1	0.5% 半透膜剂溶液	14.9	89.8
2	4%土+0.5%BTM-2+2%CFJ-1+2%SMC +0.2%FA367+2%CMJ-2	15.2	70.2
3	4%土+0.5%BTM-2+0.2%80A51 +0.8%K-HPAN+3%SPNH+2%CMJ-2	19.6	75.1
4	4%土+0.5%BTM-2+0.4% 大 K+3%SPNH +3%SMP-2+2%XHL+0.2% 液体降黏剂	19.65	75.3
5	4%土+0.1%GZJ+1%BHJ+6%SMC+6%SPNH +4%FT-1+0.5%BTM-2	19.18	73.5
6（海水浆）	海水浆+0.5%BTM-2+0.5%601+2%SPNH +3%SMP-2+2%FT-1+0.1%PAC-AV	20.8	77.2

2. 钻井液常规性能

将表 2-20 中同一配方不同密度的钻井液养护 24h，120℃热滚 16h。实验结果见表 2-21，实验结果表明，不同密度条件下的钻井液 120℃热滚前后常规性能变化较小，性能良好，说明半透膜剂 BTM-2 可满足不同密度钻井液要求，且抗温性能良好。

表 2-21　BTM-2 钻井液的性能

序号	密度	条件	AV (mPa·s)	PV (mPa·s)	YP (Pa)	FL (mL)	HTHP FL (mL)	pH 值
1	1.02	热滚前	22.5	19	3.5	4.6		9
		120℃热滚	30	25	5	4.8	12	9
2	1.51	热滚前	35	32	3	5.4		9
		120℃热滚	38.5	32	6.5	3.2	10.4	9
3	1.72	热滚前	40	34	6	5.0		9
		120℃热滚	41	35	6	3.6	8	9

注：1、±+0.6%BTM-2+2%CFJ-1+2%SMC+2%CMJ-2+0.2%FA367；

　　2、3 同 1，用重晶石加重。

3. 钻井液抑制性能

将以下几种水基钻井液进行抑制钻屑分散性评价实验，结果见表 2-22。

表 2-22　几种钻井液浆的钻屑回收率的实验结果

名　称	1	2	3	4
回收率（%）	20.6	88.62	45	68

注：钻屑为冷科 1 井 970m

1. 清水；
2. 4% 土浆 +2%BTM-2+1% 淀粉 +1%SMP-Ⅱ +1% 阳离子沥青；
3. 4% 土浆 +0.5%FA367+0.2%XY-27+2%SMP-1+2%SPNH；
4. 4% 土浆 +1% BTM-2+2%SMP-1+2%SPNH。

将钻屑分别加入到不同的半透膜钻井液、甲酸盐钻井液及清水中，在实验测试的各个温度下热滚 16h 后，测定回收率，试验结果见表 2-23。

表 2-23　钻井液的抑制性能

老化温度（℃）	钻井液配方	钻屑产地	回收率（%）
120	4% 土 +0.5%BTM-2+2%CFJ-1+2%SMC+0.2%FA367 +2%CMJ-2	冀东油田 M3S-3 井 2482～2103m	94.7
	4% 土 +2%CFJ-1+2%SMC+2%CMJ-2-1+5% 甲酸钾		94.17
	清水		12
150	4% 土 +0.5%BTM-2+0.2%80A51+0.8%K 盐 +3%SPNH +2%CMJ-2	冀东油田 B26*1 井 3560-3561m	93.5
	4% 土 +0.8%K 盐 +3%SPNH +2% CMJ-2+5% 甲酸钾		90.23
	清水		19.3

续表

老化温度（℃）	钻井液配方	钻屑产地	回收率（%）
180	4%土+0.5%BTM-2+0.4%大钾+3%SPNH+3%SMP-2+2%XHL	冀东油田B26*1井3560-3561m	95.1
180	4%土+3%SPNH+3%SMP-2+5%甲酸钾+2%XHL	冀东油田B26*1井3560-3561m	91.3
180	清水	冀东油田B26*1井3560-3561m	19.3
200	4%土+0.1%GZJ+1%BHJ+6%SMC+6%SPNH+4%FT-1+0.5%BTM-2	柳9井3240m	90.1
200	4%土+0.1%GZJ+1%BHJ+6%SMC+6%SPNH+4%FT-1+5%甲酸钾	柳9井3240m	89.88
200	清水	柳9井3240m	17.40
110（海水浆）	海水浆+0.5%BTM-2+0.5%601+2%SPNH+3%SMP-2+2%FT-1+0.1%PAC-AV	柳9井3240m	97.4
110（海水浆）	海水浆+5%甲酸钾+0.5%601+2%SPNH+3%SMP-2+2%FT-1	柳9井3240m	91.86
110（海水浆）	清水	柳9井3240m	17.40

试验结果表明，半透膜水基钻井液中的 BTM-2 的加量是甲酸钾的十分之一时，两者的回收率相近，半透膜钻井液具有更强的抑制能力。且通过钻屑回收率实验结果可以看出，钻井液抑制能力强弱与钻井液膜效率的大小相对应，钻井液的抑制能力较强。半透膜剂的抑制能力与膜效率存在对应关系，可以通过比较半透膜钻井液的膜效率大小来判定半透膜钻井液抑制能力的强弱。

4. 钻井液抗污染性能

（1）钻井液的抗钻屑污染性能见表 2-24。

表 2-24 钻井液的抗钻屑污染性能

序号	钻屑含量（%）	钻井液性能						
		AV (mPa·s)	PV (mPa·s)	YP (Pa)	$G_{10"}$ (Pa)	$G_{10'}$ (Pa)	FL (mL)	pH 值
1	0	17.5	15	2.5	0.5	1.5	5	9
2	5	19.5	16	3.5	0.75	2.5	4.4	9
3	10	21.5	18	3.5	0.5	2	4.8	9
4	15	22.5	19	3.5	0.5	2.5	4.4	9
5	20	24	20	4	0.5	3	4	9

注：基浆—4%土+0.6%BTM-2+2%CFJ+2%SMC+2%CMJ-2+0.2%FA367。

表 2-24 实验结果表明，钻屑含量达 20% 时，钻井液失水保持稳定，流变性能参数变化幅度不大、基本能满足要求，体系抗钻屑污染能力较强。

（2）钻井液的抗黏土污染性能见表 2-25。

表 2-25　抗黏土性能

黏土 (%)	条件	AV (mPa·s)	PV (mPa·s)	YP (Pa)	API FL (mL)	pH 值
0	热滚前	25	20	5	4.4	10
0	热滚后	19.5	14	5.5	2.2	10
4	热滚前	50	31	19	2.2	10
4	热滚后	43.5	35	8.5	2.6	10
6	热滚前	85	44	41	2.8	10
6	热滚后	81.5	47	34.5	2.8	10
8	热滚前	82.5	55	27.5	3.6	10
8	热滚后	83	51	32	2.7	10

注：基浆—4% 土 +0.1%GZJ+1%BHJ+6%SMC+6%SPNH+4%FT-1+0.5%BTM-2。

将不同量的黏土分别加入到 BTM-2 钻井液中，在 200℃下热滚 16h，测定热滚前后钻井液的常规性能。

实验结果表明，在半透膜水基钻井液体系中，钻井液中黏土量达 8% 时，热滚前后钻井液的流变性能及降滤失性能保持稳定，由此可见该钻井液体系具有较强抗黏土污染能力。

（3）钻井液的抗盐污染性能。

将不同量的盐分别加入到 BTM-2 钻井液中，在 200℃下热滚 16h，测定热滚前后钻井液的常温性能。试验结果见表 2-26。

表 2-26　钻井液的抗盐性能

盐 (%)	条件	AV (mPa·s)	PV (mPa·s)	YP (Pa)	API FL (mL)	pH 值
0	热滚前	25	20	5	4.4	10
0	热滚后	19.5	14	5.5	2.2	10
0.5	热滚前	45	27	18	2.4	9
0.5	热滚后	16	10	6	2.4	8
1	热滚前	45	26	19	2.6	9
1	热滚后	17	11	6	2.5	8
1.5	热滚前	46.5	28	18.5	3.6	9
1.5	热滚后	18	12	6	2	8

注：基浆—4% 土 +0.1%GZJ+1%BHJ+6%SMC+6%SPNH+4%FT-1+0.5%BTM-2。

实验结果表明，BTM-2 加入钻井液中，钻井液中的盐量达到 1.5% 时，热滚前后钻井液的降滤失性能保持稳定且性能良好。由此可见，钻井液具有较强的抗盐能力。

（4）钻井液的抗钙污染性能。

将不同量的钙盐分别加入到添加了 BTM-2 的钻井液中，在 200℃下热滚 16h，测定热滚前后钻井液的常规性能。试验结果见表2-27。

表2-27　钻井液的抗钙性能

CaCl₂ (%)	性能 条件	AV (mPa·s)	PV (mPa·s)	YP (Pa)	API FL (mL)	pH 值
0	热滚前	25	20	5	4.4	10
	热滚后	19.5	14	5.5	2.2	10
0.5	热滚前	23	18	5	3.6	9
	热滚后	16	12	4	2.4	8
1	热滚前	26	20	4	3.2	9
	热滚后	18	14	4	3.2	8
1.5	热滚前	27.5	23	4.5	3.4	9
	热滚后	21	16	5	4.4	8

注：基浆—4%土+0.1%GZJ+1%BHJ+6%SMC+6%SPNH+4%FT-1+0.5%BTM-2。

从表2-27中实验结果可以看出，在 BTM-2 钻井液体系中钻井液中的钙含量达到1.5%时，热滚前后钻井液的流变性能及降滤失性能良好。BTM 在钻井液具有较强的抗钙能力。

5. 钻井液的抗温性能

将钻井液在不同温度下热滚16h，测其常规性能。然后在与之相应热滚温度条件下进行高温高压实验，结果见表2-28。

表2-28　钻井液的抗温性能

温度 (℃)	AV (mPa·s)	PV (mPa·s)	YP (Pa)	API FL (mL)	pH 值	HTHP FL (mL)
室温	25	20	5	4.4	10	
180℃	22	16	6	2	9	8
200℃	19.5	14	5.5	2.2	10	19.2
220℃	17.5	13	3.5	3	9	20.8

注：基浆—4%土+0.1%GZJ+1%BHJ+6%SMC+6%SPNH+4%FT-1+0.5%BTM-2。

由表2-28中实验结果可以看出，除180℃以上温度热滚前后性能变化较大外，180℃前后钻井液性能良好，高温高压降滤失性能良好，说明形成的半透膜水基钻井液抗温能达180℃，可满足一般深井钻井需求。

6. 保护储层性能

采用渗透率为 K_s=96 的露头岩心及钻井液进行储层伤害室内评价实验，结果见图2-39。由于钻井液对储层岩心形成了有效封堵，污染后渗透率恢复值为17%，在切除岩心污染端6mm后，渗透率恢复值达到93%（温度150℃），说明该钻井液的封堵能力强、储层保护效果好。

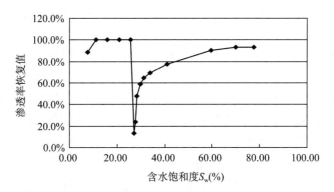

（注：基浆 4% 土 +0.5%BTM-2+0.2%80A51+0.8%K-HPAN +3%SPNH+2%CMJ-2）

图 2-39　渗透率恢复值试验（K_s=96）

采用渗透率为 K_s=84 的露头岩心及钻井液进行储层伤害室内评价实验，结果见图 2-40。污染后岩心渗透率恢复值为 40%，切除岩心污染端 2mm 后，渗透率恢复值达到 100%。

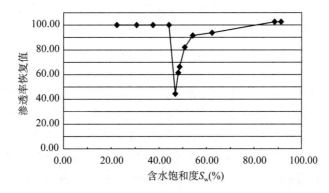

（注：基浆—4% 土 +0.5%BTM-2+2%CFJ-1+2%SMC+0.2%FA367+2%CMJ-2）

图 2-40　渗透率恢复值试验（K_s=84）

储层伤害室内评价实验结果表明，由于有机硅酸盐 BTM-2 形成的半透膜水基钻井液在岩心表面形成了一层薄膜，该薄膜具有一定强度、厚度小，且具有很强的封堵能力，通过射孔作业可完全解除形成的封堵层薄膜，储层保护效果良好。

第七节　半透膜水基钻井液作用机理

一、黏土矿物的水化作用

1. 黏土矿物的电性

黏土矿物所带电荷主要有构造电荷和表面电荷两大类。由晶格缺陷和晶格取代所产生的电荷，其根本原因是由于黏土矿物晶格中发生了离子取代。Si-O 四面体中的 Si^{4+} 被 Al^{3+} 取代，或 Al-O（OH）八面体中的 Al^{3+} 被 Fe^{2+}、Mg^{2+} 等离子取代，由于正电荷数减少，使产生负电荷数过剩，因此，晶格中离子取代的数量决定了晶格中这种负电荷的数量，而与环境的 pH 值、矿化度等因素无关，所以将之称为永久电荷。如蒙托石由于其四面体中的 Si^{4+} 被 Al^{3+} 取代（如贝得石）或八面体中的 Al^{3+} 被 Mg^{2+}、Fe^{2+} 取代（如蒙脱石），每个单元晶胞的构造电荷约为 $0.25 \sim 0.60$。而伊利石则与其不同，由于四面体中的 Si^{4+} 被 Al^{3+} 取代，其构造电荷为 $0.6 \sim 1.0$。高岭石则不发生上述情况，因而其构造电荷为零，构造层内呈电中性。表面电荷则是黏土矿物表面由于发生化学反应和吸附离子，使黏土矿物表面带上电荷。显然，由于环境的 pH 值、矿化度等的差别，黏土矿物表面所带电荷可正可负，所以将表面电荷称之为可变电荷。表面电荷也可能是沿黏土矿物网格构造表面的 Si—O 键和 Al—O 键的水解作用产生的，如 O^{2-} 与 H^+ 连结形成羟基（OH^-）。这样的羟基具有两性，即与酸相遇显碱性，与碱相遇显酸性，其与 H^+ 或 OH^- 发生下述反应：

$$MOH+H^+ \rightarrow MOH^+$$
$$MOH+OH^- \rightarrow MO^-+H_2O$$

所以，黏土矿物具有离子交换的能力，其交换能力的大小及交换离子的类型与硅酸盐构造、环境 pH 值及矿化度有关。在相对较低 pH 值条件下，黏土矿物可与环境进行阴离子交换，而在相对较高 pH 值条件下，与环境进行阳离子交换。

2. 黏土矿物与水作用的机制

1）黏土矿物的水份

按水与黏土矿物的结合方式，可分为结晶水、吸附水和自由水三种类型。

（1）结晶水。位于黏土矿物晶格中，即矿物中的铝氧八面体中的 OH^- 层，在环境温度高于 300℃ 以上时，这部分水就被释放出来，使黏土矿物晶格受到破坏。

（2）吸附水。由于分子间的引力及静电引力的作用，表面带电荷的黏土颗粒易于与具有极性的水分子产生相互吸引作用，将水分子吸引到黏土颗粒表面上，在黏土颗粒的周围形成一层水化膜，这部分水由于受到黏土颗粒表面电荷的吸引作用，在黏土颗粒运动时，随黏土颗粒一起运动，因而这部分水在一定程度上受到黏土颗粒表面电荷的束缚。吸附水又称束缚水，大气条件下，通常在温度高于 100℃，将释放出束缚水。

（3）自由水。这部分水存在于黏土颗粒的孔穴或孔道中，但不受黏土颗粒的束缚，在外力作用下可自由运动。

2）黏土水化膨胀的机理

所有黏土都会吸水膨胀，黏土矿物吸水膨胀的程度与黏土矿物种类有关。黏土水化膨胀受到三种作用力或能的影响，即表面水化的氢键吸力、渗透水化的双电层斥力和黏土表面水化能的作用。

（1）表面水化。

表面水化是由于干黏土晶体表面（膨胀性黏土表面包括外表面和内表面）吸附水分子与黏土表面和内部吸附的补偿阳离子或可交换阳离子水化而引起的。表面水化的水具有束缚水特征，虽然表面水分子是多层的，但相对于每一个表面主要为两层水分子。第一层水是水分子与黏土表面六角形网格的氧原子形成氢键而保持在表面上，水分子也通过氢键结合成六角环。第二层以类似的形式与第一层以氢键相连接，此后的水层按此方式继续连接起来，但束缚水性质已经很弱。因此，黏土表面水化的实质上是黏土颗粒与水分子通过氢键连结在一起，见图2-41。

表面水化水的结构带有半晶体的性质，主要表现在黏土表面 10×10^{-1}nm 尺寸以内的水的比容较之于自由水小3%，其黏度也较大。

可交换的阳离子对黏土表面水化可产生影响，影响方式有以下两种形式：其一是许多阳离子本身是水化的，它们本身有水分子的外壳；其二是这些阳离子与水分子竞争，键接到黏土晶体的表面上，并且倾向于破坏水的结构。

（2）渗透水化。

黏土矿物晶层之间的阳离子浓度大于外部溶液中的阳离子浓度，黏土晶层外表面相当于半透膜，因此，黏土外部或者与之接触溶液内部的水分子因渗透压差作用而渗透进入黏土晶层中，导致晶层间水分子增多，使得原来紧密附着在晶层面上的阳离子呈扩散分布，从而形成扩散双电层。两个晶层面的扩散双电层相互重叠，产

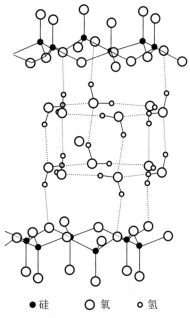

● 硅　　○ 氧　　◦ 氢

图2-41　黏土表面水化示意图

生指向晶层面反方向的双电层排斥力，从而发生渗透膨胀。渗透膨胀引起的黏土矿物体积增大比表面水化产生的晶格膨胀要大得多。黏土为何会产生渗透水化呢？当黏土表面吸附的阳离子浓度大于在溶液介质中的浓度时，便在黏土两边产生渗透压差由此引起水分子向黏土晶层间扩散，水的这种扩散程度受电解质浓度差的控制，这就是黏土渗透水化膨胀的根本原因。

3）影响黏土水化膨胀的因素

影响黏土水化膨胀的因素主要有以下几点：

（1）在黏土晶体的不同部位，其水化膜的厚度是不一样的。这是由于在黏土晶体中，所带电荷的大部分都集中在黏土晶体的层面上，在这个部位上吸附的阳离子多，而黏土的表面水化主要是阳离子水化造成的。在黏土晶体的端面上，由于其所带电荷量少，吸附的阳离子就少，所以水化膜就薄。因此，在黏土晶体的表面上，水化膜的厚度是不一样的。

（2）不同的黏土矿物，其水化作用的强弱也不同，水化作用强弱与其离子交换容量相一致。例如，蒙脱石的阳离子交换容量高，水化能力强，分散度也高。而高岭石的阳离子交换容量低，水化能力差，因而分散度低，颗粒粗，是非膨胀性矿物。但伊利石矿物中，由于晶层中钾离子的特殊作用，其矿物是非膨胀性的。

（3）由于环境的不同，黏土矿物吸附的交换阳离子不同，其水化程度存在着很大的差别。如钙蒙脱石水化后期晶层间距离最大为 17×10^{-1}nm，而钠蒙脱石水化后其晶层间距离最大可达 $17 \times 10^{-1} \sim 40 \times 10^{-1}$nm，所以在配制膨润土浆前，使钙膨润土改性为钠膨润土，再预水化配浆。

不同的交换性阳离子引起水化程度差异的原因为：黏土单元晶层间存在着两种力的作用，一种是层间阳离子水化产生的膨胀力和带负电荷的晶层之间的斥力；另一种是黏土单

元晶层－层间阳离子－黏土单元晶层之间的静电引力。这两种力的强弱相对大小对黏土膨胀分散作用具有决定性的影响。如果黏土单元晶层－层间阳离子－黏土单元晶层之间的静电引力大于晶层间的斥力，黏土就只能发生晶格膨胀（如钙土）；与此相反，如果晶层之间产生的斥力大到足以破坏单元晶层－层间阳离子－黏土单元晶层之间的静电引力，黏土便可以发生渗透膨胀，形成扩散双电层，双电层斥力使单元晶层分离开，如钠膨润土。

二、半透膜剂在岩石表面作用特征

用岩心在流动装置上进行高温高压污染实验，在电镜下观测岩心在半透膜剂溶液污染前后表面的结构变化，实验结果见图 2–42 至图 2–49。

以上电镜照片显示，有机硅酸盐半透膜剂 BTM–2 在岩心表面形成了一层类似化学"封固壳"的一层薄膜，这层薄膜可以封堵微裂缝。有机硅酸盐分子结构很小，可以进入泥页岩孔隙，并能强烈吸附或与泥页岩发生化学反应，在井筒周围泥页岩骨架内形成一种内泥饼，

图 2–42　污染前的岩心表面

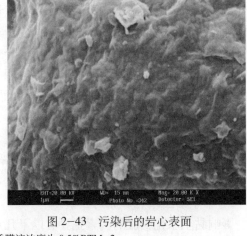

图 2–43　污染后的岩心表面

注：露头岩心、K=196，半透膜液浓度为 0.5%BTM–2

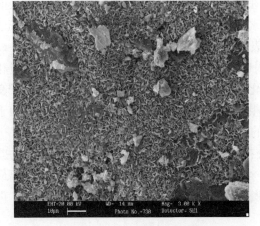

图 2–44　污染前的岩心表面

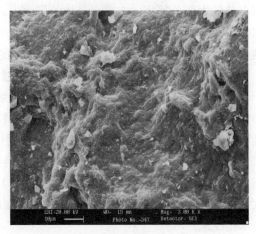

图 2–45　污染后的岩心表面

注：露头岩心、K=176，半透膜液浓度为 1%BTM–2

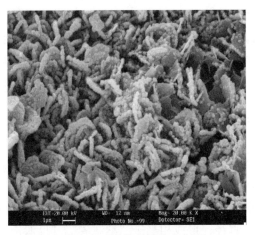

图 2-46　污染前的岩心表面

图 2-47　污染后的岩心表面

注：露头岩心、$K=98$，半透膜液浓度为 2%BTM-2

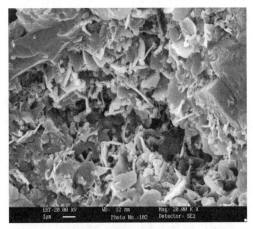

图 2-48　污染前的岩心表面

图 2-49　污染后的岩心表面

注：露头岩心、$K=187$，半透膜液浓度为 3%BTM-2

增强了泥页岩半透膜的理想性，提高了半透膜的膜效率。且半透膜剂与岩石进行化学反应形成了胶结力很大的物质，并使黏土等矿物颗粒凝结成牢固的整体。因此，可以达到阻止水及钻井液滤液进入地层，抑制泥页岩水化膨胀、分散的目的。

三、有机硅酸盐半透膜剂作用机理

1. 在泥页岩井壁表面形成膜

有机硅酸盐分子中含有硅酸根基团，具有硅酸根的一般性质，即在井下有可能发生以下两个反应：一是有机硅酸盐的硅酸根基团中的 Si—O$^-$ 与无机硅酸盐（井壁上的泥页岩、黏土等）发生化学反应，形成键能较大（452kJ/mol）、较稳定的 Si—O—Si 链键，在井壁上形成一层薄膜；二是带负电的有机硅酸盐分子体积很小，足以因扩散和水力流动而进入泥页岩孔隙中，当这些有机硅酸盐半透膜剂进入泥页岩孔隙中，水的 pH 值接近中性后，会克服凝聚而形成三维网状凝胶结构，同时地层水中的多价金属离子（Ca^{2+}，Mg^{2+}）迅速与这些半透膜剂反应生成不溶沉淀物，在井壁表面上形成一层较坚固的薄膜，由此形成的物理屏障可防止滤液进一步侵入和压力传递作用，上述形成凝胶和沉淀的过程非常快，能在发生较大滤失和压力传递前形成。上述两种薄膜可降低泥页岩渗透率，提高泥页岩—流体膜效率，以阻止水及钻井液进入地层，因而可防止泥页岩水化膨胀、分散，防止井壁坍塌。

2. 封堵孔隙或减小孔隙尺寸

井壁泥页岩本身天然具有多孔膜特征，当泥页岩只形成起分离作用的"微滤膜"、"超滤膜"，其表面孔隙尺寸约为：$0.05 \sim 10 \mu m$（微滤膜）、$1 \sim 100nm$（超滤膜），此时形成膜的半透膜性质属于阻挡大分子（分子大小 $1 \sim 100nm$）透过型半透膜，不能选择性透过电解质离子，因而难以采用控制钻井液中电解质活度方法来控制膜之间的渗透压差，进而调控水流方向和大小，并抑制泥页岩的水化膨胀，而当岩石孔隙进一步被钻井流体中的固体颗粒、沉淀物、聚合物处理剂堵塞，减小孔隙直径，形成相当于"纳滤膜"、"反渗透膜"类型的多孔膜时，其表面孔隙尺寸小于 2nm，此时形成的膜具有选择性阻挡离子透过半透膜的性质，可以采用控制钻井液中电解质活度方法来控制膜之间渗透压差，从而调控水流方向。以井壁泥页岩作为支撑体，聚合物吸附在其表面，浓集、覆盖，还可以形成致密有孔膜或者无孔液膜。泥页岩孔隙尺寸大小紧密关系到泥页岩膜效率，孔隙尺寸越小，膜效率越大。

3. 有机硅酸盐改善膜的理想性

泥球浸泡实验直观的反应了有机硅酸盐 BTM-2 具有膜效应，并且测试结果表明，BTM-2 能增强泥页岩半透膜效率且半透膜膜效率较高，3% 的 BTM-2 溶液，其半透膜效率大于 75%，1% 以下的 BTM-2 溶液，其半透膜效率大于 80%。

有机硅酸盐能显著改善膜的理想性，提高泥页岩膜效率，而且半透膜剂 BTM-2 含有疏水基团，当带负电荷的有机硅酸盐在扩散或水流作用下进入泥页岩孔隙中，吸附在黏土上，结合到黏土晶层端部，堵塞黏土层片之间的缝隙，同时地层水中的多价金属离子（Ca^{2+}，Mg^{2+}）迅速与这些聚集体反应生成不溶沉淀物，封堵孔隙或减小孔隙尺寸，使得泥页岩的膜效率增强，便可以通过控制钻井液电解质活度和控制井筒内压力的办法来控制膜之间的渗透压差，控制水流方向，阻止泥页岩吸水膨胀。在膜效率较高的情况下，即便未能及时调控膜两端的活度来控制渗透压差，有机硅酸盐上的疏水基团也能在一定程度上阻碍水分子顺利通过泥页岩半透膜，减缓压力传递。

有机硅酸盐半透膜剂的成膜效率较高，当泥页岩在较短时间内形成半透膜后，就可以通过控制钻井液电解质活度和井筒内压力的办法控制水的流动方向，防止水渗入泥页岩地层，减缓压力扩散，防止泥页岩吸水膨胀，防止井壁垮塌。

第三章 隔离膜水基钻井液理论与技术

隔离膜可以认为是由于浓差极化产生的二次膜或三次膜甚至多次膜的作用，使钻井液中的自由水在膜上的渗透率大为降低甚至为零，最终表现为没有滤失量的增加，因此隔离膜是在半透膜形成的基础上经过多次物质的沉积"污染"而形成的。

在研制隔离膜剂的基础上，形成了隔离膜水基钻井液技术，该技术通过聚合物吸附或化学反应在井壁上形成一层隔离膜，即在井壁的外围形成保护层，阻止钻井液进入地层，有效防止地层水化膨胀、封堵地层层理裂缝，达到防止井壁坍塌、保护油气层的目的。

第一节 隔离膜水基钻井液基础理论

一、隔离膜概念

隔离膜是指在一定条件下任何固相和液相组分均不能通过膜进行传递的一种隔绝物质通过的膜。如果不考虑条件，事实上聚合物形成的膜难以达到这一要求。因为聚合物所形成的膜都存在孔隙，哪怕是非常微细的孔隙，即使是无孔液膜也有物质的传递。那么，怎样来理解和解释隔离膜概念和隔离膜的作用？

任何膜必须在两相之间或者某一相之间形成界面，这种膜才能具有物质传递的基础。在高温高压条件和流体淹没环境下，实际钻井井筒内的井壁岩石表面可能存在或者形成以下几种膜：井壁泥页岩本身天然具有多孔膜特征，当泥页岩表面形成起分离作用的"微滤膜"（表面孔隙尺寸约：$0.05 \sim 10\mu m$），它只对较大颗粒起阻隔分离作用；当泥页岩表面形成"超滤膜"（其表面孔隙尺寸约：$1 \sim 100nm$），此时形成膜的半透膜性质属于阻挡大分子（分子大小 $100nm$）透过半透膜，不能选择性透过电解质离子，因而难以采用控制钻井液中电解质活度方法来控制膜之间的渗透压差，从而调控水流方向和大小，还需要借助于钻井液的滤失造壁性来降低水进入地层的速度和数量；当天然多孔膜特征的岩石孔隙进一步被钻井流体中的固体颗粒、沉淀物、聚合物处理剂堵塞，减小孔隙直径，形成相当于"纳滤膜"、"反渗透膜"类型的多孔膜，其表面孔隙尺寸小于 $2nm$，此时形成的膜具有选择性阻挡离子透过半透膜的性质，可以采用控制钻井液中电解质活度方法来控制膜之间的渗透压差，从而调控水流方向；当井壁泥页岩作为支撑体，聚合物吸附在表面，浓集、覆盖形成致密有孔膜或者无孔液膜，但形成的膜是无孔膜时，泥页岩表面就形成隔离膜，隔离膜也要在半透膜的基础上才能形成。

可以从聚合物膜的浓差极化现象说明隔离膜的概念和作用。以 A、B 两组分的膜渗透为例。假设组分 A（如钻井液中的自由水）优先于组分 B（钻井液中的电解质、聚合物等）

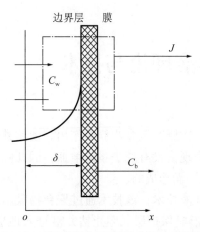

图 3-1　膜面附近被阻挡组分的浓度分布

渗透过半透膜，那么在膜面处组分 B 将积累，其浓度高于主体混合物中 B 组分的浓度，这种膜面与主体之间的浓度差又会导致 B 组分由膜面向主体扩散，经过一定时间后达到平衡，即 B 组分在膜面累积的量等于其由膜面扩散回主体的量，这时的浓度分布如图 3-1 所示。

图 3-1 中，C_W 为膜面处 B 组分的浓度，C_P 为渗透物中 B 组分的浓度，J 为渗透过膜的总渗透量，D 为 b 组分的扩散系数。显然，在膜面附近厚度为 δ 的薄层内 B 组分的浓度高于钻井液主体浓度 C_b，这一薄层称为浓度边界层，这种边界层的浓度高于主体浓度的现象就称为浓差极化。

浓差极化会产生如下后果：（1）渗透效果降低，这是由膜面处被阻挡组分的浓度升高而引起该组分渗透过膜的渗透量降低造成的；（2）阻挡率升高，这种情况是由于被阻挡组分在膜面形成一层比膜更为致密的物质，可以认为这层物质为二次膜，从而提高了对组分的阻挡率。因此，隔离膜的概念可以认为是由于浓差极化产生的二次膜或者三次膜甚至多次膜，其效果是钻井液中的自由水在膜上的渗透率大为降低甚至为零，最终表现为没有失水量的增加。由此可见，隔离膜必须是在半透膜形成的基础上经过多次物质的沉积"污染"而形成的。

膜外侧的传递对隔离膜效率的影响分析如下：

膜外侧的传递对浓差极化现象的影响可以从图 3-1 中虚线所围成的框中的物质传递表示出来。对 B 组分进行物料衡算：

$$J_C = J_{C_P} + D\frac{dC}{dx} \tag{3-1}$$

边界条件为：$x=0$，$C=C_b$；$x=\delta$，$C=C_W$。

积分得：

$$\frac{C_W - C_P}{C_b - C_P} = \exp\left(\frac{J\delta}{D}\right) \tag{3-2}$$

式中　C_W——膜面处 B 组分的浓度；

C_P——渗透物中 B 组分的浓度；

J_C——膜面处 B 组分的渗透量；

J_{C_P}——渗透过膜的 B 组分渗透量；

D 与 δ 之比称为传质系数 k，即

$$k = \frac{D}{\delta} \tag{3-3}$$

引入真实阻挡率表达式：

$$R_t = 1 - \frac{C_P}{C_W} \tag{3-4}$$

则式（3-2）变成：

$$\frac{C_W}{C_b} = \frac{\exp\left(\dfrac{J}{k}\right)}{R_t + (1 - R_t)\exp\left(\dfrac{J}{k}\right)} \tag{3-5}$$

C_W/C_b 称为浓差极化度，上式简明地表示出影响隔离膜效率和极化程度的有 3 个参数：渗透量 J、阻挡率 R_t 和传质系数 k，其中 k 所反映的正是膜外传递情况，它受膜外侧钻井液流体流动状况的影响。

对所有极化现象（浓差极化和温差极化），某一时刻的通量总是低于初始值。达到定态后，通量则不再继续下降，即通量不随时间变化。极化现象是可逆过程，但实际上经常会发现通量持续下降，如图 3-2 所示。造成通量持续下降的原因是膜的污染。污染可定义为由于被截留的颗粒、胶粒、乳浊液、悬浮液、大分子和盐等在膜表面或膜内的（不）可逆沉积，这种沉积包括吸附、堵孔、沉淀、形成滤饼等。

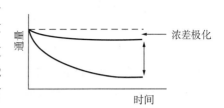

图 3-2　通量随时间变化趋势
（区别浓差极化和污染）

膜污染的特点是它所产生的渗透流率衰减是不可逆的，根据体系不同，渗透流率衰减过程可能是一步，也可能是几步。开始几分钟内，渗透流率迅速下降，随后下降逐渐变慢。一般认为膜污染是亚微细粒在膜表面沉积，或者小分子溶质在膜表面或膜孔中结晶或沉淀所致。溶液中所有组分几乎都会在一定程度上对膜形成污染，膜污染的性质和程度与膜的化学性质，膜和溶质间的相互作用有密切关系。

污染现象非常复杂，很难从理论上加以分析。甚至对一种给定溶液，其污染也是取决于浓度、温度、pH 值、离子强度和具体的相互作用力（氢键、偶极—偶极作用力）等物理和化学参数。膜污染过程中的通量可以用阻力串联模型描述，即滤饼阻力与膜阻力相串联，所以通量可表示为：

$$J_v = \frac{\Delta p}{\eta(R_m + R_C)} \tag{3-6}$$

该过滤模型中，溶质被视为滤饼或膜面处的颗粒沉积物且浓度均匀，见图 3-3。

该模型常用来确定污染指数。总滤饼阻力（R_C）等于滤饼阻力（r_C）乘以滤饼厚度（l_C）。假定在整个滤饼层内滤饼阻力（r_C）是固定的：

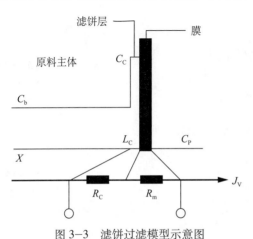

图 3-3　滤饼过滤模型示意图

$$R_C = l_C r_C \tag{3-7}$$

而滤饼阻力通常可以用 Kozeny–Carman 关系式描述:

$$r_C = 180 \frac{(1-\varepsilon)^2}{(d_s)^2 \varepsilon^3} \tag{3-8}$$

式中 d_s——溶质颗粒的直径;

ε——滤饼层孔隙率。

滤饼的厚度为:

$$l_C = \frac{m_s}{\rho_s(1-\varepsilon)A} \tag{3-9}$$

式中 m_s——滤饼质量;

ρ_s——溶质密度;

A——膜面积。

滤饼的质量是很难确定的,其有效厚度在几个微米左右,表明是由许多层（$\approx 100 \sim 1000$）[43] 大分子构成。滤饼层的厚度取决于溶质的种类,而且与操作条件及时间有很大关系。滤饼层厚度不断增加,导致通量持续衰减。

通过物料衡算可以得到滤饼阻力 R_C,当溶质被完全截留,即 $R=100\%$ 时:

$$R_C = \frac{r_C C_b V}{C_C A} \tag{3-10}$$

所以通量为:

$$J = \frac{1}{A}\frac{dV}{dt} = \frac{\Delta p}{\eta \left(R_m + \dfrac{r_C C_b V}{C_C A} \right)} \tag{3-11}$$

式中 V——渗透物体积;

η——渗透溶液黏度;

p——压差。

或

$$\frac{1}{J} = \frac{1}{J_w} + \left(\frac{\eta C_b r_C}{\Delta p C_C} \right)\frac{V}{A} \tag{3-12}$$

式中 J_w——纯水通量。

膜阻力常可以忽略,所以将（3-11）式从 $t=0$ 到 $t=t$ 积分,则

$$t = \frac{\eta C_b r_C}{2\Delta p C_C}\left(\frac{V}{A} \right)^2 \tag{3-13}$$

此时,渗透物体积 $V \approx t^{0.5}$,代入式（3-13）,得:

$$J = \left(\frac{\Delta p C_C}{\eta C_b r_C}\right)^{0.5} t^{-0.5} \tag{3-14}$$

式（3-14）表明通量衰减完全取决于膜表面上形成的滤饼而膜的阻力可以忽略。

除了浓差极化导致半透膜通量降低最后转化为隔离膜外，半透膜受被截流的颗粒、胶体粒子、大分子和盐的堵塞、沉积造成污染也会使半透膜因通量衰减而最终转变为隔离膜。

二、隔离膜剂应具备的条件

根据第二章中近井壁地层孔隙压力传递与井壁失稳的机理分析可知，要想阻止流体渗入泥页岩体内以消除或延缓近井壁地层孔隙压力的传递，要求处理剂能够通过物理吸附或化学反应在井壁上形成一层不透水的隔离膜，即在井壁的外围形成保护层，阻止水及钻井液进入地层，有效封堵地层层理裂缝、防止地层水化膨胀、防止地层内黏土颗粒运移、防止井壁坍塌及保护油气层。

因此，隔离膜剂应具有的条件包括：具有与井壁上的泥页岩、黏土等发生化学反应，分子上的活性基团或能与井壁上的泥页岩、黏土等强吸附或形成氢键连接。这些基团包括：磺酸根、羟基或胺基，磺酸根基。胺基电荷密度高，水化性强，对外界阳离子的进攻不敏感，同时这些基团作为支链化的结构可以增大整个分子结构空间位阻，使主链刚性增强。

第二节　水基钻井液隔离膜剂研制及表征

一、隔离膜剂 CMJ-1 的合成及在钻井液中性能

1. 隔离膜剂 CMJ-1 的合成

1）合成基本原理

以乙烯、乙酸、甲醇和磺化剂为主要原料，通过高温氧化、酯化、聚合、醇解及磺化反应合成一种新型抗高温隔离膜降滤失剂 CMJ-1。

醋酸乙烯（VAc）与烯丙基磺酸钠（SAS）在引发剂偶氮二异丁腈存在下发生如下反应，得到 PVAc-SO₃Na：

$$CH_2{=}CH + CH_2{=}CH \longrightarrow -CH_2{-}CH{-}CH_2{-}CH{-}CH_2{-}CH{-}$$

（VAc）　　（SAS）　　　　　　　　（PVAc—SO₃Na）

PVAc—SO₃Na 在甲醇中用碱作催化剂进行部分醇解，得到 PVAc—SO₃Na：

$$-CH_2{-}CH{-}CH_2{-}CH{-} + CH_3OH \xrightarrow{+NaOH} -CH_2{-}CH{-}CH_2{-}CH{-} + CH_3COOH_3$$

在两种单体的共聚反应中，可由 Q、e 值计算它们的竞聚率：

将烯丙基磺酸钠

$$e_1=-0.24，Q_1=0.15$$

和醋酸乙烯

$$e_2=-0.22，Q_2=0.026$$

代入竞聚率公式

$$r_1=(Q_1/Q_2) \cdot \exp[-e_1(e_1-e_2)],$$
$$r_2=(Q_2/Q_1) \cdot \exp[-e_2(e_2-e_2)],$$

式中　Q——聚合反应中共轭效应表征的反应单体的活性；

　　　　e——单体或自由基地极性效应。

得单体竞聚率

$$r_1=5.833，r_2=0.175；$$

则 $r_1 \times r_2=1.02 \approx 1$，且 $e_1 \approx e_2$。

由此可见，烯丙基磺酸钠与醋酸乙烯的共聚接近于理想共聚体系。

2）合成实验

（1）主要试剂和原材料。

乙烯，工业纯；乙酸，化学纯；甲醇，化学纯；氢氧化钠，化学纯；磺化剂，化学纯；氯化钠，化学纯；偶氮类引发剂，化学纯。

（2）仪器与设备。

D-8401型搅拌器（天津市华兴科学仪器厂）；GHSA-2型高压釜（威海新元高压釜厂）。

（3）实验步骤。

在高压反应釜中，通入一定摩尔的乙烯和等摩尔的乙酸蒸汽，再通入适量氧气，于160～200℃的温度和0.5MPa压力下，反应6～8h，然后加入偶氮类引发剂，得到粘稠聚合物，向聚合物中加入一定量的氢氧化钠和甲醇，控制一定的温度和反应时间后，加入适量磺化剂，反应2～4h，倒入一定量的蒸馏水，用一定浓度的氢氧化钠溶液中和，然后提纯，烘干，粉碎，得淡黄色粉状样品CMJ-1。

3）实验结果及分析

（1）样品磺化度与滤失量的关系。

评价样品不同磺化度时对钻井液滤失量的影响，由此得出磺化度的最佳值，具体结果如表3-1所示。

表3-1　磺化度对钻井液滤失量的影响

磺化度（%）	5.2	7.6	10.5	12.5	15
API FL（mL）	12.4	8.8	4	3.8	3.6

由表3-1可以看出，产品的磺化度对滤失量有较为明显的影响，在磺化度为10%，滤失量较低，磺化度继续增加，滤失量几乎不变，最佳磺化度为10%。

（2）用KBr压片法对样品进行红外光谱分析。

分析结果见图3-4。

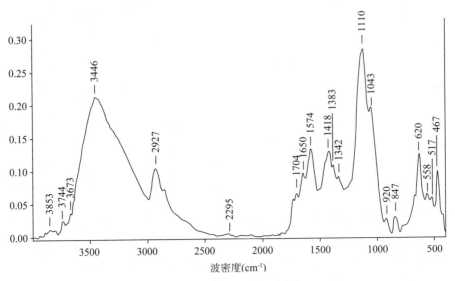

图 3-4 CMJ-1 的 IR 谱图

由图 3-4 可以看出，在 1150 ～ 1250cm⁻¹ 处有一宽峰，在 1043 cm⁻¹ 处有一尖锐的中强峰，这是磺酸基的特征峰，3200 ～ 3500cm⁻¹ 的强宽吸收带为醇羟基的特征吸收峰，另外，在 1383cm⁻¹ 处的吸收峰为 $-CH_3$ 的对称面内弯曲振动吸收峰，在 1418cm⁻¹ 附近为 $-CH_2-$ 的剪式振动吸收峰。

（3）CMJ-1 在淡水浆中最佳加量的确定。

在淡水基浆中加入不同量的 CMJ-1，测定常规性能，结果见表3-2。

表 3-2 实验结果表明，随 CMJ-1 加入量的增加，表观黏度、塑性黏度和动切力都有一定增加，滤失量在加量大于 1.0% 时呈缓慢的减小趋势，综合流变性和滤失量两方面因素，CMJ-1 在淡水基浆中的最佳加量为 1.0%。

表 3-2 CMJ-1 在不同加量下的常温性能

加量（%）／性能	AV（mPa·s）	PV（mPa·s）	YP（Pa）	API FL（mL）	pH 值
0	5.5	3	2.5	12.8	7
0.5	9.5	8	1.5	7.6	9
1.0	16.5	9	7.5	4	9
1.5	41	11.5	29.5	3.2	9
2.0	51	15	36	3.0	9

2. 隔离膜 CMJ-1 在钻井液中性能评价

1）CMJ-1 在淡水浆中的抗温性能

在 4% 钠土浆中加入 1.0%CMJ-1，高速搅拌 5min，在不同温度下进行老化处理 16h，测定钻井液老化前后的性能，实验结果见表3-3。

表3-3　CMJ-1在淡水浆中的抗温性能

温度（℃）＼性能	AV (mPa·s)	PV (mPa·s)	YP (Pa)	API FL (mL)	pH 值
常温	16.5	9	7.5	4	9
120	14.5	12	2.5	6.8	9
150	13.5	11.5	2	8.4	9
180	13	10.5	2.5	10.8	9
220	8	7	1	12	9
240	6	5	1	14.4	9

由表3-3试验结果可以看出，与高温前相比，表观黏度、塑性黏度、动切力均有所减小，API滤失量增加，在120～180℃之间，高温滚动16h后，流变性变化不大，API失水增加，但幅度不大；当老化温度高于180℃后，高温滚动16h后，其表观黏度大幅度降低，API失水大幅度增加，综合其流变性和失水造壁性两方面性能，180℃前其流变性和失水造壁性较好，能满足常规性能要求，抗温达180℃。

2）CMJ-1在盐水浆中的抗温性

在4%钠土基浆中分别加入1%NaCl、4%NaCl，然后加入1.0%的CMJ-1，在不同温度下老化16h，测定老化后钻井液的性能见表3-4。

由表3-4可以看出，CMJ-1具有良好的抗盐抗温性能，在盐水中抗温度能力可达180℃。

表3-4　CMJ-1在盐水浆中的抗温性能

盐加量（%）	老化温度（℃）	AV (mPa·s)	PV (mPa·s)	YP (Pa)	API FL (mL)	pH 值
1	室温	10.5	9	1.5	4.2	8
	120	20.5	13	7.5	5.2	8
	150	9.5	8	1.5	4.0	8.5
	180	8.5	8	0.5	5.6	8
4	室温	12	10	2	13.2	8
	120	11.5	9	2.5	6	8
	150	8.5	7	1.5	3.6	8.5
	180	6.8	6	1.8	9.2	8

3）CMJ-1的抗盐性

在1.0%CMJ-1水基钻井液体系中，考察了不同可溶盐（NaCl、CaCl$_2$、MgCl$_2$）对其流变性、失水造壁性的影响，其结果见表3-5、表3-6和表3-7。

由表3-5实验结果可以看出，老化前，含1.0%CMJ-1的水基钻井液体系，随NaCl加量增加，其AV、PV和YP均降低，API滤失量增加；经120℃老化16h后，表现出与高温前相同的规律，当NaCl加量在8%以前，体系流变性较稳定，API滤失量升高，且升高幅度较大，但还处于能接受的范围内，一旦NaCl加量超过8%，有明显高温减稠现象，API滤失量猛增，泥饼厚度增加，质量变差。因此，在120℃高温16h作用下，从其流变性和失水造壁性来看，1.0%CMJ-1的水基钻井液体系，抗NaCl可达8%；该体系经150℃老化16h后，当NaCl加量为6%时，其表观黏度变化规律与120℃热滚后保持同一水平，API滤失量比120℃老化后稍高，到NaCl加量为8%时API滤失量却高出很多，滤饼增厚，因此，该体系在150℃高温16h作用下，能抗NaCl至6%；同样经180℃热滚16h后，从流变性和失水造壁性角度来看，NaCl加量在4%时，相同加量的CMJ-1水基钻井液体系才能达到120℃、150℃老化16h的水平，故该体系在180℃作用下，抗NaCl为4%。

表3-5 CMJ-1抗NaCl污染性能

性能\NaCl加量（%）	条件	流变参数			API_B (mL)	API_K (mm)	pH值
		AV (mPa·s)	PV (mPa·s)	YP (Pa)			
0	高温前	15.0	12.0	3.0	4.0	0.5	9
	120℃/16h	14.5	12.0	2.5	4.8	0.5	9
	150℃/16h	13.5	11.5	2.0	5.4	0.5	9
	180℃/16h	13.0	10.5	2.5	6.8	0.5	9
1	高温前	13.5	9.0	4.5	4.2	0.5	9
	120℃/16h	10.0	8.5	1.5	5.0	0.5	9
	150℃/16h	9.5	8.0	1.5	5.8	0.5	9
	180℃/16h	8.5	8.0	0.5	6.6	0.5	9
4	高温前	12.0	10.0	2.0	5.8	0.5	9
	120℃/16h	11.5	9.0	2.5	6.0	0.5	9
	150℃/16h	8.5	7.0	1.5	7.2	0.5	9
	180℃/16h	7.0	6.0	1.0	9.2	0.5	9
6	高温前	11.0	9.5	1.5	6.4	0.5	9
	120℃/16h	10.0	9.0	1.0	8.8	0.5	9
	150℃/16h	9.5	8.0	1.5	10.4	0.5	9
	180℃/16h	8.0	7.0	1.0	13.6	1.0	9
8	高温前	10.0	8.0	2.0	9.4	0.5	9
	120℃/16h	9.0	8.0	1.0	10.2	0.5	9
	150℃/16h	8.5	7.5	1.0	14.8	1.0	9
	180℃/16h	7.5	6.5	1.0	16.4	1.0	9

续表

性能 NaCl 加量（%）	条件	流变参数			API_B (mL)	API_K (mm)	pH 值
		AV (mPa·s)	PV (mPa·s)	YP (Pa)			
10	高温前	8.0	7.0	1.0	12.4	1.0	9
	120℃/16h	6.0	5.0	1.0	16.6	1.0	9
	150℃/16h	4.0	3.0	1.0	18.4	1.0	9
	180℃/16h	3.0	2.0	1.0	22.4	1.0	9

表 3-6　CMJ-1 抗 Ca²⁺ 污染性能

性能 CaCl₂ 加量（%）	条件	流变参数			API_B (mL)	API_K (mm)	pH 值
		AV (mPa·s)	PV (mPa·s)	YP (Pa)			
0	高温前	15.0	12.0	3.0	4.0	0.5	9
	120℃/16h	14.5	12.0	2.5	4.8	0.5	9
	150℃/16h	13.5	11.5	2.0	5.4	0.5	9
	180℃/16h	13.0	10.5	2.5	6.8	0.5	9
0.25	高温前	15.0	9.0	6.0	4.2	0.5	9
	120℃/16h	12.0	8.5	3.5	5.0	0.5	9
	150℃/16h	11.0	8.0	3.0	7.6	0.5	9
	180℃/16h	10.0	9.0	1.0	8.2	0.5	9
0.5	高温前	14.0	8.5	5.5	4.4	0.5	9
	120℃/16h	8.0	6.0	2.0	5.2	0.5	9
	150℃/16h	7.0	6.0	1.0	8.0	0.5	9
	180℃/16h	6.0	5.0	1.0	8.8	1.0	9
1.0	高温前	13.0	10.0	3.0	5.8	0.5	9
	120℃/16h	8.5	7.0	1.5	8.4	0.5	9
	150℃/16h	8.5	7.0	1.5	8.8	0.8	9
	180℃/16h	7.5	6.0	1.5	12.8	1.0	9
1.5	高温前	12.0	10.0	2.0	9.8	1.0	9
	120℃/16h	11.0	9.0	2.0	10.4	0.5	9
	150℃/16h	9.0	8.0	1.0	11.4	0.5	9
	180℃/16h	8.0	7.0	1.0	14.4	0.5	9
2.0	高温前	11.0	9.0	2.0	10.2	0.5	9

性能 CaCl₂ 加量（%）	条件	流变参数			API_B （mL）	API_K （mm）	pH 值
		AV （mPa·s）	PV （mPa·s）	YP （Pa）			
2.0	120℃/16h	10.0	9.0	1.0	12.2	1.0	9
	150℃/16h	7.0	5.0	2.0	14.6	1.0	9
	180℃/16h	6.0	4.0	2.0	16.8	1.0	9

由表 3-6 实验结果可以看出，随 CaCl₂ 加量增加，1.0%CMJ-1 组成的水基钻井液体系，高温前后其 AV、PV 和 YP 均降低，API 滤失量增加；经 120℃ 老化 16h 后，当 CaCl₂ 加量在 0～1% 范围内，表观黏度有所下降，滤失量相应增加，变化规律与高温前相一致，但幅度不大且均在可接受的范围，综合流变性和失水造壁性两方面性能，在 120℃ 高温 16h 作用下，该体系抗 CaCl₂ 达 1%；在 150℃ 高温 16h 作用下，该体系表现出的现象和规律与 120℃ 情况下相一致，只是表观黏度、API 滤失量变化的程度和量不同而已，因此，在 150℃ 高温作用下，其抗 CaCl₂ 能力也为 1%；体系在 180℃ 老化 16h 作用后，当 CaCl₂ 加量小于 0.5% 时，可满足流变性和失水造壁性的要求，可见，在 180℃ 高温作用下，该体系可抗 CaCl₂ 达 0.5%。

表 3-7　CMJ-1 抗 Mg²⁺ 污染性能

性能 MgCl₂ 加量（%）	条件	流变参数			API_B （mL）	API_K （mm）	pH 值
		AV （mPa·s）	PV （mPa·s）	YP （Pa）			
0	高温前	15.0	12.0	3.0	4.0	0.5	9
	120℃/16h	14.5	12.0	2.5	4.8	0.5	9
	150℃/16h	13.5	11.5	2.0	5.4	0.5	9
	180℃/16h	13.0	10.5	2.5	6.8	0.5	9
0.5	高温前	13.5	10.5	3.0	4.8	0.5	9
	120℃/16h	10.0	8.5	1.5	5.6	0.5	9
	150℃/16h	9.5	8.0	1.5	8.4	0.7	9
	180℃/16h	8.5	7.5	1.0	9.8	1.0	9
1.0	高温前	11.5	9.0	2.5	5.2	0.5	9
	120℃/16h	9.0	8.0	1.0	6.4	0.5	9
	150℃/16h	8.0	7.0	1.0	9.6	0.9	9
	180℃/16h	6.0	5.0	1.0	16.4	1.0	9
1.5	高温前	10.5	8.0	2.5	5.6	0.5	9
	120℃/16h	8.5	7.5	1.0	14.0	1.0	9
	150℃/16h	8.0	7.0	1.0	15.4	1.0	9
	180℃/16h	6.0	4.5	1.5	18.8	1.0	9

由表 3-7 结果可以看出，含 1.0%CMJ-1 的水基钻井液体系，随 $MgCl_2$ 加量增加，老化前，其表观黏度、塑性黏度和动切力均降低，API 滤失量增加；经 120℃老化 16h 后，表现出与高温前相同的规律，当 $MgCl_2$ 加量在 1% 以前，体系流变性较稳定，API 滤失量升高但幅度不大，当 $MgCl_2$ 加量超过 1% 后，流变性比较稳定，但 API 滤失量急剧增加，泥饼厚度增大，质量变差，因此含 1.0%CMJ-1 的水基钻井液体系，在 120℃高温 16h 作用下，抗 $MgCl_2$ 为 1%；体系经 150℃老化 16h 后，表观黏度变化规律与 120℃热滚后几乎保持同一水平，但 API 滤失量比 120℃老化后稍高，$MgCl_2$ 加量在 1% 以前，体系的流变性变化不大，API 失水升高，但流变性和失水造壁性两方面性能均在可接受范围内，所以体系在 150℃老化 16h 作用下，能抗 $MgCl_2$1%；同样经 180℃热滚 16h 后，从流变性和失水造壁性角度来看，当 $MgCl_2$ 加量为 0.5% 时，CMJ-1 水基钻井液体系可达到 120℃、150℃老化 16h 的水平，若 $MgCl_2$ 加量继续增加，体系塑性黏度大幅度降低，中压滤失量大幅度增加，因此体系在 180℃高温老化 16h 作用后，抗 $MgCl_2$ 可达 0.5%。

综合以上抗盐性能实验评价结果可知，CMJ-1 在一定程度上具有良好的抗可溶盐（Na^+、Ca^{2+}、Mg^{2+}）污染能力。含 1.0%CMJ-1 水基钻井液体系，经 120℃老化 16h 后，抗 NaCl 达 8%、抗 $CaCl_2$ 达 1%、抗 $MgCl_2$ 达 1%；经 150℃老化 16h 后，抗 NaCl 达 6%、抗 $CaCl_2$ 达 1%、抗 $MgCl_2$ 达 1%；经 180℃老化 16h 后，抗 NaCl 达 4%、抗 $CaCl_2$ 达 0.5%、抗 $MgCl_2$ 达 0.5%。CMJ-1 这种良好的抗盐（NaCl、$CaCl_2$、$MgCl_2$）能力与其含有磺酸基 $-SO_3H$ 有关，因为 $-SO_3H$ 中有两个 S → O P-π 共轭键，增强了硫原子从 $-OH$ 基中吸引电子的能力，使氢原子易于离解，伴随着电离，自由能降低较多，离解产生的 $-SO_3^-$ 较稳定，因此 $-SO_3^-$ 对阳离子的吸引力也较弱，阳离子（诸如可溶盐中的 Na^+、Ca^{2+}、Mg^{2+} 等）不易进入 $-SO_3^-$ 的水化层，从而使 CMJ-1 分子对盐是不敏感的。

4）CMJ-1 的抗钻屑污染能力

评价了 CMJ-1 在钻屑加量为 5%、10%、15% 和 20%，老化条件为 150℃ /16h 时的抗污染能力，其结果见表 3-8。

由表 3-8 结果可以看出，在 1.0%CMJ-1 水基钻井液中，加入钻屑后，其流变性和失水造壁性发生了明显变化。高温前，体系表观黏度、塑性黏度和动切力均有一定程度增加，API 滤失量也相应增大；经 150℃高温老化 16h 后，随钻屑加量增加，体系的流变性和失水造壁性也具有上述规律，当钻屑加量达 15% 时，体系的流动性仍然很好，表观黏度增加幅度不大，高温老化后（150℃ /16h）的 API 滤失量缓慢增加，其流变性和失水造壁性与高温前几乎相当；但钻屑加量达 20% 后，黏度增加的幅度增大，有明显增稠现象，失水量急剧增加。由此表明，在 150℃高温作用 16h 下，1%CMJ-1 水基钻井液体系抗钻屑污染能力为 15%。

表 3-8　CMJ-1 抗钻屑污染能力

体系	条件	流变性参数			API_B/API_K（mL/mm）	pH 值
		AV（mPa·s）	PV（mPa·s）	YP（Pa）		
A	高温前	15.0	12.0	3.0	4.0/0.5	9
	150℃ /16h	13.5	11.5	2.0	5.4/0.5	9

体系	条件	流变性参数			API_B/API_K （mL/mm）	pH 值
		AV （mPa·s）	PV （mPa·s）	YP （Pa）		
A+5% 钻屑	高温前	20.5	12.0	8.5	4.8/0.5	9
	150℃/16h	18.0	11.0	7.0	5.6/0.5	9
A+10% 钻屑	高温前	22.5	14.0	8.5	5.2/0.5	9
	150℃/16h	20.0	12.0	8.0	5.8/0.5	9
A+15% 钻屑	高温前	24.0	15.0	9.0	5.6/0.5	9
	150℃/16h	23.0	14.0	9.0	6.2/0.5	9
A+20% 钻屑	高温前	42.0	29.0	12.0	7.8/1.0	9
	150℃/16h	28.0	18.0	10.0	10.2/1.0	9
备注	1. A：4% 钠膨润土浆 +1.0%CMJ-1； 2. 钻屑取自吉林大情子地区 2000～2500m 井段泥页岩（以下同）					

5）CMJ-1 的润滑性

采用 E-P 极压润滑仪来评价不同加量 CMJ-1 条件下的钻井液体系润滑系数和润滑系数降低率，结果见表 3-9。

由表 3-9 结果可知，随 CMJ-1 加量增加，其润滑性增强，高温前后（150℃/16h）其润滑系数均维持在 0.20 左右，达到了普通水基钻井液润滑系数在 0.20 左右的标准，体系具有优良的润滑性能。

表 3-9　CMJ-1 的润滑性能

CMJ-1 加量	条件	润滑系数 K	润滑系数降低率（%）
1%	高温前	0.1976	70.12
	150℃/16h	0.2199	67.99
2%	高温前	0.1506	73.28
	150℃/16h	0.2087	68.58
3%	高温前	0.1265	74.57
	150℃/16h	0.1938	69.62
4%	高温前	0.1240	74.89
	150℃/16h	0.1947	70.21
5%	高温前	0.2136	75.59
	150℃/16h	0.2098	72.12

注：本实验用基浆为4% 钠膨润土淡水浆，其润滑系数 K 为 0.57。

二、隔离膜剂 CMJ-2 的合成及在钻井液中的性能

1. 隔离膜剂 CMJ-2 的合成

天然纤维经碱化，在高温条件裂解后，在催化剂作用下与不饱和有机胺化合物进行缩聚反应，然后磺化得到一类新型有机胺天然纤维聚合物 CMJ-2。

1）主要药品及仪器

十二烷基不饱和有机胺，工业品；NaOH，化学纯；异丙醇，化学纯；硝酸铈铵盐，化学纯；NaClO，化学纯；酒精，化学纯。

四口烧瓶；高压反应釜；回流冷凝管；温度计；烘箱；粉碎机；离心机等。

2）合成步骤

（1）在四口烧瓶中，将粉碎成一定目数的木材纤维加入一定浓度的 NaOH、酒精及异丙醇的混合溶液中，在一定的温度下钠化一定时间，离心分离，用清水洗干净后，加入到高压反应釜中；

（2）往反应釜中加入一定浓度的 NaClO 溶液，高温高压（180℃、20atm）反应一定时间后，调节 pH 值为 7 ~ 8，加入定量的硝酸铈铵盐及十二烷基不饱和有机胺，在 70 ~ 80℃条件下反应 4 ~ 6h 后，烘干、粉碎得褐色产品 CMJ-2。

3）红外光谱图

用 KBr 压片法对产品进行红外光谱分析，确定该聚合物的结构。如图 3-5 所示。

由图 3-5 结果可以看出，在 3700 ~ 3600cm^{-1} 处有一尖峰，为非缔合 -OH 的伸缩振动峰；在 1660cm^{-1} 处为 -C=C- 伸缩振动峰；在 1570 ~ 1510cm^{-1} 处为 -N-H 变形振动峰；在 1382cm^{-1} 处有一峰为 -CH$_3$ 的变形振动峰；在 1098cm^{-1} 处是 -C-C 骨架振动峰。

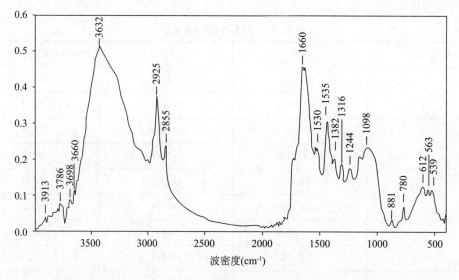

图 3-5　CMJ-2 的 IR 谱图

4）淡水浆中的最佳加量

在 4% 淡水钠膨润土基浆（同前）中加入不同量的 CMJ-2，按照"SY/T 5621-93 钻

井液测试程序"测定 CMJ-2 的常规性能，其结果见表 3-10。

表 3-10　CMJ-2 在 4% 淡水钠膨润土基浆中最佳加量的确定

性　能 加量（%）	流变参数				API_B/API_K （mL/mm）	pH 值
	AV （mPa·s）	PV （mPa·s）	YP （Pa）	$YP/$ PV		
0	5.5	3.0	2.5	0.83	12.8/1.0	9
1.0	10.5	6.5	4.0	0.62	7.6/0.5	9
2.0	16.5	9.5	7.0	0.74	3.2/0.5	9
3.0	28.0	16.0	12.0	0.75	3.0/0.5	9
4.0	36.5	20.5	16.0	0.78	3.0/0.5	9

由表 3-10 结果可以看出，随 CMJ-2 加量增加，体系的表观黏度、塑性黏度和动塑比均增大，中压滤失量减小；当 CMJ-2 加量高于 2.0% 时，其表观黏度大幅度增加，但滤失量变化不大，从流变性和滤失性两方面考虑，CMJ-2 最佳加量为 2.0%。

2. 隔离膜剂 CMJ-2 在钻井液中的性能评价

1）CMJ-2 的抗温性

在 4% 淡水钠膨润土基浆中加入 2.0%CMJ-2 高速搅拌 5min，在不同高温（120℃、150℃、180℃、200℃、220℃）下热滚 16h，测定钻井液热滚前后的性能，实验结果见表 3-11。

表 3-11　CMJ-2 在淡水浆中的抗温性

性　能 条　件	流变参数			API_B/API_K （mL/mm）	pH 值
	AV （mPa·s）	PV （mPa·s）	YP （Pa）		
高温前	16.5	9.0	7.5	3.2/0.5	9
120℃ /16h	15.0	8.0	7.0	5.2/0.5	9
150℃ /16h	13.0	7.0	6.0	6.4/0.5	9
180℃ /16h	10.5	6.0	4.5	9.8/0.5	9
200℃ /16h	7.0	4.5	2.5	15.6/0.7	9
220℃ /16h	4.0	2.5	1.5	26.4/1.0	9

由表 3-11 结果可以看出，老化前体系表观黏度减小，中压滤失量增大；当老化温度低于 180℃ 时，体系的流变性和失水造壁性较好；老化温度为 200℃ 和 220℃，含 CMJ-2 水基钻井液体系的表观黏度变化不大，但中压滤失量上升幅度明显增大，失水造壁性变差，滤饼松散、表面粗糙、厚度增加。因此，从流变性和失水造壁性来看，CMJ-2 抗温可达 180℃。

2）CMJ-2 的抗盐性

同样按照上述评价处理剂 CMJ-1 抗盐污染评价方法，考察了 CMJ-2 抗 NaCl、$CaCl_2$

污染能力，其结果见表 3-12、表 3-13。

表 3-12 结果表明，2%CMJ-2 水基钻井液体系，高温前，随 NaCl 浓度增加，表观黏度、塑性黏度均减小，中压滤失量升高；经 150℃ 老化 16h 作用后，该体系流变性和中压滤失量仍具有上述规律；NaCl 浓度为 12% 以内，表观黏度、中压滤失量变化不大，性能较稳定，但随着 NaCl 浓度继续升高，体系的流变性和失水造壁性都变差，可见，在 150℃ 高温 16h 作用下，CMJ-2 水基钻井液体系抗 NaCl 达 12%。

表 3-12　CMJ-2 抗 NaCl 污染性能

性能 NaCl 加量	条件	流变参数			API_B (mL)	API_K (mm)	pH 值
		AV (mPa·s)	PV (mPa·s)	YP (Pa)			
0	高温前	16.5	9.0	7.5	3.2	0.5	9
	150℃/16h	13.0	7.0	6.0	6.4	0.5	9
1%	高温前	12.5	7.0	5.5	4.8	0.5	9
	150℃/16h	10.0	6.0	4.0	7.2	0.5	9
4%	高温前	11.5	6.0	5.5	5.0	0.5	9
	150℃/16h	10.0	5.5	4.5	7.6	0.5	9
8%	高温前	9.5	6.0	3.5	6.6	0.5	9
	150℃/16h	8.5	6.0	2.5	8.6	0.5	9
12%	高温前	9.0	7.0	2.0	9.4	0.5	9
	150℃/16h	6.5	5.0	1.5	10.2	0.5	9
15%	高温前	7.0	5.5	1.5	14.8	0.8	9
	150℃/16h	4.5	3.0	1.5	19.6	1.0	9

表 3-13　CMJ-2 抗 Ca^{2+} 污染性能

性能 $CaCl_2$ 加量	条件	流变参数			API_B (mL)	API_K (mm)	pH 值
		AV (mPa·s)	PV (mPa·s)	YP (Pa)			
0	高温前	16.5	9.0	7.5	3.2	0.5	9
	150℃/16h	13.0	7.0	6.0	6.4	0.5	9
0.25%	高温前	14.5	8.5	6.0	4.4	0.5	9
	150℃/16h	12.0	6.0	6.0	5.6	0.5	9
0.5%	高温前	14.0	10.0	4.0	5.8	0.5	9
	150℃/16h	11.0	7.0	4.0	6.0	0.5	9
1.0%	高温前	9.0	6.0	3.0	9.6	0.8	9
	150℃/16h	5.0	3.0	2.0	12.8	1.0	9
1.5%	高温前	6.0	4.0	2.0	11.8	1.0	9
	150℃/16h	4.0	2.5	1.5	15.6	1.0	9

由表 3-13 结果可以看出，高温前，随 $CaCl_2$ 加量增加，该体系表观黏度减小，中压滤失量随之增大；经高温（150℃）老化 16h 后，其流变性和失水造壁性与高温前变化规律相一致，只是程度不同而已，当 $CaCl_2$ 加量在 0.5% 以内时，其流变性和失水造壁性较好，流动性好，失水低，满足可接受要求，但当 $CaCl_2$ 加量大于 0.5% 后，滤失量急剧增加，表观黏度下降幅度增大。可见，在 150℃ 高温老化 16h 作用下，CMJ-2 水基钻井液体系抗 $CaCl_2$ 为 0.5%。总之，在 150℃ 经 16h 高温作用，体系抗 NaCl 为 12%，抗 $CaCl_2$ 为 0.5%。

3）CMJ-2 的抗钻屑污染性

评价了 CMJ-2 在钻屑加量为 5%、10%、15% 和 20%，老化条件为 150℃ /16h 时的抗污染能力，其结果见表 3-14。

表 3-14　CMJ-2 抗钻屑污染性能

体系	条件	流变性参数			API_B (mL)	API_K (mm)	pH 值
		AV (mPa·s)	PV (mPa·s)	YP (Pa)			
A	高温前	16.5	9.0	7.5	3.2	0.5	9
	150℃ /16h	13.0	7.0	6.0	6.4	0.5	9
A+5% 钻屑	高温前	17.5	9.5	8.0	3.4	0.5	9
	150℃ /16h	15.5	9.0	6.5	3.8	0.5	9
A+10% 钻屑	高温前	18.0	10.0	8.0	4.2	0.5	9
	150℃ /16h	16.0	9.5	6.5	4.4	0.5	9
A+15% 钻屑	高温前	18.5	10.5	8.0	4.6	0.5	9
	150℃ /16h	18.0	10.0	8.0	5.0	0.5	9
A+20% 钻屑	高温前	32.0	19.5	12.5	9.6	1.0	9
	150℃ /16h	26.5	18.5	8.0	14.8	1.0	9
备注	1. A：4% 钠膨润土浆 +2.0%CMJ-2； 2. 钻屑取自吉林大情子地区 2000 ~ 2500m 井段泥页岩（以下同）						

由表 3-14 结果可以看出，在 2.0%CMJ-2 水基钻井液中，加入钻屑后，其流变性和失水造壁性同样发生了明显变化。高温前，体系表观黏度、塑性黏度和动切力均有一定程度增加，API 滤失量也相应增大；150℃ 老化 16h 后，随钻屑加量增加，体系的流变性和失水造壁性也具有上述规律，当钻屑加量达 15% 时，体系的流动性仍然很好，表观黏度增加幅度不大，高温老化后（150℃ /16h）的 API 滤失量缓慢增加；但当钻屑加量达 20% 后，表观黏度增加的幅度加大，有明显增稠现象发生，失水量急剧增加。由此表明，在 150℃ 高温 16h 作用下，2.0%CMJ-2 水基钻井液体系抗钻屑污染能力为 15%。

4）CMJ-2 的润滑性

分别加入不同加量的 CMJ-2，采用 E-P 极压润滑仪来评价含 CMJ-2 体系的润滑系数和润滑系数降低率。其结果见表 3-15。

表 3-15　CMJ-2 润滑性能评价结果

CMJ-2 加量（%）	条件	润滑系数 K	润滑系数降低率（%）
1	高温前	0.1581	71.96
	150℃ /16h	0.1695	69.94
2	高温前	0.1211	78.52
	150℃ /16h	0.1771	68.58
3	高温前	0.1032	89.46
	150℃ /16h	0.1211	78.52
4	高温前	0.0624	89.89
	150℃ /16h	0.1162	79.56
5	高温前	0.0575	89.92
	150℃ /16h	0.1128	80.21

注：本实验用基浆为 4% 钠膨润土淡水浆，其润滑系数 K 为 0.57。

由表 3-15 结果可知，CMJ-2 的润滑性能良好。随 CMJ-2 加量增加，其润滑性增强，无论在 150℃ 老化 16h 前后其润滑系数均低于 0.20，达到了普通水基钻井液润滑系数在 0.20 左右的标准。即使 CMJ-2 加量为 2%，也能满足标准的要求，体系具有优良的润滑性能。

5）CMJ-2 的封堵性能

在压差 500psi、温度 120℃、转速 200r/min 的条件下，用直径为 63mm，厚度为 6mm，渗透率为 100mD 的人造岩心，对 CMJ-2 与 FT-1 在低密度、高密度钻井液进行封堵试验对比，其结果见表 3-16。试验结果表明，CMJ-2 在低密度、高密度钻井液中均具有良好的封堵能力，其效果优于 FT-1。

表 3-16　CMJ-2、FT-1 封堵实验数据

时间（min）＼滤失量（mL）	配方 1#	配方 2#	配方 3#	配方 4#	基浆
瞬时	1.9	1.7	2.6	2.4	6.9
5	4.6	4.4	8.3	8.0	13.6
10	6.1	6.0	10.1	9.8	20.8
20	7.6	7.4	13.0	12.6	26.8
30	8.3	8.1	16.4	15.8	31.2
45	9.7	9.5	19.0	18.4	33.7
60	11.2	11.0	21.8	21.0	37.2
90	13.4	13.1	25.8	25.0	39.8
105	14.8	14.6	28.2	26.4	44.3

时间（min）＼滤失量（mL）	配方 1#	配方 2#	配方 3#	配方 4#	基浆
120	18.6	14.7	31.4	26.6	50.6

注：1. 基浆：8% 钠膨润土浆；
　　2. 配方 1#：8% 钠膨润土浆 +2%FT-1　密度为 1.05g/cm³；
　　3. 配方 2#：8% 钠膨润土浆 +2%CMJ-2　密度为 1.05g/cm³；
　　3. 配方 3#：配方 1#+ 重晶石　密度为 1.70g/cm³；
　　4. 配方 4#：配方 2# + 重晶石　密度：1.70g/cm³。

6）CMJ-2 对钻井液动滤失量和动滤失速率的影响

用冀东油田储层岩心在动滤失仪上测定了冀东油田 LB1-13-22 井井深 3200m 处井浆加入 CMJ-2 前后对钻井液动滤失量和动滤失速率的影响，结果见表 3-17。

表 3-17　CMJ-2 对钻井液动滤失量和动滤失速率的影响实验结果

序号	岩心	钻井液配方	K_a (mD)	温度 ℃	滤液体积（mL）				动滤失速率（mL/min）		
					65min	105min	125min	145min	0 ～ 25min	25 ～ 65min	65 ～ 105min
1	LTXN-7	井浆	162.58	100	4.1	6.6	7	7.4	0.112	0.053	0.043
2	N-3	井浆 +2%CMJ-2	178.8	100	3.6	5.3	5.7	6.2	0.092	0.05	0.025

试验结果表明，隔离膜降滤失剂 CMJ-2 能有效的降低钻井液的动滤失量和动滤失速率，可以减缓或阻止钻井液及钻井液滤液渗入泥页岩体内，延缓孔隙压力的扩散，有效地防止地层水化膨胀及坍塌。

7）CMJ-2 储层保护效果评价

表 3-18、表 3-19、表 3-20 数据对比了取自冀东油田 LB1-13-22 井 3200m 井段，井浆中加入 CMJ-2 前后的常规性能和储层保护效果。

从表 3-18 结果可以明显地看出，LB1-13-22 井浆中加入 CMJ-2 后，对流变性影响不大，但高温高压滤失量从 15.2mL 降到 11.0mL，说明体系的失水造壁性能变好，这有利于稳定井壁；从表 3-19 和表 3-20 结果可以看出，动滤失速率在 65 ～ 105min 后从 0.043mL/min 降至 0.025mL/min，并且岩心的渗透率恢复值达到 100%，表明 CMJ-2 保护储层效果很好。

表 3-18　CMJ-2 对井浆性能的影响

序号	钻井液配方	流变性能				HTHP$_B$/HTHP$_K$ mL/mm 100/3.5MPa/30min
		AV (mPa·s)	PV (mPa·s)	YP (Pa)	$G10''$/$G10'$ (Pa)	
1	井浆	23	18	5	1/1.8	15.2
2	井浆 +2%CMJ-2	24.5	17	7.5	1/3.5	11.0

表 3-19　CMJ-2 对井浆的动滤失量和滤失速率性能的影响

序号	岩心	钻井液配方	K_a (mD)	平均温度 (℃)	滤液体积 (mL)				动滤失速率 (mL/min)		
					65 min	105 min	125 miu	145 min	0 ~ 25min	25 ~ 65 min	65 ~ 105 min
1	LTXN-7	井浆	162.58	100	4.1	6.6	7.0	7.4	0.112	0.053	0.043
2	N-3	井浆 +2%CMJ-2	178.8	100	3.6	5.3	5.7	6.2	0.092	0.050	0.025

表 3-20　CMJ-2 对井浆的动滤失量和岩心渗透率的影响

序号	钻井液配方	岩心	105min 动滤失量 (mL)	气相渗透率 ($10^{-3} \mu m^2$)	油相渗透率 ($10^{-3} \mu m^2$)	渗透率恢复值 (%)	反排突破压差 (MPa)	平均温度 (℃)
1	井浆	LTXN-7	6.6	162.58	36.16	69	0.13	100
2	井浆 +2% CMJ-2	N-3	5.3	178.8	42.13	100	0.14	100

第三节　隔离膜实验评价方法

一、膜的承压能力

聚合物膜的承压评价实验是评价所形成膜质量的一个重要参数。承压能力测定方法：80℃温度下形成膜后，再换清水，观察在什么压力下，膜被穿透。实验结果表明，即使把压力提高到 1200psi 以上时，该膜也没有被穿透。由此可见：所形成的膜质量很好，这对现场高密度钻井有益，有利于保证钻井井壁的稳定。

二、膜的外观形状

通过高温高压形成的膜如图 3-6 所示，膜是于 20℃阴干一天后，撕下来并折叠该膜的图片。图 3-7 是折叠后又摊开膜的图片。

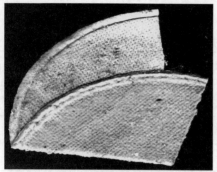

图 3-6　膜折叠不断裂

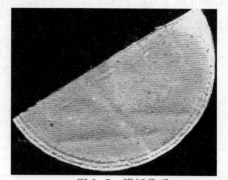

图 3-7　膜折叠后

三、膜的透水性能

用成膜钻井液做 API 滤失量形成的滤饼，重新用自来水透过，透水滤失量基本是在形成的 API 滤失量的程度，结果见表 3-21。

表 3-21 膜的透水实验结果之一

时间（min）	30	60	90	120	150
透水量（mL）	2.3	4.6	7.2	9.8	13.4
透水量增量（mL）	2.3	2.3	2.6	2.6	2.6

将表 3-22 数据在直角坐标上作图得图 3-8。

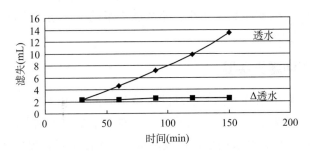

图 3-8 滤失量随时间的变化

采用同样的实验方法，得到表 3-22、表 3-23，作图得到图 3-9、图 3-10。

表 3-22 膜的透水实验结果之二

时间（min）	30	60	90	120	150
透水量（mL）	3.15	4.6	5.6	6.5	7.2
透水量增量（mL）	3.15	1.45	1	0.9	0.7

表 3-23 膜的透水实验结果之三

时间（min）	30	60	90	120
透水量（mL）	1.1	2.2	3.2	4.2
透水量增量（mL）	1.1	1.1	1.0	1.0

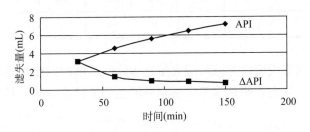

图 3-9 滤失量随时间的变化

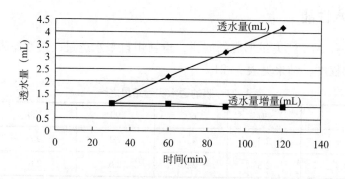

图 3-10　滤失量随时间的变化

由图 3-8、图 3-9、图 3-10 可见，成膜钻井液体系形成膜后，聚合物膜基本上不会受水化的影响，并且滤失量的变化越来越小，不久滤失量的变化达到零，通过后面的高温高压动滤失实验也说明了这一点。

四、成膜钻井液动滤失实验

理论和实践证明，如果钻井液体系的动滤失量随时间变化的增量为零，钻井液对防止泥页岩坍塌和保护储层效果最好。在本实验中，考察了水基成膜钻井液在 70min 内的动滤失量，同时在 70min 后，将钻井液倒出，换成清水，测定滤失量，见图 3-11 和表 3-24。

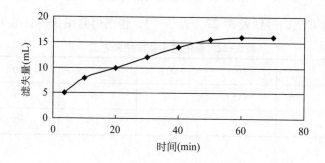

图 3-11　水基成膜钻井液动失水量随时间的变化

表 3-24　水基成膜钻井液动失水量随时间的变化实验结果

时间（min）	3.5	10	20	30	40	50	60	70
成膜钻井液（mL）	5	8	10	12	14	15.5	16	16
重新换成清水	0	0	0	0				

实验结果表明，水基成膜钻井液动滤失量在 60min 后随时间变化的增量为零，换成清水，滤失量几乎为零，从而表明该水基成膜钻井液达到了隔离效果，具有良好的防止泥页岩坍塌和保护储层效果。

第四节 隔离膜水基钻井液组成及性能

一、钻井液组成

在水基钻井液隔离膜剂 CMJ-1、CMJ-2 研制的基础上，通过优选其他处理剂，确定了构成隔离膜水基钻井液体系的主要成分为：隔离膜降滤失剂、高效聚合物包被絮凝剂 JH-1、辅助降滤失剂 CFJ-1 及降黏剂 JN-1，分别形成了以 CMJ-1、CMJ-2 为主要成分的两种隔离膜水基钻井液基本配方如下：

(1) CMJ-1 隔离膜水基钻井液体系：4% 钠膨润土 +0.6%CFJ-1+0.4%JH-1+1%CMJ-1+0.1%JN-1+NaOH 适量（控制 pH 值在 9 ~ 11）（简称 CMJ-1 体系）；

(2) CMJ-2 隔离膜水基钻井液体系：4% 钠膨润土 +0.6%CFJ-1+0.4%JH-1+2%CMJ-2+0.1%JN-1+NaOH 适量（控制 pH 值在 9 ~ 11）（简称 CMJ-2 体系）。

CMJ-1 隔离膜水基钻井液体系为一淡黄色流体，CMJ-2 隔离膜水基钻井液体系为一灰褐色流体，两个体系的宏观流动性好，密度均在 $1.03g/cm^3$ 左右，室温密闭养护 24h 后无分层无沉淀现象。通过后续实验，考察了这两种隔离膜水基钻井液体系的综合性能，结果见表 3-25，具体性能评价实验结果将在后面详细讲述。

表 3-25 CMJ-1 体系、CMJ-2 体系基本性能对比

项目 体系	流变性		降滤失性能			抗温能力 （℃）	16h 线膨胀率 （%）	页岩滚动回收率（%） 40目/120℃	润滑性			抗污染能力			渗透率恢复值 （%）
	AV (mPas)	PV (mPas)	API_B (mL)	K (mm)	150℃ $HTHP_B/K$ (mL mm)				润滑系数 K	泥饼摩阻系数 K_f	极压膜强度 P （磅/寸²）	NaCl	CaCl$_2$	钻屑	
CMJ-1 体系	24.5	16.0	4.4	0.5	14.0/1.0	180	18.4	88.8	0.13*	0.0437*	45220*	6% (150℃)	0.5% (150℃)	15% (150℃)	88.2
	21.0	16.0	6.4	0.5	22.0/1.0				0.20	0.0525	41351				
CMJ-2 体系	23.5	16.0	3.6	0.5	10.4/1.0	180	13.5	94.8	0.15*	0.0332*	48356*	12% (150℃)	0.5% (150℃)	15% (150℃)	92.4
	20.0	14.0	7.2	0.5	19.2/1.0				0.16	0.0456	42337				

注：1. 表中 * 代表 150℃ 老化前的实验数据；没有标记的为 150℃ 老化 16h 后的实验数据；
2. 岩屑为吉林大情字地区油田储层 2000 ~ 2500m 井段泥页岩岩屑；
3. HTHP 失水条件：150℃ /3.5MPa/30min；
4. 滤失量测试标准，室温 25℃；
5. 流变性测试温度均为 25℃。

总的来说，所形成的隔离膜水基钻井液体系具有以下特征：(1) CMJ-1 体系和 CMJ-2 体系均有良好的流变性和失水造壁性，它们至少抗温 150℃ 以上，最高达 180℃；(2) 抑制性强；(3) 润滑性好；(4) 在 150℃ 高温 16h 作用下，CMJ-1 隔离膜水基钻井液体系抗 NaCl 达 6%、抗 CaCl$_2$ 达 0.5%、抗 MgCl$_2$ 达 1%、抗钻屑达 15%；(5) 相同条件下，

CMJ-2 隔离膜水基钻井液体系抗 NaCl 达 12%、抗 CaCl$_2$ 达 0.5%、抗钻屑达 15% ；(6) CMJ-1 体系和 CMJ-2 体系有优良的保护储层效果。相对而言，CMJ-2 体系各方面的综合性能较 CMJ-1 体系要好，可以认为 CMJ-2 是在 CMJ-1 的合成及性能评价基础上的改进产品，因此在后文的现场应用实例中均采用的是性能更好的隔离膜剂 CMJ-2。

二、高温下流变性能

实验评价了两种隔离膜水基钻井液体系在不同高温条件下的流变性能，结果见表 3-26 和表 3-27。

表 3-26　CMJ-1 体系高温下流变性能

条件	流变参数			API_B (mL)	API_K (mm)	pH 值
	AV (mPa·s)	PV (mPa·s)	YP (Pa)			
高温前	24.5	16.0	8.5	4.4	0.5	9
120℃ /16h	23.0	16.0	7.0	5.8	0.5	9
150℃ /16h	21.0	16.0	5.0	6.4	0.5	9
180℃ /16h	20.0	15.5	4.5	7.2	0.5	9
200℃ /16h	9.5	9.0	0.5	12.4	1.0	9

表 3-26 实验结果表明，随老化温度的增加，总的趋势是 CMJ-1 体系的黏度、切力都有所下降，失水有所增加；但当老化温度低于 180℃时，热滚 16h 后，CMJ-1 隔离膜水基钻井液体系流变性和失水造壁性变化幅度较小，其值与高温前比较，变化幅度不大；但当温度高于 180℃时，热滚 16h 后，随温度升高，CMJ-1 隔离膜水基钻井液体系黏度、切力大幅度降低，API 失水大幅度增加，表明 CMJ-1 体系抗温达 180℃。

表 3-27　CMJ-2 体系高温下流变性能

条件	流变参数			ρ (g/cm³)	API_B (mL)	API_K (mm)	pH 值
	AV (mPa·s)	PV (mPa·s)	YP (Pa)				
高温前	23.5	16.0	7.5	1.03	3.6	0.5	9
120℃ /16h	21.5	15.0	6.5	1.03	4.4	0.5	9
150℃ /16h	20.0	14.0	6.0	1.03	7.2	0.5	9
180℃ /16h	19.5	13.5	6.0	1.03	8.8	0.5	9
200℃ /16h	13.0	10.0	3.0	1.03	12.8	1.0	9
220℃ /16h	11.5	9.5	2.0	1.03	15.6	1.0	9

表 3-27 实验结果表明，随老化温度的增加，总的规律是 CMJ-2 体系的黏度、切力都有所下降，中压滤失量升高；当老化温度低于 180℃时，钻井液流变性和失水造壁性比较稳定，变化幅度不大，当老化温度高于 180℃后，随着温度升高，体系的中压滤失量急剧增大，表观黏度降低较多，表明体系的流变性和失水造壁性变差，因此 CMJ-2 体系抗温可达 180℃。

三、失水造壁性能

从 API 滤失量、高温高压滤失量及钻井液体系动滤失量与时间的关系三个方面评价了隔离膜水基钻井液体系的滤失造壁性能，结果见表 3-28、表 3-29 及图 3-12。

表 3-28 CMJ-1 体系 API 失水实验结果

指标	条件	滤失量（mL）	滤饼（mm）	压差（MPa）	测温（℃）	pH 值
API（中压）	高温前	4.4	0.5	0.7	25	9
	150℃/16h	6.4	0.5	0.7	25	9
HTHP（高压）（150℃/3.5MPa/30min）	高温前	14.0	1.0	3.5	150	9
	150℃/16h	22.0	1.0	3.5	150	9

表 3-29 CMJ-2 体系 API 失水实验结果

指标	条件	滤失量（mL）	滤饼（mm）	压差（MPa）	测温（℃）	pH 值
API（中压）	高温前	3.6	0.5	0.7	25	9
	150℃/16h	7.2	0.5	0.7	25	9
HTHP（高压）（150℃/3.5MPa/30min）	高温前	10.4	1.0	3.5	150	9
	150℃/16h	19.2	1.0	3.5	150	9

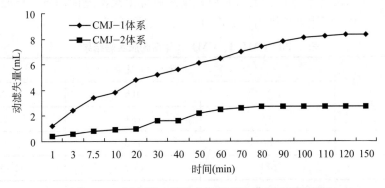

图 3-12 隔离膜水基钻井液动滤失量与时间关系图

实验结果表明，两种隔离膜水基钻井液 API 滤失量和高温高压滤失量滤失量均保持在合理的范围内，且 CMJ-1、CMJ-2 隔离膜水基钻井液体系在 9-1# 岩心中的动滤失量随时间变化增量分别于 150min 及 80min 后为零，表明隔离膜水基钻井液体系具有良好的防止泥页岩坍塌和保护储层效果。

四、抑制性能

采用抑制膨胀性实验和抑制分散性实验评价了隔离膜水基钻井液的抑制性。

1. 抑制膨胀性实验

采用 NP-01 型页岩膨胀仪测试页岩在钻井液体系中的线性膨胀率，进而得出钻井液抑制页岩膨胀的好坏，具体实验步骤如下：

（1）在测筒底盖内垫一层滤纸，旋紧筒底盖；

（2）用游标卡尺测量测筒的高度；

（3）称取 10±0.01g 过 100 目筛，在 105±3℃ 烘干 4h 并冷至室温的岩屑粉，装入测筒内，将岩粉弄平，在岩粉上垫一层滤纸；

（4）把测筒放在压力机上均匀加压，直到压力表上指示 4053kPa，稳定 5min；

（5）卸去压力，取下测筒，用游标卡尺测量岩屑粉上覆滤纸到测筒顶部的高度；

（6）把测筒安装在膨胀仪上；

（7）在泥浆杯中分别加入 350mL 配制好的钻井液体系及自来水；

（8）膨胀仪放入泥浆杯中，必须使杯内液体淹没测筒，同时调整膨胀仪上的大表头指向零刻度，此时开始计时；

（9）记录 2h、16h 及 24h 的膨胀量；

（10）计算结果。按下式分别计算 2h、16h 及 24h 的线膨胀百分数：

$$V_H\% = \frac{R_t}{H} \times 100$$

式中　$V_H\%$——时间 t 时页岩的线膨胀百分数；

R_t——时间 t 时的线膨胀量，mm；

H——岩心的原始高度，mm。

其中，岩心的原始高度为：在装入岩屑粉前用游标卡尺测量筒高度，样心制好后再用同样方法测量筒高度，两次之差即为样心厚度。实验结果见表 3-30。

表 3-30　CMJ-1、CMJ-2 体系膨胀实验结果

体系	岩心线膨胀率（%）		
	2h	16h	24h
CMJ-1 体系	3.5	18.4	22.3
CMJ-2 体系	2.0	13.5	17.1
清水	61.8	134.0	139.0

注：岩心为吉林大情字地区油田储层的天然岩心。

由表 3-30 结果可知，清水中岩心线膨胀率 2h、24h 时分别为 61.8%、139.0%，对于 CMJ-1 体系和 CMJ-2 体系中的岩心，2h 的线膨胀百分率仅分别为 3.5% 和 2.0%，24h 的

线膨胀百分率仅分别为 22.3% 和 17.1%，可见，CMJ-1、CMJ-2 隔离膜水基钻井液体系能显著降低泥页岩的水化膨胀量，具有很强的抑制泥页岩水化膨胀的能力，能有效地防止泥页岩地层因水化造成的井壁不稳定。

2. 抑制分散性实验

泥页岩滚动回收率实验结果见表 3-31。

表 3-31　CMJ-1、CMJ-2 体系分散性实验结果

体系	钻屑重量 (g)	16h 回收 钻屑量（g）	$W_{平均}$	回收率 (%)
蒸馏水 + 岩屑	50	16.9	18.0	36
蒸馏水 + 岩屑	50	19.1		
CMJ-1 体系 + 岩屑	50	45.4	44.3	88.5
CMJ-1 体系 + 岩屑	50	43.2		
CMJ-2 体系 + 岩屑	50	46.7	47.4	94.8
CMJ-2 体系 + 岩屑	50	48.1		

注：岩屑为吉林大情字地区油田储层 2000 ~ 2500m 井段泥页岩岩屑。

由表 3-32 结果可以看出，CMJ-1、CMJ-2 隔离膜水基钻井液的泥页岩回收率高达 88.5% 和 94.8%，表明隔离膜水基钻井液有很强的抑制泥页岩钻屑水化分散能力，与抑制膨胀性实验得出的结论一致。

五、抗污染性能

评价了隔离膜水基钻井液抗可溶盐和钻屑污染能力，结果见表 3-32 至表 3-36。

表 3-32　CMJ-1 体系的抗盐污染实验结果

盐种类	加量 (%)	条件	流变参数				API_B (mL)	API_K (mm)	pH 值
			AV (mPa·s)	PV (mPa·s)	YP (Pa)	$G_{10'}/G_{10'}$ (Pa)			
NaCl	0	高温前	24.5	16.0	8.5	2.0/5.0	4.8	0.5	9
		150℃/16h	21.0	16.0	5.0	1.5/3.0	6.4	0.5	9
	1	高温前	23.5	17.5	6.0	1.5/4.8	4.8	0.5	9
		150℃/16h	18.0	16.0	2.0	1.0/2.0	6.6	0.5	9
	4	高温前	14.0	12.5	1.5	1.0/3.5	5.2	0.5	9
		150℃/16h	10.5	10.0	0.5	0.5/1.5	8.4	0.5	9
	6	高温前	13.5	11.5	2.0	0.5/3.0	5.6	0.5	9
		150℃/16h	11.0	10.0	1.0	0.5/2.0	8.6	0.5	9
	8	高温前	9.5	9.0	0.5	0.5/2.5	8.8	0.5	9
		150℃/16h	7.0	6.5	0.5	0.5/1.0	12.0	1.0	9

盐种类	加量 (%)	条件	流变参数				API_B (mL)	API_K (mm)	pH 值
			AV (mPa·s)	PV (mPa·s)	YP (Pa)	$G_{10'}/G_{10'}$ (Pa)			
CaCl₂	0.25	高温前	24.0	19.0	5.0	2.5/4.0	5.6	0.5	9
		150℃/16h	16.5	12.0	4.5	1.5/3.5	7.2	0.5	9
	0.5	高温前	23.5	19.0	4.5	1.3/3.0	6.4	0.5	9
		150℃/16h	14.0	11.0	3.0	0.5/3.0	8.6	0.5	9
	1	高温前	15.0	13.0	2.0	0.5/6.5	7.2	0.5	9
		150℃/16h	13.5	12.0	1.5	1.0/2.5	12	0.5	9
	1.5	高温前	10.5	9.5	1.0	0.5/3.5	10.4	1.0	9
		150℃/16h	6.5	5.5	1.0	0.5/2.0	12.8	1.0	9
MgCl₂	0.5	高温前	23.5	19.0	4.5	1.5/4.5	6.6	0.5	9
		150℃/16h	14.5	10.5	4.0	1.0/3.5	7.8	0.5	9
	1	高温前	22.0	17.0	5.0	0.5/4.0	8.5	0.5	9
		150℃/16h	11.0	10.0	1.0	0.5/1.0	10.6	0.8	9
	1.5	高温前	18.0	14.0	4.0	0.5/3.5	9.2	0.5	9
		150℃/16h	12.0	11.0	1.0	0.25/0.5	14.4	1.0	9
	2	高温前	14.0	12.5	1.5.	0.4/1.0	11.4	1.0	9
		150℃/16h	8.0	7.0	1.0	0.2/0.5	16.8	1.0	9

由表 3-32 结果可看出，老化前 CMJ-1 隔离膜水基钻井液体系随 NaCl 加量增加，其表观黏度、塑性黏度和动切力均降低，API 滤失量增加，经 150℃ 老化 16h 后，表现出与高温前相同的规律，当 NaCl 加量在 6% 以前，体系流变性较稳定，API 滤失量升高，但幅度不大，一旦 NaCl 加量超过 6%，有明显的高温减稠现象，API 滤失量猛增，泥饼厚度增加，质量变差；随 CaCl₂ 加量增加，CMJ-1 体系高温前后其表观黏度、塑性黏度和动切力均降低，API 滤失量增加，经 150℃ 高温作用 16h 后，当 CaCl₂ 加量在 0 ~ 0.5% 范围内，表观黏度有所下降，滤失量相应增加，变化规律与高温前一致，但幅度不大且均在可接受范围内，当 CaCl₂ 加量大于 0.5% 以后，其流变性大幅度降低，API 滤失量大幅度升高，滤饼厚度增加，质量变差；老化前 CMJ-1 体系受 MgCl₂ 影响规律与受 CaCl₂ 影响一致，经 150℃ 老化 16h 后，MgCl₂ 加量低于 1% 时，CMJ-1 体系表观黏度降低幅度较小，中压滤失量增大，但还处于可接受范围，MgCl₂ 加量超过 1% 后，体系流变性变差，滤失量大幅度增加。综合以上结果，在 150℃ 高温 16h 作用下，CMJ-1 体系抗 NaCl 为 6%、抗 CaCl₂ 和 MgCl₂ 分别为 0.5% 和 1.0%。

表 3-33 CMJ-1 体系抗钻屑污染实验结果

性能 配 方	条件	流变性参数			API_B/API_K (mL/mm)	pH 值
		AV (mPa·s)	PV (mPa·s)	YP (Pa)		
CMJ-1 体系	高温前	24.5	16.0	8.5	4.8/0.5	9
	150℃/16h	21.0	16.0	5.0	6.4/0.5	9
CMJ-1 体系 + 10% 钻屑	高温前	32.5	22.0	10.5	5.6/0.5	9
	150℃/16h	22.5	16.5	6.0	6.6/0.5	9
CMJ-1 体系 + 15% 钻屑	高温前	33.0	23.0	10.0	6.8/0.5	9
	150℃/16h	23.0	14.5	8.5	7.0/0.5	9
CMJ-1 体系 + 20% 钻屑	高温前	45.5	28.0	17.5	10.4/1.0	9
	150℃/16h	37.5	25.0	12.5	14.4/1.0	9

注：岩屑为吉林大情字地区油田储层 2000～2500m 井段泥页岩岩屑。

由表 3-33 结果可看出，CMJ-1 隔离膜水基钻井液体系中，加入钻屑后，其流变性和失水造壁性发生了明显变化。高温前，体系表观黏度、塑性黏度和动切力均有一定程度增加，API 滤失量也相应增大；150℃老化 16h 后，随钻屑加量增加，体系的流变性和失水造壁性也具有上述规律，当钻屑加量达 15% 时，体系的流动性仍然很好，表观黏度增加幅度不大，高温老化后（150℃/16h）的 API 滤失量缓慢增加；但钻屑加量达 20% 后，表观黏度增加的幅度加大，有明显增稠现象，失水量急剧增加。由此表明，在 150℃高温 16h 作用下，CMJ-1 隔离膜水基钻井液体系抗钻屑污染能力为 15%。

表 3-34 CMJ-2 体系抗 NaCl 污染实验结果

NaCl 加量 (%)	条件	流变参数			API_B (mL)	API_K (mm)	pH 值
		AV (mPa·s)	PV (mPa·s)	YP (Pa)			
0	高温前	23.5	16.0	7.5	3.6	0.5	9
	150℃/16h	20.0	14.0	6.0	7.2	0.5	9
1	高温前	22.0	15.0	7.0	4.8	0.5	9
	150℃/16h	22.0	13.0	9.0	7.6	0.5	9
4	高温前	20.0	14.0	6.0	5.2	0.5	9
	150℃/16h	22.0	12.0	9.0	7.8	0.5	9
8	高温前	19.0	16.0	3.0	5.6	0.5	9
	150℃/16h	18.0	14.0	4.0	8.4	0.5	9
12	高温前	16.0	13.5	2.5	5.8	0.5	9
	150℃/16h	14.0	12.0	2.0	8.8	0.5	9

NaCl 加量 (%)	条件	流变参数			API_B (mL)	API_K (mm)	pH 值
		AV (mPa·s)	PV (mPa·s)	YP (Pa)			
15	高温前	10.0	6.0	4.0	10.4	1.0	9
	150℃/16h	6.0	4.0	2.0	16.8	1.0	9
20	高温前	8.0	5.0	3.0	13.8	1.0	9
	150℃/16h	5.0	3.0	2.0	20.4	1.0	9

由表 3-34 结果可看出，CMJ-2 体系随 NaCl 浓度增加，高温前表观黏度、塑性黏度降低，中压滤失量增加；经 150℃老化 16h 后，表现出与高温前相同的规律，当 NaCl 加量在 12% 以前，体系流变性较稳定，API 滤失量升高，但幅度不大，当 NaCl 加量大于 12% 后，表观黏度急剧下降，滤失量大幅度上升，滤饼增厚，质量变差，综合流变性和失水造壁性两方面性能，CMJ-2 隔离膜水基钻井液体系，在 150℃高温 16h 作用下，能抗 NaCl 达 12%。

表 3-35　CMJ-2 体系抗 Ca^{2+} 污染实验结果

$CaCl_2$ 加量 (%)	条件	流变参数			API_B (mL)	API_K (mm)	pH 值
		AV (mPa·s)	PV (mPa·s)	YP (Pa)			
0	高温前	23.5	16.0	7.5	3.6	0.5	9
	150℃/16h	20.0	14.0	6.0	7.2	0.5	9
0.25	高温前	20.5	14.5	6.0	4.8	0.5	9
	150℃/16h	18.5	13.0	5.5	5.0	0.5	9
0.5	高温前	17.5	13.0	4.5	5.2	0.5	9
	150℃/16h	16.5	12.5	4.0	5.8	0.5	9
1.0	高温前	16.0	12.0	4.0	8.4	0.5	9
	150℃/16h	15.5	11.5	4.0	10.7	1.0	9
1.5	高温前	12.0	8.0	4.0	10.8	1.0	9
	150℃/16h	9.0	5.5	3.5	15.4	1.0	9

由表 3-35 结果可看出，随 $CaCl_2$ 加量增加，CMJ-2 体系，高温前后其表观黏度表观黏度、塑性黏度和动切力均降低，API 滤失量增加；经 150℃高温作用 16h 后，当 $CaCl_2$ 加量在 0～0.5% 范围内，表观黏度有所下降，滤失量相应增加，变化规律与高温前相一致，但幅度不大且均在可接受范围内，当 $CaCl_2$ 加量大于 0.5% 以后，其流变性降低幅度不大，但 API 滤失量却大幅度升高，滤饼厚度增加，质量变差，综合流变性和失水造壁性两方面性能，在 150℃高温 16h 作用下，CMJ-2 体系抗 $CaCl_2$ 达 0.5%。

表 3-36　CMJ-2 体系抗钻屑污染实验结果

性能\配方	条件	流变参数			API_B (mL)	API_K (mm)	pH 值
		AV (mPa·s)	PV (mPa·s)	YP (Pa)			
CMJ-2 体系	高温前	23.5	16.0	7.5	3.6	0.5	9
	150℃/16h	20.0	14.0	6.0	7.2	0.5	9
CMJ-2 体系 +10% 钻屑	高温前	28.0	20.0	8.0	4.4	0.5	9
	150℃/16h	22.5	15.0	7.5	7.4	0.5	9
CMJ-2 体系 +15% 钻屑	高温前	31.0	22.0	9.0	4.8	0.5	9
	150℃/16h	24.5	16.5	8.0	7.6	0.5	9
CMJ-2 体系 +20% 钻屑	高温前	58.0	32.0	26.0	11.4	1.0	9
	150℃/16h	43.5	19.5	24.0	14.8	1.0	9

注：岩屑为吉林大情字地区油田储层 2000～2500m 井段泥页岩岩屑。

　　由表 3-36 结果可看出，CMJ-2 隔离膜水基钻井液体系中，加入钻屑后，其流变性和失水造壁性发生了明显变化。高温前，体系表观黏度、塑性黏度和动切力均有一定程度增加，API 滤失量也相应增大；150℃ 老化 16h 后，随钻屑加量增加，体系的流变性和失水造壁性也具有上述规律，当钻屑加量达 15% 时，体系的流动性也仍然很好，表观黏度增加幅度不大，高温老化后（150℃/16h）的 API 滤失量缓慢增加；但钻屑加量达 20% 后，黏度增加的幅度加大，有严重增稠现象，失水量急剧增加。由此表明，在 150℃ 高温 16h 作用下，CMJ-2 隔离膜水基钻井液体系抗钻屑污染能力为 15%。

　　总之，CMJ-1、CMJ-2 体系具有良好的抗可溶盐（NaCl、CaCl$_2$、MgCl$_2$）污染能力。CMJ-1 隔离膜水基钻井液体系，在 150℃ 高温 16h 作用下，抗 NaCl 达 6%、抗 CaCl$_2$ 达 0.5%、抗 MgCl$_2$ 达 1%、抗钻屑达 15%；相同条件下，CMJ-2 隔离膜水基钻井液体系抗 NaCl 达 12%、抗 CaCl$_2$ 达 0.5%、抗钻屑达 15%。

六、润滑性和极压膜强度

　　润滑性主要评价三个参数，即钻井液的润滑系数 K、钻井液的极压膜强度 P 和钻井液泥饼摩阻系数 K_f。前两项参数用 E-P 极压润滑仪测定评价，后一项参数用泥饼摩阻系数测定仪测定评价，评价数据及结果见表 3-38。

　　由表 3-37 结果可知，CMJ-1、CMJ-2 两种隔离膜水基钻井液体系的润滑性能良好。CNPC 对普通水基钻井液的建议标准：K 为 0.20 左右；K_f 为 0.05～0.09；p 为 30000～50000 磅/寸^2。可见，CMJ-1、CMJ-2 体系的各项指标均符合标准，尤其是 CMJ-1 体系和 CMJ-2 体系老化前润滑系数 k 仅为 0.13 和 0.15，这为降低钻具摩阻和扭矩提供了有利的保证。

表 3-37 润滑性评价结果

体系		润滑系数 K	润滑系数降低率（%）	泥饼摩阻系数 K_f	极压膜强度 p（磅 / 寸²）
清水		0.35	/	/	/
4% 钠膨润土浆		0.57	/	0.0621	/
CMJ-1 体系	高温前	0.13	77.19	0.0437	45220
	150℃ /16h	0.20	64.91	0.0525	41351
CMJ-2 体系	高温前	0.15	73.68	0.0332	48356
	150℃ /16h	0.16	71.93	0.0456	42337

七、储层保护性能

按照前面的实验条件和评价实验步骤，对水基钻井液中常用的几种处理剂和隔离膜水基钻井液体系伤害储层岩心渗透率情况进行了评价和对比实验，结果见表 3-38、表 3-39。结果表明，相同条件下，JH-1 渗透率恢复值 K_r/K_o 为 71.6%，CMJ-1 和 CMJ-2 的渗透率恢复值分别为 85.4% 和 88.6%，CMJ-1 和 CMJ-2 体系对所选岩心的相对渗透率为 88.2% 和 92.4%，表明隔离膜水基钻井液的主处理剂 CMJ-1、CMJ-2 及其所组成的体系对储层伤害程度很小，这对保护油气层极为有利。

表 3-38 钻井液中常用的几种处理剂渗透率伤害流动实验结果

污染流体组分（取其滤液）	气体渗透率 K_a (mD)	油原始渗透率 K_o (mD)	污染后油渗透率 K_r (mD)	K_r/K_o (%)
4% 膨润土基浆	23.60	2.65	1.04	39.2
基浆 +0.2% JH-1	21.79	2.49	1.78	71.6
基浆 +1.0%CMJ-1	22.26	2.15	1.83	85.4
基浆 +2.0%CMJ-2	22.65	2.13	1.89	88.6
基浆 +0.2% KPAM	21.08	2.20	1.50	65.6
基浆 +0.2%FA367	23.28	2.53	1.64	64.8
基浆 +0.5% SPC	21.20	2.35	1.39	59.3
基浆 +0.5% CHSP	22.02	2.41	1.48	61.6
基浆 +0.5% FT—342	19.53	2.08	1.26	60.7
基浆 +0.5% FJ—938	19.26	1.99	1.33	65.3

表 3-39 CMJ-1、CMJ-2 隔离膜水基钻井液体系伤害储层岩心渗透率评价结果

体系	岩心编号	K_a (mD)	K_o (mD)	K_{oa} (mD)	K_{oa}/K_o (%)
CMJ-1 体系	9—1	187.45	164.6	145.1	88.2
CMJ-2 体系	16—2	203.59	165.1	152.5	92.4

注：岩心 9-1 和 16-2 为吉林大情字地区油田储层的天然岩心。

八、沉降稳定性

实验使用 MA-2000 型近红外分散稳定性扫描仪对水基成膜钻井液体系的稳定性进行分析，该仪器主要是用于分析流体的光学分散特性，近红外扫描仪简介及测量原理如下：

近红外扫描仪带有一个近红外线脉冲光源（波长 =850nm）和两个同步监测器（一个透射光监测和一个反射光监测器）。实验时将样品装入一只特制透明玻璃试管中，试管高为 150mm，而扫描仪最多只能测到 65mm 高度，因此，样品高度应低于 65mm，一般装到 50mm 左右。由于不同流体对光线的投射率和反射率，同一种流体的稳定性随时间而变化，其对光线的投射率和反射率也不同。近红外扫描仪不同流体根据这个原理进行测量。放入样品后，近红外线脉冲光源发出的光线直接射到样品上，一部分光线穿透样品，由投射光监测器接收；而另一部分光线则反射回来，由反射光监测器接收。这两个监测器将接收到的光线的不同强弱转换为数据信号，这些数据是监测器接收到的光线强弱与原发射光线强弱的一个比值，以百分比形式给出。对放入的样品高度，每隔 $40\mu m$ 纪录一个数据点。最后这些数据反馈到计算机上，由仪器附带的一套软件将其绘制成两条曲线（投射光线和反射光线）输出。因此，研究人员可根据这两条曲线对样品的稳定性进行分析。

实验方法：首先将近红外扫描仪开机预热 30min，将盛装样品的仪器专用试管洗净、烘干；把搅拌好的泡沫样品缓缓倒入试管约 8mm 长度，再将不小心沾到试管壁的液体擦干净（这一步很重要，目的是使结果更准确）；最后将试管放入仪器，并打开仪器的随机附带软件（TubiScanSoft），输入测量参数，如扫描高度、测定时间间隔等，然后开始扫描。

由图 3-13、图 3-14 可见，本项实验作了 14h 以内的近红外分散稳定性分析，反射光的波动范围在 2% 以内，因此该成膜水基钻井液密度的波动范围在 0.02g/L 以内，满足钻井液沉降稳定性的要求，适合钻井现场钻井的需要。

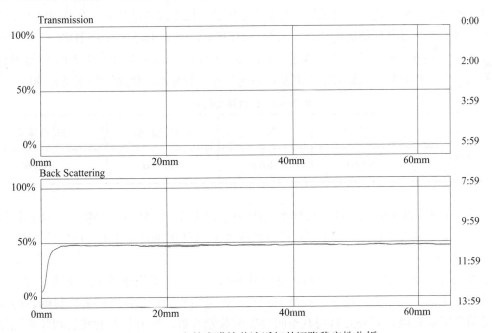

图 3-13　水基成膜钻井液近红外沉降稳定性分析

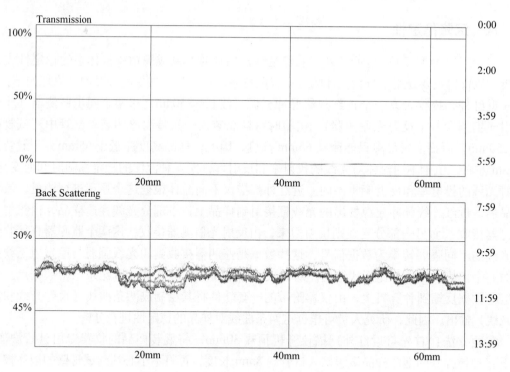

图 3-14　水基成膜钻井液近红外沉降稳定性分析

九、生物毒性

1. 毒性测试

体系生物毒性的大小取决于被测体系各组份自身毒性的高低，这表明若所建立的体系无毒，则必须是体系所含处理剂均无毒。为了建立满足环保要求的钻井液，对隔离膜水基钻井液中的几种处理剂及其所组成的体系，依据 GB/T15441-1994 标准，采用 DXY-2 生物毒性测试仪，用发光细菌法对其生物毒性进行了测定，以 EC_{50}（相对发光率为 50% 时被测物的浓度）大于 30000mg/L 作为钻井液单剂及体系允许排放的标准。检测结果见表 3-40。

表 3-40　毒性检验结果

项　目 毒　性	CMJ-1	CMJ-2	CMJ-1 体系	CMJ-2 体系
EC_{50} （mg/L）	>50000	>40000	>100000	>100000

由 3-40 检测结果表明，这些处理剂（JH-1、CFJ-1、CMJ-1、CMJ-2）及它们构成的隔离膜水基钻井液体系均达到了建议排放标准大于 30000mg/L 的要求，均属于无毒。

2. 荧光强度

钻井的目的是发现并打开油气层，建立井底与油层的良好连通通道。在钻井过程中及时准确地识别油气显示则是地质工程师的职责，也是钻井特别是探井的最终目的。而大部分钻井液添加剂在吸收紫外光后均有不同程度的荧光发射，发射荧光的波长和荧光强度因添加剂种类、分子结构以及添加剂所处的钻井液体系类型不同而存在较大差异。如果钻井液添加剂的荧光强度较高，必然会影响原油的荧光显示。因此，需要在模拟现场条件下，考察添加剂种类和用量（浓度）与其对荧光特性关系以及对原油荧光显示的影响程度，以便对添加剂进行筛选。在其它性能和价格相近的情况下，优先选择低荧光级别和荧光强度的处理剂，为确定最佳钻井液体系提供依据，达到既能保证钻井施工的顺利进行，又能及时发现原油荧光显示的最终目的。

一般情况下，岩屑荧光录井要求钻井液添加剂及钻井液体系本身的荧光强度越低越好，这就要求用来配制钻井液的各种添加剂不仅具有良好的性能，而且荧光强度应尽可能低。荧光的发射及荧光强度首先取决于发射荧光物质的分子结构，当处理剂分子结构中具有 π 电子的共轭双键、苯环或稠环结构的生荧团时，分子受到一定波长的光线照射时，吸收能量而处于不稳定的电子激发态，电子向基态或较低的电子跃迁时便产生了分子荧光，由此可见，物质发射分子荧光的一个先决条件就是分子结构中必须含有生荧团，石油及钻井液添加剂中存在生荧团的化合物主要是芳烃和共轭烯烃。目前用于评价钻井液添加剂荧光的方法主要有：紫外灯目测法和定量荧光分析方法。使用紫外灯目测法，在技术上很难准确分辨 7 级以下的荧光，而且人为影响因素大，测试结果缺乏客观性；定量荧光分析法更具科学性和实用性，有利于提高地质荧光录井水平，确保钻井生产和原油勘探的顺利进行。运用 OFA 型定量荧光测定仪测试了隔离膜钻井液添加剂及其体系的荧光性能，结果均无荧光，完全可满足地质录井和测井的要求。

第五节　膜清除方法与清除剂

一、膜清除方法

在钻井过程中，钻井液钻进储层时，钻井液中的液相通过渗滤作用发生滤失，钻井液中的细颗粒固相则侵入地层一定深度形成内泥饼，较大颗粒的固相则附着在井壁上形成所谓的外泥饼。在钻井和完井期间，泥饼可以有效地减小钻井液和完井液的液体漏失和防止钻井液中的固体浸入到地层中，但是，在油井投产后，泥饼（特别是内泥饼）严重地降低了近井壁地带的渗透率，大大增加了地层油气向井眼汇集的阻力，从而影响油气井的产能，所了为了在生产过程中增大流动面积、减小表皮效应以及降低油流阻力，泥饼必须被清除。

通常情况下，泥饼在生产过程中会由于压力下降而被清除，然而实际观察到只有很少一部分的泥饼在此期间被清除掉，大部分仍残留在井壁上。因此，一般需要用适当的酸液和氧化剂等来改善泥饼的清除效果，提高生产效率。目前清除泥饼的方法主要有物理法和化学法，本文主要运用化学法来清除隔离膜水基钻井液所形成的膜结构滤饼。根据国内外文献调研和室内实验研究发现，最有效的化学法是酸化和氧化相结合，即二元复合滤饼清除法。在实验条件下，利用酸和起氧化作用的溶液进行净化清洗效果很好，这是因为泥饼与活性溶液很容易接触。根据成膜封堵剂的化学特性剂分子结构，综合考虑配方中的其他因素，通过反复实验，最后选定两套氧化型清除液配方 CD-1 和 CD-2 来解除膜结构滤饼。

CD-1：水 +5%H_2O_2+2%NaOH+ 铁离子稳定剂（适量）；

CD-2：水 +5%NaClO+2%HCl+ 铁离子稳定剂（适量）；

加入铁离子稳定剂的目的是避免清除液所带来的腐蚀问题。

二、膜结构滤饼清除率

1. 钻井液滤饼清除实验

滤饼清除率 ER（Eliminate Rate）的测定实验方法：

（1）用钻井液（或钻开液）做完 API 滤失量或 HTHP 滤失量后的滤饼，在 80°C±1°C 条件下烘干 4 小时（连同滤纸），取出放入干燥器中，冷却 20 分钟后准确称重（准至 0.1mg），记录为 W'，用 W' 减去在相同条件下烘干的空白滤纸的质量，得到 W_1（即滤饼与清除液反应前的质量）；

（2）将称重后的滤饼（连同滤纸）放入盛有 50mL 滤饼清除液的瓷坩锅内，在 80°C±1°C 的恒温水浴中反应 2 小时（反应开始后，记录前 20min 现象）；

（3）2 小时后，从清除液中取出反应后的剩余滤饼（连同滤纸），放入玻璃表面皿中，在 80±1°C 条件下烘干 4h，取出放入干燥器中，冷却 20min 后准确称重（准至 0.1mg），记录为 W''，用 W'' 减去在相同条件下烘干的空白滤纸的质量，得到 W_2（滤饼与清除液反应后的质量）；

（4）按式（3-15）计算滤饼清除率（ER）：

$$ER = \frac{W_1 - W_2}{W_1} \times 100\% \tag{3-15}$$

2. 钻井液滤饼清除实验结果

钻井液滤饼清除实验实验结果见表 3-41。结果表明，对于 CMJ-1 体系，用 CD-2 泥饼清除液清除 HTHP 动态泥饼效果优于用 CD-1 泥饼清除液清除 HTHP 静态泥饼；对于 CMJ-1 体系，同样具有上述规律，CD-2 泥饼清除液清除率可达 80% 以上。

表 3-41　膜结构泥饼清除实验记录

体系	所用清除液	G_0 (g)	G_1 (g)	G_{01} (g)	G_2 (g)	ER (%)	滤纸烘干重量 (g)
CMJ-1 体系 HTHP 膜结构泥饼（静态）	CD-1	0.997	0.771	0.473	0.207	73.2	0.266
CMJ-1 体系 HTHP 膜结构泥饼（动态）	CD-2	1.378	1.112	0.475	0.209	81.2	0.266
CMJ-2 体系 HTHP 膜结构泥饼（静态）	CD-1	1.092	0.826	0.432	0.166	79.9	0.266
CMJ-2 体系 HTHP 膜结构泥饼（动态）	CD-2	1.444	1.178	0.453	0.187	84.1	0.266

3. 实验现象分析

（1）用 H_2O_2/NaOH 组合清除液清除泥饼实验时，可以观察到 H_2O_2 所表现出来的强氧化性，反应速度很快，且清除效果也比较好，15min 后泥饼从滤纸上开始脱落，2h 后泥饼几乎完全脱落，而且温度对反应速度的影响较大，高温时清除效果相对较好。

（2）用 NaClO/HCl 组合清除液清除泥饼实验时，可以观察到反应初期泥饼表面开始起泡，有刺激性气味的气体产生，5min 开始分层，20min 后几乎没有明显的反应现象，此时泥饼已经完全脱落，温度对反应速度的影响不大。

三、清除机理

隔离膜水基钻井液所形成的泥饼都是聚合物和黏土片等，形成的多组分复杂体系在井壁或近井壁地带沉积而成的，所以破坏泥饼中的骨架颗粒以及用以连结颗粒的聚合物则是清除泥饼的关键所在。一旦起联结作用的聚合物高分子和骨架颗粒被破坏，泥饼强度就会大大降低，就能很容易的被地层流体返排出来。酸化可以有效地清除泥饼中的骨架颗粒，但不能清除聚合物，而清除聚合物的有效办法就是通过氧化降解，在 NaClO/HCl 组合清除液中 NaClO 具有强氧化性，它与 HCl 接触后，生成少量的水合氯，再生成二氧化氯（ClO_2），ClO_2 是一种具有氯的刺激性气味的强氧化剂，它的氧化能力是氯气 2.63 倍，虽然在 NaClO/HCl 组合中生成的 ClO_2 量很少，但在膜结构泥饼清除中却起了很大的作用，加之 NaClO 的强氧化性氧化膜结构泥饼中的有机处理剂，所以 NaClO/HCl 组合液具有很强的清除效果。

第六节　隔离膜水基钻井液作用机理

一、隔离膜剂作用机理

隔离膜剂 CMJ-1、CMJ-2 和磺化沥青 FT-1 在淡水浆中经高温高压后的滤饼经过液氮冷冻，临界点干燥后，制成扫描电镜（SEM）分析样品，对滤饼的表面形态、内部结构进行扫描放大分析研究。表面形态是采用二次电子图像进行观察研究的，配合能谱和波谱研究滤饼的结构组成。图 3-15 至图 3-20 便是高温高压后滤饼的表面结构，能观察到表面较致密，大的固相颗粒较少，并且能清晰地看到，存在着大块的膜结构，这种结构可阻止水分子向泥页岩内渗透，阻止了滤液向地层渗透，从而降低了泥页岩的水化膨胀、分散作用，能有效防止井壁坍塌，稳定井壁和保护油气层。

隔离膜剂 CMJ-1、CMJ-2 具有特殊的分子结构，它们的分子主链以碳链为主，侧链上含有众多的磺酸根基团、羟基或胺基。磺酸根基、胺基电荷密度高，水化性强，对外界阳离子的进攻不敏感。这些基团作为支链化的结构可以增大空间位阻，使主链的刚性增强，有利于抗温能力的提高。侧链羟基、胺基与黏土矿物既有吸附作用，又能够与黏土颗粒形成氢键，并且容易在井壁上形成一层不透水隔离膜，阻止了滤液向地层渗透，从而降低了泥页岩的水化膨胀、分散作用，能有效防止井壁坍塌，保护油气层。

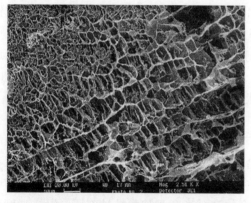

图 3-15　CMJ-1 膜结构图（2510 倍）

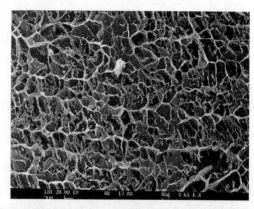

图 3-16　CMJ-1 膜结构图（4610 倍）

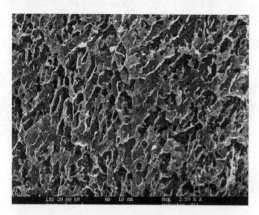

图 3-17　CMJ-2 膜结构图（2590 倍）

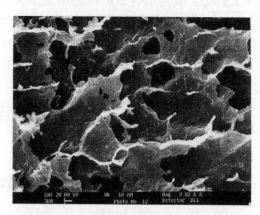

图 3-18　CMJ-2 膜结构图（3820 倍）

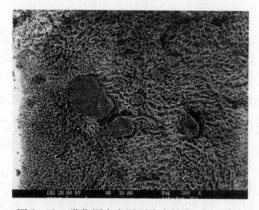

图 3-19　磺化沥青在泥页岩上堆积（300 倍）

图 3-20　磺化沥青在泥页岩上堆积（2190 倍）

二、隔离膜水基钻井液对页岩及砂岩地层的稳定机理

隔离膜水基钻井液在钻井液柱压力和地层渗透作用下，在强水敏性（软泥岩）地层井壁瞬间成膜（隔离膜），通过范德华力和氢键作用使其牢牢的结合（吸附）并紧贴在井壁上，形成致密保护层，阻止水（滤液）及钻井液进入地层，从而防止井眼缩径；在弱水敏

性（破碎性或硬脆性泥岩）地层井壁上同样瞬间成膜（隔离膜），若不存在微裂缝、微裂隙，在井壁上形成的是以外泥饼的形式存在的膜结构，这种膜结构的韧性和强度很好，其牢牢的结合（吸附）并紧贴在井壁上，形成致密保护层，阻止水（滤液）及钻井液进入地层，提高地层的承压能力，防止井眼垮塌、掉块，从而预防了诱导裂缝的形成。所以，无论对于强水敏性地层或弱水敏性地层，隔离膜水基钻井液体系均是在井壁上形成一种有效的膜结构封堵层，阻止钻井液及滤液向井壁的渗漏（滤失），使井内外的压差为零，从而保证了井壁稳定。

三、隔离膜水基钻井液对微裂缝性地层的稳定机理及保护储层机理

裂缝性地层尤其是微裂缝地层是硬脆性地层或破碎性地层井壁失稳的主要隐患。当岩石受到的应力作用大小达到颗粒的抗压强度后，岩石开始产生微裂缝，并在应力相对集中的区域微裂缝密度较大。应力进一步增加时，在这一区域产生宏观破裂，显裂缝形成。因此微裂缝周围具有密度较大的微裂缝带。若是钻井液的失水造壁性控制不当，或钻井液的密度过高都会增加井壁失稳的危险，同时也对油气层造成伤害。图 3-21 是裂缝性页岩地层井壁失稳和储层伤害示意图。

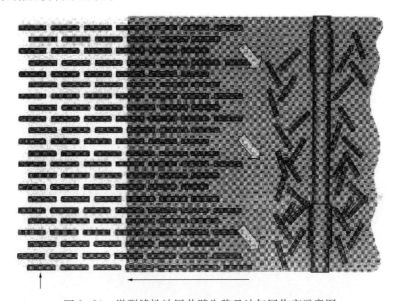

图 3-21　微裂缝性地层井壁失稳及油气层伤害示意图

由图 3-21 可以看出，因钻井液的降滤失性能控制不当，或钻井液的密度过高都会增加井壁失稳的危险，可能导致井壁坍塌、钻屑聚集、卡钻、测井曲线不准确、酸洗效果不佳等问题，同时对油气层造成伤害。所以，在微裂缝、微裂隙地层，隔离膜结构以内泥饼和外泥饼形式存在，内泥饼与地层岩石发生强烈的相互作用，具有强的韧性和强度，形成浅封堵层，填充并修复微裂缝、微裂隙，增强微裂缝、微裂隙间的结合力，配合以外泥饼形式存在的膜，使微裂缝、微裂隙完全闭合，形成致密保护层，阻止水（滤液）及钻井液进入地层，大大提高钻井液的承压能力，阻止井眼垮塌、掉块，即使在高密度钻井液柱作用下，也难以撑开微裂缝、微裂隙，从而预防诱导裂缝的形成和井漏的发生。所以，应用

隔离膜水基钻井液严格控制体系的失水造壁性能够在滤饼上形成一层致密的隔离膜，减少或阻止滤液或其他固体侵入地层，使地层的侵入深度降到最小（图 3-22），达到稳定井壁和保护储层的目的。

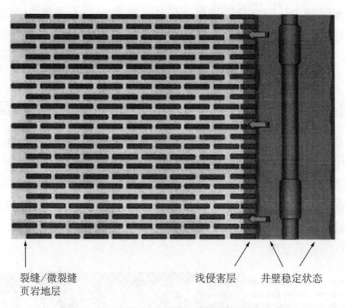

裂缝/微裂缝　　　　　　　浅侵害层　　井壁稳定状态
页岩地层

图 3-22　隔离膜水基钻井液稳定井壁示意图

第四章　超低渗透膜水基钻井液理论与技术

随着世界石油工业的迅速发展，石油勘探开发的领域不断扩展，钻井的数量和深度均显著增加，所钻遇的地层更加复杂多样，裸眼也越来越长，采用传统钻井技术可能引起压差卡钻、严重井漏、井塌及储层伤害等突出问题，对钻井液性能要求也更高。在此背景下提出了超低渗透膜水基钻井液技术。

超低渗透膜水基钻井液主要利用界面化学原理，能在井壁岩石表面形成超低渗透性薄膜，阻缓或防止钻井液进入地层，该密封膜的独特性在于它的可逆性，即在负压条件下，密封膜容易脱离井壁岩石表面，对储层伤害较轻。由于能形成低渗透封闭层，使得超低渗透膜钻井液具有防止易碎地层压力传递及破裂的能力，有效提高了破裂压力梯度，拓宽了安全钻井密度窗口，不仅适用于微裂缝地层钻井（形成对微裂缝性地层的有效封堵），且可改善枯竭带、疏松砂岩等地层的钻井液性能。

第一节　超低渗透膜水基钻井液基础理论

一、超低渗透膜钻井液的提出

通过对钻井液技术的研究和实践，人们逐渐认识到，要更好地解决井下复杂情况、提高钻井速度、降低钻井成本、防止油层伤害，以提高勘探开发效益，必然对钻井液性能提出更高的要求。首先，钻井液对地层的侵入量少，这是防止各种复杂情况的基本前提；其次，钻井液必须与储层岩石及流体性质配伍，避免伤害油气层；第三，钻井液形成泥饼速度快，能稳定井壁、防漏防卡，并减轻滤液及固相对储层的伤害；第四，不但泥饼渗透率要低，而且要求对储层及完井工具不造成堵塞，这就要求在钻完井液要能快速形成泥饼，而完井后内外泥饼又要易于清除。因此，在研制出超低渗透钻井液处理剂的基础上，提出并发展了超低渗膜水基钻井液理论与技术。

二、超低渗透膜的形成

为形成对孔喉或裂缝的致密封堵，一般使用桥塞材料和填充材料的组合，其中桥塞材料（颗粒状、纤维状、片状）由多级惰性物质组合而成，最后一级填充材料由可变形变软的物质组成。桥塞材料难以与孔喉或裂缝尺寸相匹配，而传统可变形变软物质如沥青、石蜡等，要么荧光级别高，要么软化点不合适达不到变形变软的封堵作用。因此，需研制出一种能自动封堵较宽范围孔喉或裂缝且具有可变形变软起密封作用的新型材料，这种材料可溶于水，在一定条件下能自动聚集在一起形成对孔缝的致密有效封堵。基于此，通过添加超低渗透处理剂，提出了可在孔缝表面形成超低渗透膜的基本构想。

超低渗透处理剂主要由特殊聚合物材料及惰性材料等混合组成。具有多种形状及多级尺寸分布的惰性材料通过物理作用在地层孔缝中形成具有一定强度的屏蔽层。特殊聚合物材料具有油溶和水溶两亲特性，加入到水基钻井液中时，能够在固液界面迅速大量吸附（即在井壁岩石表面），当达到临界浓度时，聚合物在岩石表面发生缔合，形成疏水微区，疏水微区有一个疏水的内核，由聚合物的疏水基团构成，外层由聚合物的亲水链段包裹，形成空间网络结构，从而达到稳定。随着聚合物浓度的增加，在固液界面（井壁）上形成大量胶团，并且聚合物由链内缔合发展到链间缔合，从而在岩石表面形成超低渗透封堵膜。超低渗透膜能自适应封堵井筒表面较大范围的孔喉或裂缝，并起支撑作用，阻止钻井液中的固相和液相进入储层，达到稳定井壁和保护储层的目的，超低渗透膜的形成过程如图4-1所示。

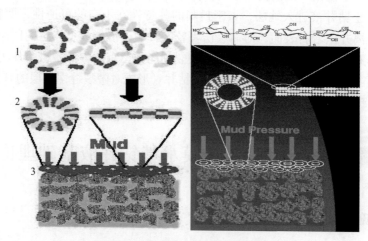

图4-1　超低渗透膜的形成过程

超低渗透膜封堵层具有二维无限性和一维有限性。这包含两重意义：一是聚合物胶团尺寸在平面方向可以变化，而厚度是有限定的，它受成膜分子长度的限制，不可能大于两倍分子伸展长度；二是成膜分子在膜面的二维空间内能够比较自由的运动，而在垂直于膜面的第三维空间内受到很大限制，这意味着构成聚合物胶团的两个定向单层的分子不容易发生交换，也意味着分子不容易穿过胶团层，因为任何分子要从其一侧穿到另一侧都必须既通过极性区又通过非极性区，不论极性分子还是非极性分子都难以做到这一点。

形成超低渗透膜的聚合物胶束易于变形，尺寸分布宽，能在更宽的孔缝尺寸和渗透率范围内起作用。这些胶束能在孔缝处快速形成超低渗透膜，显著降低钻井液的进一步侵入，且随着压力的增大，胶束可以被压缩，进一步减小超低渗透膜封堵层的渗透率，并可以在无需改变配方的情况下就能桥堵很宽范围内的孔缝分布，胶束颗粒在岩石表面或近表面快速架桥。形成的超低渗透膜具有防止易碎地层压力传递及破裂的能力，有效地提高了破裂压力梯度，拓宽了安全密度窗口，不仅适用于微裂缝地层钻井，而且改善了压力衰竭层、疏松砂岩等地层的稳定性，使得超低渗透膜钻井液技术具备很大的应用潜力。

同时，由于流体中胶束只有在高于聚合物临界浓度下存在，因而当接触洗井液或完井盐水及采油过程中与储层流体接触时，超低渗透膜易于被井内流体清除，渗透率恢复值较高，适合于储层堵漏。

三、超低渗透膜钻井液作用特征

1. 降低滤失、减小储层伤害

由于超低渗透膜钻井液中含有的聚合物聚集成可变形的胶束，钻井液从可透过的泥页岩渗透进去，这些胶束在泥页岩上迅速铺展开来并在孔喉处形成低渗透性的封闭膜，由此阻止了钻井液的进一步渗透。当钻井引起泥页岩产生裂缝时，超低渗透膜钻井液能填塞这些裂缝，并且钻井液在这些裂缝的空隙中或碎片的表面上产生表面张力，空隙或碎片越小，张力越大，由此可阻止钻井液滤失。在井壁表面形成致密无渗透封堵薄膜，有效封堵不同渗透性地层和微裂缝泥页岩地层，在井壁的外围形成保护层，钻井液及其滤液完全隔离，不会渗透到地层中，可以实现接近零滤失钻井，防止地层内黏土颗粒的运移，减小钻井液对储层的伤害，保护油气层。

2. 提高地层承压能力

在钻井施工过程中，由于井壁对钻具会产生各种摩擦力，这些摩擦力通过钻杆而形成过平衡压力，过平衡压力又通过钻杆施加于井壁。如果无法减弱和消除对地层过平衡压力，势必会造成井壁坍塌和钻井液严重滤失。超低渗透膜钻井液具有较好封堵性能，其形成的封堵层在高的过平衡压力作用下可继续发挥作用，可将过平衡压力消除到零，压力不被传送到地层，通过有效封堵地层，钻杆不会由于过平衡压力而冲击井壁，可有效提高地层破裂压力。在这种情况下，由过平衡压力产生的摩擦力被削减到零，故而不会造成井壁坍塌和钻井液严重滤失。

3. 消除压差卡钻

压差是钻井液柱压力与地层孔隙之差值大小，是作用于钻铤而压紧在泥饼上的侧压力值，压差愈大，愈容易发生卡钻，见图4-2。一旦钻杆与易渗透地层接触，钻井液产生的过平衡压力就会作用到钻杆上，钻杆顶靠井壁引起卡钻。在差压卡钻的情形中，一个重要的影响因素是钻井液形成泥饼的性能，如果泥饼厚，钻杆上的泥饼会越来越多，则较之于薄泥饼易于卡钻。超低渗透膜钻井液可形成超低渗透封堵膜，相当于在井壁表面形成一层屏障，钻井液的滤失量非常低，泥饼厚度不象大多数传统钻井液那样迅速增厚，压差没有传递到地层，见图4-3，此时，可以大大降低压差卡钻的风险。

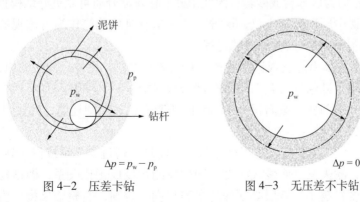

图 4-2　压差卡钻　　　　　　　图 4-3　无压差不卡钻

4. 防漏堵漏作用

超低渗透膜钻井液形成超低渗透封堵膜，该封堵膜在弱地层原生裂缝处形成一个屏障，且能膨胀变大限制渗透，当摩擦系数大于井眼压力处的深度时，薄片吸入液体后膨胀，在漏失处锁住堵漏材料，压力从颗粒中挤出滤液，由于堵漏材料的去水化，所以在漏失处，封堵效果更好。水基钻井液中加入 50ppb 的超低渗透封堵剂来配制不同胀流性钻井液，钻井液的胀流性使其粘在一起，当胀流性钻井液进入滤失区时，随流速增加，其黏度进一步增大。通过在滤失区的增稠，渗漏进地层的一小部分钻井液停留在原地，其结果是架桥的固体可抗 6.9MPa 压差。

5. 形成泡沫桥塞

超低渗透膜钻井液含有气泡和泡沫，这些气泡和泡沫可使过平衡压力降到最低，并且气泡和泡沫可桥塞各种口径的孔道，阻止了钻井液的渗漏，防止了地层层理裂隙的扩大和井下复杂情况的发生。

第二节　超低渗透膜水基钻井液评价方法

可用于评价超低渗透膜钻井液特性的实验方法主要有以下几种：可视中压砂床滤失仪、高温高压砂层滤失仪、膜结构密封度及承压效果实验、封堵裂缝性能实验、岩心降滤失评价实验及压力传递实验方法。

一、可视中压砂床滤失仪与实验方法

钻井液滤失量是钻井液性能的重要指标。几十年来，滤纸是测试钻井液滤失量的隔离介质，但是滤纸的孔隙是均质的，而地层孔隙是非均质的，因此用滤纸作为测试介质不能准确反映地层实际情况。

1952 年 Beeson 和 Wright 比较了分别用疏松砂岩（或胶结砂岩）与滤纸作渗滤介质的滤失实验，结果发现一种 API（用滤纸作隔离介质）滤失量为零的油基钻井液，在用疏松砂岩作渗滤介质的滤失实验中的滤失量很大，可见，用不同的渗滤介质评价同一种钻井液的滤失造壁性，其结果是完全不同的。于是，近年提出了用砂子作渗滤介质，由于钻井液接触的许多重要储层均为砂砾岩或砂岩，因此用砂岩作渗滤介质可以更好地模拟井下情况。在基础设计出了可视中压砂床滤失仪，这种方法采用有机玻璃筒作为可透视的钻井液杯，可在实验过程中清晰地观察到滤液的渗滤过程。

可视中压砂床滤失仪由可透视钻井渡杯（有机玻璃材料）组件、减压阀组件和支架等组成，如图 4-4 所示，其结构与青岛产 API 滤失仪 ZNS-5A（API）相似，钻井液罐换成壁厚 6mm，长 500cm，圆柱体截面积为 18cm² 的透明有机玻璃圆柱筒，外接设备与 ZNS-5A（API）相同，其主要技术参数见表 4-1。

可视中压砂床滤失仪主要特点是用砂床替代了滤纸，通过滤失量或侵入砂床的深度来反映钻井液的性能，滤失量（或侵入深度）随砂粒的粒度成正比关系，即砂粒粒度越小，滤失量（或侵入深度）越小。砂层必须保持平整规则，否则，实验结果将产生很大误差。

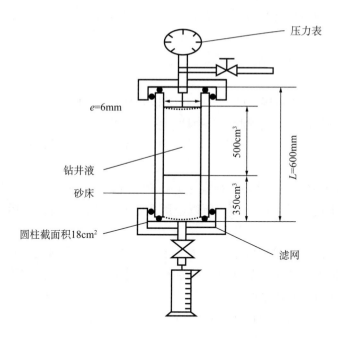

图 4-4　可视中压砂床滤失仪

表 4-1　可视中压砂床滤失仪主要技术参数

名称	技术参数
有效滤失面积（cm²）	18
工作压力（MPa）	0.7
标准滤砂注入量（cm³）	350
标准钻井液注入量（cm³）	500
外形尺寸（mm）	400×250×1100

砂粒粒度大小范围必须很窄，否则，实验结果重复性不理想。具体粒径大小可根据实验要求确定，图 4-5 描述了采用可视中压砂床滤失仪来测试钻井液对不同目数砂床滤失量（或侵入深度）的实验过程。

可视中压砂床滤失仪的安装及实验操作方法如下：

（1）确保钻井液杯各部件尤其是滤网清洁干燥、密封圈未变形或损坏；

（2）取出仪器支架部分，检查支架上钻井液杯顶盖内是否放入橡胶圈，将仪器放平；

（3）检查减压阀组件的气源接头内"O"型密封圈是否完好无损，将气源输气管的连接螺母接在减压阀组件气源接头上旋紧，调压手柄处于自由状态；

（4）将底盖内放入橡胶圈、滤网压圈，钻井液杯体上有两圆柱销使其对准底盖两开口，底盖放入后逆时针旋紧；

（5）根据实验要求，将一定质量、不同粒径的砂粒倒入钻井液杯内滤网之上，再将钻井液注入钻井液杯内砂粒之上；

（6）将注入钻井液的钻井液杯放于支架上，顺时针旋转手柄，使顶盖和钻井液筒垂直方向压合密封；

（7）将干燥的量筒放在排出管下面的量筒座上，调整量筒对准钻井液杯滤水出口处，用来接收滤液；

（8）将气瓶减压器与气瓶相接，调节气瓶减压器压力至 1.0MPa；

（9）顺时针方向慢慢旋转减压阀调压器手柄，将压力调至 0.7MPa；

（10）打开减压阀浮动阀芯，压力表指针波动或有气流声进入钻井液杯或通气管，滤失开始；

（11）钻井液在砂床中滤失 30min，观察渗透滤失情况，记录量筒中滤液的体积或滤液侵入砂床的深度，由于侵入深度不均匀，所以应测量不同位置的深度，最后取各深度的加权平均值；

（12）实验完毕，关闭减压阀浮动阀芯，此时钻井液杯内有余气排出，在确定杯内压力全部放掉的前提下，顺时针方向旋转手柄，提起钻井液杯顶盖从支架上取下钻井液杯，倒掉钻井液，小心的拆开钻井液杯组件；

（13）最后关闭总气源，打开减压阀阀芯，放掉系统内余气，松开减压阀组件和气瓶减压器调压手柄，使手柄处于自由状态。

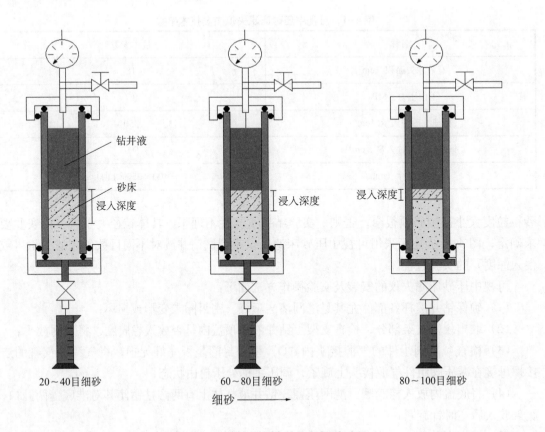

图 4-5 可视中压砂床滤失仪测试过程

二、高温高压砂床滤失仪与实验方法

高温高压砂床滤失仪是在 GGS71-A 型高温高压滤失仪的基础上改造而成，主要由改型钻井液杯（把原来非通孔的杯体变成通孔杯体）、加热套、回压接收器、温度控制部件、底座支架部件及气源管汇部件等组成，其主要技术参数见表 4-2。

表 4-2　高温高压砂床滤失仪主要技术参数

名称	技术参数
工作温度（℃）	≤ 150
钻井液杯工作压力（MPa）	4.2
回压器压力（MPa）	0.7
有效失水面积（cm²）	22.6
钻井液杯容量（mL）	250

高温高压砂床滤失仪的安装及实验操作方法如下：

（1）将温度计插入钻井液压滤器加热套的温度插孔中，接通电源，预热至略高于所需温度；

（2）在压滤器中加入一定粒径（按实验要求确定）的石英砂，尽量铺平；

（3）将钻井液缓慢而均匀的沿失水仪侧壁加入到杯中，至刻线，盖好杯盖，用螺丝固定；

（4）将上、下两个阀杆关紧，放进加热套中，慢慢旋转钻井液杯，使其置于定位销上，把另一温度计插入压滤器上部温度插孔中，装上回压接收器，插入固定销，并在上连通阀杆处安装三通，插入固定销；

（5）旋转调压手柄至 0.7MPa，逆时针旋松上连通阀杆，待杯内输入气体后，旋紧上连通阀杆；

（6）当温度升至所需温度时，调整调压手柄和回压手柄至所需压力，旋松上下连通阀杆，计时，开始滤失；

（7）滤失 30min 后，旋紧上下连通阀杆，收集余下滤液，松开调压手柄和回压手柄，放出管汇内余气；

（8）取出钻井液杯，冷却至室温，将钻井液杯直立，慢慢打开连通阀杆，放掉杯内余气，取下杯盖，倒出钻井液和砂粒，洗净、擦干各部件。

三、膜结构密封度及承压效果实验方法

在砂床滤失实验做完后，如果超低渗透膜钻井液能够有效封堵住砂床，则倒出钻井液，换作清水，按照测量 API 滤失量的实验方法加压，测定形成的超低渗透膜对清水的封堵能力，反映出膜结构的密封性及承压效果。

四、封堵裂缝性能实验方法

在配制好的基浆中，分别加入各种配比的超低渗透处理剂，装入 DLM-01 型堵漏装置

（华北油田钻井工艺研究院生产），并按照其操作规程，测定钻井液在不同温度下封堵裂缝的效果，如图4-6所示。

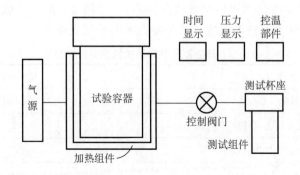

图4-6 DLM-01型堵漏模拟实验装置

封堵裂缝性能实验操作方法如下：

（1）关闭控制阀门，关闭面板上的进气阀、进水阀和卸压阀，拧下端盖，在试验容器内注入待试验的堵漏浆液约2000mL，拧紧端盖；

（2）选择模拟裂缝性漏层的钢板裂缝模块，将其放入测试杯内，组合为测试组件，将其向上插入测试杯座，旋转60°，在测试组件下放置承接漏失物的容器；

（3）打开气源调节阀，打开进气阀，根据试验需要向试验容器内加压，可以根据需要选择不同的压力点来记录漏失量的体积；

（4）待压力稳定后，开始试验，打开控制阀门，堵漏浆液通过阀门到达试验模块产生漏失，可根据需要记录漏失量由大到小所经历的时间；

（5）关闭气源调节阀，打开卸压阀卸压，关闭控制阀门，将测试组件旋转60°，向下拉出测试组件，倒去上部可流动的堵漏浆液，擦拭去掉外部粘附的残留物，将测试模块顶出测试杯；

（6）观察试验模块上堵漏剂的分布状态和封堵特征，根据分布位置、分布比例、疏密程度、封堵物聚集状况及漏失量体积等分析、评价模拟堵漏效果。

五、岩心降滤失评价实验方法

泥饼质量是反映钻井液性能的一个重要指标，特别是在钻遇渗透性、裂缝性地层时，泥饼质量对于地层的封堵性能、井壁稳定性和储层伤害具有重要影响。外泥饼经常受钻井液的流速、排量、钻头与钻具活动影响而破坏，而内泥饼不受这些因素的影响，因此，用内泥饼质量即测定剥离外泥饼后清水在岩心上滤失量或滤液进入岩心的深度及岩心承压能力的变化，能更好反映钻井液的降滤失效果及对地层封堵性能、井壁稳定和储层伤害的影响。

1. 岩心降滤失评价仪器

如图4-7所示仪器，为静态岩心流动试验装置改装而成，把岩心夹持器换成高温高压岩心夹持器，增加钻井液冷却及接收装置，其主要技术参数见表4-3。

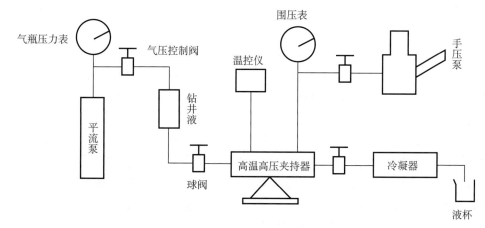

图 4-7　高温高压岩心滤失仪

表 4-3　高温高压岩心滤失仪主要技术参数

名称	技术参数
工作温度（℃）	室温～150
平流泵压力（MPa）	3.5～20
围压（MPa）	0～20
岩心规格	$\Phi25mm×60mm$
钻井液杯容量（mL）	500

2. 岩心滤失量测试方法

把岩心装入高温高压岩心夹持器中，加热至需要温度，把配制好的钻井液加入钻井液杯中，开冷凝器，手压泵加压至0.7MPa，开平流泵加压至4.2MPa，读取接液杯中的滤失量。如果没有滤失量，待高温高压岩心夹持器冷却后，取下岩心，量取滤液进入岩心的深度。

3. 岩心承压能力评价方法

把测试岩心滤失量后的岩心取下，轻轻刮下岩心表面的泥饼，重新装入岩心夹持器中，把钻井液杯中的钻井液换成清水，加压，开启平流泵，逐渐加压直至滤液接收杯中有液滴流出时，此时平流泵压力即为岩心的承压能力。

六、压力传递实验评价方法

1. 压力传递实验的意义及原理

岩样中流体迁移（滤失）速率取决于井内液柱压力与孔隙压力的差值 Δp、钻井液性能、井壁岩石的渗透率及钻井液—岩石两者间的物理化学—力学作用。由于泥页岩渗透率低，水力传导速率小，孔隙压力的变化不能迅速传递出去，因此，近井壁地带随着流体的迁移，井内液柱压力与孔隙压力的差值会趋近于零（正向／负向都有可能），在岩石渗透率一定的情况下，压力传递由井内液柱压力与孔隙压力的差值和钻井液性能来决定。钻井液进入泥页岩不仅能导致孔隙压力的上升，更重要的是引起泥页岩水化应力及力学参数的改变。

近几年，国外对孔隙压力传递实验研究特别重视，相继建立了不同的测试方法，有的学者提出压力传递实验应该作为防塌剂评选必备的实验方法，Bol 等在 1992 建立了一种微渗透测试仪，Mody 在 1993 采用 Oedometer 仪用于评价孔隙压力传递。研究表明，传统水基钻井液、高分子添加剂及低黏度盐水（如 KCl）不能有效降低页岩孔隙压力传递，而油基钻井液、低分子量增黏剂（如糖类、高黏盐水）及包被、成膜剂（如硅酸盐、多元醇）能有效降低页岩中孔隙压力传递作用。在完整泥页岩中，化学势差诱导水渗流作用明显，而在具有微裂缝的泥页岩中，化学势差诱导渗流作用完全被明显的水力压差流动作用所掩盖，在后者情况下只能靠高黏度或堵塞降低流体侵入和孔隙压力传递。孔隙压力传递（增加）总是先于流体侵入，而对完整泥页岩，通过选用能降低地层孔隙度和形成水反渗透流动（流出泥页岩）的水基钻井液，有助于保持井眼稳定。

所谓 PT 实验即水力压差传递实时检测技术，通过测定泥页岩水力压差传递规律，不仅攻克了极低泥页岩渗透率定量测定难题，同时也是评价钻井液阻止水侵入和压力传递的一种井壁稳定性实验研究新技术。

2. 压力传递实验装置

压力传递实验采用钻井液—泥页岩井壁稳定性水化 / 力学耦合模拟实验装置 SHM 仪，如图 4-8 所示，该仪器攻克了复杂高温高压釜体机械结构设计、三轴液压稳压系统设计、加温控制系统设计、试液循环系统设计以及计算机数据采集与处理系统设计等一系列技术难题，可自动连续记录压力、差压、应力及应变等信号，主要功能和技术指标均达到国外 Shell 研究中心同类仪器的水平。该仪器可用于定量测定极低泥页岩渗透率和泥页岩半透膜效率，研究钻井液 / 泥页岩渗流（透）机理和规律以及评价钻井液防塌作用机理等。

图 4-8　泥页岩井壁稳定性水化 / 力学耦合模拟实验装置

1）SHM 仪的组成

（1）高温高压釜体：由压力室，三轴岩样夹持器等组成，釜体是 SHM 仪的核心部分，要求其能耐压、耐温、保压精度高等，结构示意图如图4-9所示；（2）液压稳压系统：由电源、油压泵、磁助电接点压力表和压力控制台等组成；（3）试液循环系统：由电源、磁力驱动泵、耐腐蚀压力表等组成；（4）温度控制系统：由高级微机控温仪和高压釜体加热套等组成；（5）数据采集与处理系统：由SHM数据采集与处理微机、UPS、压力与压差传感器、应力应变仪、SHM数据采集与处理软件和操作平台等组成。

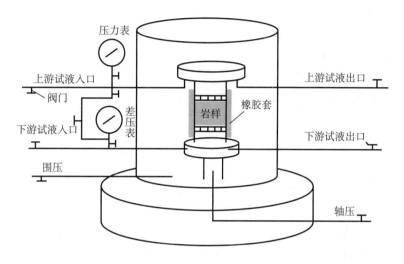

图4-9　高压釜结构原理

仪器整体采用台架式结构，压力室安装在台架上，台架上方用一抬升机构便于安装岩样，压力室由压力室体和底座组成。液压缸设在底座上，能显著简化结构，试液分别由两台低压泵向三轴室提供液体，低压泵选用磁力驱动泵。加温系统由加温管对压力室直接加温，它由微机温控仪及显示系统组成。选用PT100高精度铂热电阻作感温元件，在0~150℃内线性好，精度高，适于低温高精度控温系统，微机控温仪主电路采用单相相控电路，该电路具有无触点、无噪声、控温灵敏、可靠性高等特点。

2）SHM仪主要技术指标（表4）

表4-4　SHM仪 主要技术指标

轴压（MPa）	围压（MPa）	试液压力（MPa）	压力传感器（MPa）	差压传感器（MPa）	温度（℃）
0~50	0~50	0~35	0~10	0~3.5	室温~150

数据采集微机可同时自动连续记录压力、差压、应力、应变等信号，数据记录、实时显示、存盘、回放等功能较完善。

3. 利用压力传递实验定量确定泥页岩渗透率公式

假设钻井液与孔隙流体之间的微渗透作用仍然遵循达西定律，则根据达西定律和压力扩散方程，可推导出泥页岩的渗透率公式。

$$K = \frac{\mu\beta Vl}{A} \times \frac{\Delta \ln\left(\dfrac{p_{\mathrm{m}} - p_{\mathrm{o}}}{p_{\mathrm{m}} - p(l,t)}\right)}{\Delta t} \qquad (4-1)$$

式中　μ——流体黏度，mPa·s；

$\quad\quad\beta$——流体静态压缩率；

$\quad\quad V$——下游管路体积，cm^3；

$\quad\quad l$——岩样长度，cm；

$\quad\quad A$——岩样横截面积，cm^2；

$\quad\quad\Delta t$——时间差，s；

$\quad\quad p_{\mathrm{m}}$——上游流体压力，Pa；

$\quad\quad p_{\mathrm{o}}$——孔隙压力，Pa；

$\quad\quad p\,(l,\,t)$——岩样下端 t 时刻压力，Pa。

当取定自时刻 t_1 至 t_2 渗透过程进行计算，则式（2-1）变为以下计算式：

$$K = \frac{\mu\beta Vl}{A} \times \frac{\ln\left(\dfrac{p_{\mathrm{m}}-p_0}{p_{\mathrm{m}}-p(l,t_2)}\right) - \ln\left(\dfrac{p_{\mathrm{m}}-p_0}{p_{\mathrm{m}}-p(l,t_1)}\right)}{t_2-t_1} \tag{4-2}$$

实验时，首先在岩样上下两端建立初始压差（$\Delta p = p_{\pm} - p_{\mathrm{F}}$），在保持上游压力 $p_{\pm}$ 不变的条件下，通过压力传感器和差压传感器实时检测岩样下游流体的动态压力变化，通过下游压力的变化大小，可判断岩心阻缓压力传递能力的大小，如图4-10所示。

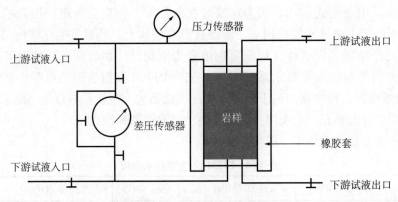

图 4-10　压力传递原理示意图

4. 压力传递实验用于评价超低渗透膜钻井液

可以把 PT 实验技术引入到超低渗透膜钻井液评价中，通过测定岩样的渗透率和监测压力传递规律来评价超低渗透膜钻井液在泥页岩上阻缓压力传递的能力。主要的实验步骤如下：

（1）地层水饱和平衡岩样，恢复岩样原始地层含水状态；

（2）地层水/岩样/地层水作用条件下的 PT 实验，测定岩样的初始渗透率；

（3）配制超低渗透膜钻井液，进行压力传递 PT 实验。

测定岩样渗透率，评价阻缓压力传递效果，可通过比较超低渗透膜钻井液与地层水的渗透率，监测压力的动态变化来评价其性质。

第三节　超低渗透膜钻井液处理剂

形成超低渗透膜钻井液体系的关键在于添加一定加量的超低渗透膜钻井液处理剂，超低渗透处理剂主要由植物衍生物形成的混合物、有机合成聚合物、改性聚合物及惰性材料等混合而成。

一、超低渗透处理剂的性能要求

针对目前多数封堵材料存在的一些问题，如对储层伤害严重、堵塞强度不高、提高地层抗压能力效果不理想及对疏松地层起不到加固作用等，提出超低渗透剂应满足如下性能要求：

（1）具备部分油溶与水溶性，具备双亲分子结构的聚合物是关键，要求聚合物在水基钻井液中能迅速聚集形成胶束，在井壁岩石表面形成超低渗透膜；

（2）选择适量能够进一步加固地层、提高地层承压能力的惰性材料，提高封堵效果，具有封堵与化学抑制协同作用，防塌效果理想；

（3）含可变形粒子，且粒径分布范围较宽，可用于封堵较大尺寸范围的微裂缝和孔隙；

（4）形成的超低渗透膜能够隔离地层中的流体和井眼压力，允许提高钻井液液柱压力的过平衡程度，相当于扩大钻井液安全密度窗口，同时在后期开采过程中超低渗透膜易于清除，使得储层渗透率恢复值高，保护储层效果好；

（5）尽可能快速的形成渗透率很低的封堵层，以阻止流体侵入地层，满足多套压力层系、不同岩性地层的应用；

（6）在较低浓度下就应有明显效果，能与多数水基钻井液体系配伍且易于维护，满足环保要求。

二、能形成超低渗透膜的聚合物特征

超低渗透处理剂的关键在于研制出分子结构中同时含有亲水基团和疏水基团的双亲聚合物材料，此类聚合物又称为高分子表面活性剂，其在水溶液中通过分子内疏水基团间缔合形成可变形胶束，构成封堵膜来封堵地层孔隙或裂缝。

对于表面活性剂分子几何特性，定义了几何排列参数 P

$$P = V_C / A_o l_C$$

式中　V_C——疏水基体积；

$\quad\quad l_C$——疏水基碳氢链长度，其值不超过碳氢链的伸展长度；

$\quad\quad A_o$——亲水基在紧密排列的单层中平均占有面积。

当 $P \leqslant 1/3$ 时，体系形成球形胶束；$1/3 < P \leqslant 1/2$ 时，形成不对称形状的胶束，包括椭球、扁球及棒状结构；$1/2 < P \leqslant 1$，体系将形成具有不同程度弯曲的双分子层；当 $P > 1$ 时，聚集体将反过来以疏水基包裹亲水基。

借鉴表面活性剂几何排列参数定义，超低渗透处理剂中双亲聚合物材料的临界排列参数 P 应接近1，如具有较小的亲水基或两条较长的疏水链的聚合物。

因此，形成超低渗透膜的聚合物材料在分子结构上，通过引入疏水、亲水基团，形成亲水性大分子链上带有少量疏水基团的水溶性聚合物，满足临界排列参数接近1的要求，且主要以分子内缔合为主，尽量控制分子间缔合，避免形成一种动态物理交联网络结构而影响其在钻井液中的性能。该两亲结构的聚合物在水溶液中时，疏水基团相互缔合，带电离子基团产生静电排斥与吸引作用，使大分子链产生分子内或分子间的缔合作用，形成各种不同形态的胶束网状结构。

在水基钻井液中加入一定加量的该两亲结构的聚合物材料后，其能够迅速在固液界面吸附（即在井壁岩石表面），并在岩石表面附近发生缔合，形成由聚合物的疏水基团构成的疏水微区，外层由聚合物的亲水链段包裹，且形成定向排列的双分子层，并以这种方式向空间纵深延展，形成空间网络结构。随着聚合物浓度的增加，双分子层还可以形成球形聚集体，并且聚合物由链内缔合发展到链间缔合，从而在岩石表面形成封堵膜，阻缓流体或压力侵入地层。

三、超低渗透处理剂的组成

1. 胶束聚合物

从天然产物中提取出的两性聚合物，由几种植物衍生物加工混合而成，易溶于非极性溶剂，在水中只溶胀不溶解。从分子结构上看，胶束聚合物带有两条较长的碳氢链和较大的亲水基团，易于形成胶束双分子层，可以阻止流体侵入地层。胶束聚合物的制备方法有两种：一是化学法，即原料经真空脱水浓缩得浓缩产物，再经脱油、分离、干燥得粉状聚合物，粉状聚合物还可以通过其他方法去除杂质，提高纯度；二是超临界流体萃取法。

2. 可变形聚合物

该类聚合物主要是由烃类组成的复杂混合物，由于分子间的相互作用，各物质络合形成胶体，并可进一步簇集形成胶束，而且随着温度的升高会逐渐变软，提供可变形粒子封堵地层微裂缝和孔喉。

3. 有机合成聚合物

这是一类遇水膨胀而不溶解的聚合物，水溶性聚合物经过适当交联后制得，在水中膨胀速度快，膨胀倍数高，形成一种弹粘体，在高渗透层通过变形产生封堵层，控制滤液侵入。

4. 改性聚合物

高级脂肪醇树脂经水溶性加工而成，既有水溶组分，又有油溶组分，在不同温度下能形成韧性粒子，封闭地层微裂缝和渗透性地层孔喉，易生物降解、无毒。

5. 惰性材料

优选出合适的惰性材料作为超低渗透剂的复合添加材料，不与其他材料发生任何化学反应，通过物理封堵作用，能够提高超低渗透膜钻井液体系的稳定性，提高钻井液稳定地层的能力，同时还可以增强钻井液形成的泥饼与地层之间的胶结强度，与地层孔缝中的砂子、黏土胶结，从而提高井壁地层的破裂压力，保证在此基础上形成的超低渗透膜结构具有较强的承压能力。

利用正交实验，对胶束聚合物、可变形聚合物、有机合成聚合物、改性聚合物及惰性材料进行组合配方实验，研制出超低渗透处理剂 JYW—1 及 JYW—2。

四、超低渗透处理剂的配伍性

1. 室内实验

在配置好的钻井液中，加入一定量的超低渗透处理剂，室温养护 24h，测定钻井液的各项性能，结果见表 4—5。实验结果表明，几种超低渗透处理剂均具有一定的降滤失作用，在加量小于 1% 时对钻井液的性能影响较小。

表 4—5　几种零滤失井眼稳定剂 API 滤失量实验结果

配方	AV (mPa·s)	PV (mPa·s)	YP (Pa)	API FL (mL)
基浆	31	28	3	14.8
基浆 +1%JYW—1	31	28	3	10.2
基浆 +1%FLC2000	31	28	3	10.4
基浆 +1%JYW—2	31	28	3	14
基浆 +1%LCP2000	31	28	3	14.8

注：1. 基浆 4% 土 +0.5%FA367+0.8%NPAN+0.3%XY27+1%FT—1+0.3%CSW—1+5%BaSO₄；
　　2. FLC2000、LCP2000：美国得威公司滤失控制稳定剂和井眼稳定剂。

2. 现场钻井液

表 4—6 是大港油田 1—64 井井深 1100m、密度为 1.15g/cm³ 现场钻井液加入超低渗透处理剂前后钻井液的各项性能。实验结果表明，JYW—1、FLC2000 对现场钻井液性能影响不大，JYW—2 对现场钻井液有一定的降粘和降滤失作用。

表 4—6　现场钻井液配伍性实验结果

配方	AV (mPa·s)	PV (mPa·s)	YP (Pa)	API FL (mL)	HTHP FL 150℃ (mL)
基浆	26	20	6	3.2	25.6
基浆 +1%JYW—1	25.5	20	5.5	3.2	24.8
基浆 +1%FLC2000	18.5	15	3.5	3.6	25.6
基浆 +1%JYW—2	15.5	12	3.5	2.8	8.8
基浆 +1%LCP2000	14	11	3	2.8	26

第四节　超低渗透膜钻井液技术

一、封堵砂床效果

1. 可视中压砂床滤失量及膜结构密封度

1) 中压滤失量

表4-7是室内配制的聚合物钻井液及大港油田1-64井井深1100m现场钻井液加入超低渗透处理剂形成超低渗透膜钻井液后API滤失量与中压砂床滤失量实验对比实验结果。结果表明，中压砂床滤失量与API滤失量没有对应关系，砂床滤失量不是时间平方根的函数，超低渗透膜钻井液可以明显减轻钻井液对砂床的侵入深度，即现场应用中可减缓钻井液对地层的侵入。

表4-7　转换为超低渗透膜钻井液后的中压砂床滤失量实验对比结果

配方	AV (mPa·s)	YP (Pa)	API FL (mL)	(0.45～0.9mm) 砂床滤失量 (mL) 或进入深度 (cm)
基浆1	31	14	14.8	全失
基浆1+1%JYW-1	31	14	10.2	2.8
基浆1+1%FLC2000	31	14	10.4	3.5
基浆1+1%JYW-2	31	14	14	5.2
基浆1+1% LCP2000	31	14	14.8	5.7
基浆2	26	10	3.2	全失
基浆2+1%JYW-1	18.5	7.5	2.8	2.8
基浆2+1%FLC2000	14	5.5	3.6	5.0
基浆2+1%JYW-2	25.5	10	3.2	4.0
基浆2+1%LCP2000	16.5	6	5.2	5.4

注：1. 基浆1：4%土+0.5%FA367+0.8%NPAN+0.3%XY-27+1%FT-1+0.3%CSW-1+5%BaSO₄；

　　2. 基浆2：大港油田港1-64井，井深1100m，密度1.15g/cm³聚合物钻井液；

　　3. FLC2000、LCP2000：美国得威公司滤失控制稳定剂和井眼稳定剂。

2) 膜结构密封度

测试完中压滤失量后，倒出钻井液，缓慢倒入400mL清水，然后重新加压到0.7MPa，测定封闭膜对清水的封堵能力，实验结果见表4-8。本实验所用基浆是密度为1.028g/cm³的膨润土浆，实验用砂粒径为20～40目。结果表明，超低渗透膜钻井液在砂层表面形成了致密的封闭膜，能够封堵住清水漏失，超低渗透封闭膜在几分钟时间内就可以形成，速度很快，这可以阻止大部分滤液和固相颗粒的侵入地层。

表4-8　超低渗透钻井液封闭膜封堵清水实验结果

配方	不同时间滤失后封堵清水效果			
	2.5min	5min	10min	30min
基浆＋2%JYW-1	10min仍滴水缓慢，未大量漏失	10min仍滴水缓慢，未大量漏失	20min未滴清水	30min仍滴水缓慢，未大量漏失
基浆＋2%JYW-2	10min仍滴水缓慢，未大量漏失	10min仍滴水缓慢，未大量漏失	20min仍滴水缓慢，未大量漏失	30min仍滴水缓慢，未大量漏失
基浆＋2%FLC2000	10min仍滴水缓慢，未大量漏失	10min仍滴水缓慢，未大量漏失	20min未滴清水	30min仍滴水缓慢，未大量漏失

2. 高温高压砂床滤失量及膜结构密封度

1）高温高压滤失量

表4-9是室内配制的聚合物钻井液及大港油田1-64井井深1100m现场钻井液加入超低渗透处理剂形成超低渗透膜钻井液后高温高压滤失量与高温高压砂床滤失量实验对比结果。结果表明，砂床高温高压滤失量不是时间的平方根函数，与高温高压滤失量没有对应关系，超低渗透膜钻井液在高温高压条件下也可以减小高温高压砂床滤失量或侵入深度，能适合于深井高温高压条件下应用。

表4-9　转换为超低渗透膜钻井液后的高温高压砂床滤失量对比实验结果

配方	AV (mPa·s)	YP (Pa)	$HTHP\ FL$ (mL) 150℃	(0.45~0.9mm) 砂床 $HTHP.FL$ (mL) 150℃
基浆1	19	8.5	26	全失
基浆1+1%JYW-1	22.5	10	18	116
基浆1+1%FLC2000	20.5	9	28.8	全失
基浆1+1%JYW-1	24	10.5	24	全失
基浆1+1%LCP2000	18.5	8.5	22.4	全失
基浆2	26	10	25.6	全失
基浆2+1%JYW-1	25.5	10	17	32
基浆2+1%FLC2000	18.5	7.5	25.6	52
基浆2+2%JYW-2	16.5	6	8.8	0
基浆2+2%LCP2000	14	5.5	76	0

2）膜结构密封度

测试完高温高压滤失量后，倒出钻井液，缓慢倒入400mL清水，测定封闭膜对清水的封堵能力，实验结果见表4-10。该实验温度120℃，砂子粒径40~60目。结果表明，超低渗透膜钻井液形成的超低渗透封闭膜是具有压缩性的，压力越大，封闭膜越致密，封闭效果越好，封闭膜可压缩性强、致密、阻缓压力传递能力强。

表 4-10　不同压力下高温砂层滤失实验结果

配方	不同压力下实验结果		
	1MPa	2MPa	3MPa
基浆＋2%FLC2000	瞬间压力穿透	瞬间压力穿透	12min 压力穿透，滤失 34mL
基浆＋2%JYW-2	20min 压力穿透，滤失 31mL	28min 压力穿透，滤失 30mL	30min 压力未穿透，滤失 24mL
基浆＋2%JYW-1	30min 压力未穿透，滤失 36.5mL	30min 压力未穿透，滤失 32.4mL	30min 压力未穿透，滤失 29.8mL

3. 膜的酸化解堵性

在砂床滤失实验做完后，缓慢倒入 15%HCl，观察超低渗透膜酸化情况，结果图 4-11、图 4-12。结果表明，超低渗透膜钻井液形成很薄的不渗透膜具有较好地防止流体渗透的作用，同时封堵膜一旦被酸化，立刻解堵。

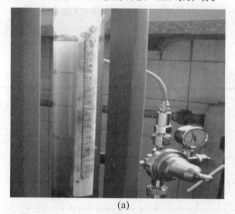

(a)　　　　　(b)

图 4-11　清水侵入不渗透膜实验

(a)　　　　　(b)　　　　　(c)

图 4-12　酸化后解堵效果

二、封堵裂缝效果

在配制好的基浆中，分别加入各种配比的超低渗透处理剂及其他处理剂，水化3～4h，装入DLM-01型堵漏模拟实验装置，并按照其操作规程，测定钻井液在不同温度下封堵裂缝的实验结果，见表4-11。结果表明，加入1.5%的超低渗透处理剂后形成的超低渗透膜钻井液能够封堵小于是1mm裂缝，抗温达150℃，对于2mm以上的裂缝，配合适量粒径大小合适的核桃壳等架桥粒子，就能达到良好的堵漏效果，抗温达150℃，且承压强度高，而仅用核桃壳无法达到堵漏效果。

表4-11　转换为超低渗透膜钻井液后在不同温度下封堵裂缝实验结果

配方	温度	裂缝宽度	不同压力下的漏失量（mL）		最高承压（MPa）
			0.7MPa	7MPa	
基浆 +1.5%JYW-2	80℃	1mm	100	300	8.4
基浆 +2.0%JYW-2	120℃	1mm	150	350	10.6
基浆 +2.5%JYW-2	150℃	1mm	200	375	11.6
基浆 +1.5%JYW-2+1.5% 核桃壳（0.9～2mm）	80℃	2mm	15	20	13.6
基浆 +1.5%JYW-2+1.5% 核桃壳（0.9～2mm）	100℃	2mm	250	350	12.4
基浆 +1.5%JYW-2+1.5% 核桃壳（0.9～2mm）	120℃	2mm	200	300	11.6
基浆 +1.5%JYW-2+1.5% 核桃壳（0.9～2mm）	150℃	2mm	200	250	10.7
基浆 +1.5%JYW-2+1.5% 核桃壳（2.0～3.2mm）	80℃	3mm	80	150	12.6
基浆 +1.5%JYW-2+1.5% 核桃壳（0.9～3.2mm）	100℃	3mm	100	200	11.2
基浆 +1.5%JYW-2+1.5% 核桃壳（0.9～3.2mm）	120℃	3mm	100	200	10.4
基浆 +1.5%JYW-2+1.5% 核桃壳（0.9～3.2mm）	150℃	3mm	200	300	9.6
基浆 +2.0%JYW-2+2.0% 核桃壳（0.9～4mm）	25℃	4mm	100	200	11.2
基浆 +2.0%JYW-2+2.0% 核桃壳（0.9～2mm）	150℃	4mm	250	360	7.8
基浆 +2.0% 核桃壳（0.9～4mm）	25℃	4mm	全漏		失败

注：基浆：4%+0.5%FA367+0.8%NPAN+0.3%XY27+1%FT-1+0.3%CSW-1+15% 重晶石。

三、岩心滤失量及承压能力

1. 高温高压岩心滤失量

表4-12是室内配制的聚合物钻井液及大港油田1-64井井深1100m现场钻井液加入超低渗透处理剂形成超低渗透膜钻井液后高温高压岩心滤失量实验结果。结果表明，岩心高温高压滤失量与滤纸API滤失量及高温高压滤失量没有对应关系，而与砂床上的滤失规

律更加接近，超低渗透膜钻井液能有效减小钻井液滤液侵入岩心的深度。

表 4-12　转换为超低渗透膜钻井液后的高温高压岩心滤失量实验结果

配方	滤失量（mL）	进入岩心深度（cm）
基浆 1	8	
基浆 1+1%JYW-1	0	0.8
基浆 1+FLC2000	0	2.0
基浆 1+JYW-2	0	2.1
基浆 1+1%LCP2000	0	2.6
基浆 2	4	
基浆 2+1%JYW-1	0	0.6
基浆 2+1%FLC2000	0	1.6
基浆 2+2%JYW-2	0	1.9
基浆 2+2%LCP2000	0	2.2

2. 钻井液滤液渗透与时间的关系

超低渗透膜钻井液滤液进入岩心深度与时间的关系见图 4-13。结果表明，钻井液滤液进入岩心深度是时间平方根的函数，而超低渗透膜钻井液进入岩心深度不是时间平方根的函数。超低渗透膜钻井液在在井壁岩石表面形成致密超低渗透封堵膜，有效封堵不同渗透性地层，在井壁表层很浅的地方很快（形成井壁的同时）形成渗透率为零的封堵层。在很短的时间内钻井液滤液进入岩心深度达到一个定值且滤液进入岩心深度很浅。

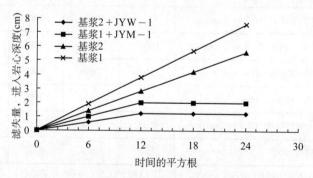

图 4-13　钻井液滤液进入岩心深度与时间的关系曲线

注：基浆 1，4% 土 +0.5%FA367+0.8%NPAN+0.3%XY27+1%FT-1+0.3%CSW-1；
　　基浆 2，基浆 1+15% 重晶石。

3. 岩心承压能力

聚合物钻井液及正电胶钻井液中加入超低渗透处理剂形成超低渗透膜钻井液后的岩心滤失量及承压能力实验结果见表 4-13。结果表明，超低渗透膜钻井液可以降低岩心滤失量，并增强岩心内泥饼强度，在现场应用中，可有效封堵不同渗透性地层和微裂缝泥页岩地层。

表4-13 转换为超低渗透膜钻井液后对岩心承压能力的影响

岩心类型	钻井液	岩心滤失量（mL）或（cm）	岩心承压能力（MPa）
1#	聚合物钻井液	3.4cm	3.57
1#	聚合物钻井液+1%JYW-1	1.2cm	14.8
1#	正电胶钻井液	3.8cm	4.1
1#	正电胶钻井液+1%JYW-1	1.0cm	15.6
2#	聚合物钻井液	4.6cm	3.2
2#	聚合物钻井液+1%JYW-2	1.0cm	10.6

注：1. 聚合物钻井液组成：4%钠土+0.3%80A51+2%FT-1+2%SPNH+0.5%NPAN；2. 正电胶钻井液组成：4%钠土+0.4%MMH+2%FT-1+2%SPNH+0.5%DFD；3. 岩心1#为孔隙度200μm²天然岩心；4. 2#为裂缝宽度为30μm泥岩。

4. 提高岩心承压能力效果

表4-14是室内配制的聚合物钻井液中加入超低渗透处理剂形成超低渗透膜钻井液后高温高压条件下侵入岩心深度及在清水流速为1.0mL/min时测定的刮下岩心表面的泥饼前后最高承受压力实验结果。结果表明，超低渗透膜钻井液可以增强泥饼、岩心强度，大幅度提高岩心的承压能力，随超低渗透处理剂加量的增加，岩心滤失量降低，泥饼、岩心的承压能力大幅度提高，在现场应用中，能提高漏失压力和破裂压力梯度，扩大安全密度窗口。

表4-14 高温高压岩心滤失量、刮下岩心表面的泥饼前后最高承受压力实验结果

岩心号	渗透率	钻井液体系	AV (mPa·s)	pV (mPa·s)	钻井液渗入岩心深度(cm)		最高承受压力（MPa）
1#	286.35	基浆	22.5	17	渗入整个岩心	带泥饼	1.3
2#	265.83	基浆+0.5%JYW-1	23.5	19	3.8~4.2		3.7
3#	271.11	基浆+0.8%JYW-1	24	20.5	2.2~2.35		6.2
4#	264.17	基浆+1.0%JYW-1	26	21.5	2.15~2.3		5.9
5#	287.00	基浆+1.25%JYW-1	26.5	22	2.3~2.45		7.4
6#	286.64	基浆+1.5%JYW-1	27.5	23	2.9~3.05		8.1
7#	281.98	基浆	22.5	17	渗入整个岩心	刮下岩心表面的泥饼	0.4
8#	266.28	基浆+0.5%JYW-1	23.5	19	3.8~4.2		1.9
9#	267.89	基浆+0.8%JYW-1	24	20.5	2.2~2.35		2.2
10#	273.46	基浆+1.0%JYW-1	26	21.5	2.15~2.3	刮下岩心表面的泥饼	2.6
11#	273.26	基浆+1.25%JYW-1	26.5	22	2.3~2.45		3.2
12#	279.53	基浆+1.5%JYW-1	27.5	23	2.9~3.05		4.4

注：温度，室温。基浆，4%土+0.5%FA367+0.8%NPAN+0.3%XY27+1%FT-1+0.3%CSW-1。

四、防塌效果

可以从对页岩的抑制性及阻缓压力传递两个方面来评价超低渗透膜钻井液的防塌效果。

1. 页岩抑制性

1）滚动回收率评价

对超低渗透处理剂进行页岩滚动分散实验，考察其抑制页岩分散的能力，实验结果见表4-15。结果表明，超低渗透处理剂能大大提高页岩滚动分散回收率，有效抑制页岩水化分散，且回收率高于国外的FLC2000。

表4-15　页岩滚动分散实验结果

试液	页岩回收率（%）
蒸馏水	34.26
蒸馏水+2%超低渗透剂	90.74
蒸馏水+2%FLC2000	82.78

2）膨胀率评价

在100mL蒸馏水中加入2g处理剂，搅拌30min，进行做页岩膨胀实验，记录7h的线性膨胀量，图4-14是页岩在蒸馏水中加入超低渗透剂后线膨胀量随时间的变化曲线。结果表明，相对于蒸馏水，超低渗透处理剂在一定程度上能抑制页岩膨胀。添加超低渗透剂转换为超低渗透膜钻井液体系钻进时，由于钻井液中的特殊聚合物聚集形成可变形胶束，当钻井液开始向页岩渗透时，一方面这些胶束在页岩上迅速铺展开，并在孔喉处形成超低渗透膜，阻止钻井液进一步渗透泥页岩，可以避免泥页岩的水化膨胀和分散，稳定井壁；另一方面，即使有少量流体渗透进入与泥页岩接触，由于该体系良好的页岩抑制性，也不会引起页岩的分散膨胀。因而采用超低渗透膜钻井液钻进时可以有效防止地层坍塌。

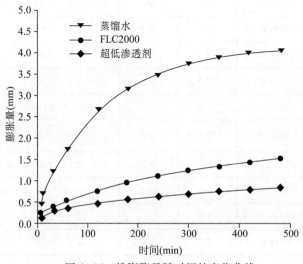

图4-14　线膨胀量随时间的变化曲线

2. 阻缓压力传递

实验岩样取至胜利油田沙河街组泥页岩，显微镜下观察，泥页岩不均质、存在微裂缝。首先在标准盐水/岩样/标准盐水作用条件下进行 PT 实验，并测定岩样的渗透率，然后利用 HTHP 动态滤失仪，使用添加超低渗透处理剂后的钻井液对岩样进行封堵，再在标准盐水/岩样（封堵后）/标准盐水作用条件下进行 PT 实验，测定下游压力随时间的变化及泥页岩的渗透率，结果见图 4-15 和表 4-16。

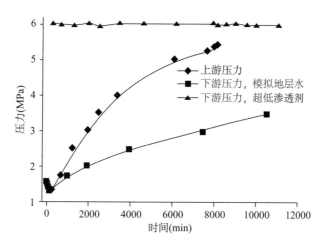

图 4-15　超低渗透体系的压力传递测试

表 4-16　泥页岩样渗透率测试结果

试液	渗透率（mD）
地层水	9.9×10^{-4}
4% 钠土浆 +2%ZJ-1+0.5%PGL-1+1.5% 超低渗透剂	2.74×10^{-4}

结果表明，孔缝发育的泥岩经过超低渗透剂处理后，渗透率明显下降，在 20min 内，其下游压力迅速降至 0.46MPa，可见刚开始时，体系具有诱导井壁内部孔隙流体向井内流动的趋势，其阻止流体向地层内渗透的作用非常明显，渗透率由处理前的 9.9×10^{-1}mD 下降为 2.74×10^{-1}mD。因此，可以说明形成的超低渗透膜钻井液体系能够有效阻止滤液的渗透和地层压力的传递，从而解决水敏性地层的水化膨胀以及裂缝性地层的局部水化应力过大的问题。岩样下游压力增加非常缓慢，说明阻止流体向地层内渗透的作用非常明显，证明超低渗透处理剂在岩样封堵端面形成了一个有效的封堵膜。

五、保护储层效果

进行岩心的污染与反排解堵评价实验，实验结果见表 4-17。结果表明，超低渗透膜钻井液的保护储层性能良好，岩心渗透率恢复值很高，直接反排渗透率恢复值基本在 80% 以上，切割岩心污染端面 0.5 ~ 1cm 后渗透率恢复值达 100%，证明超低渗透膜钻井液体系对地层伤害很小。该钻井液体系通过在井壁表面形成致密的超低渗透膜，可有效封闭渗透性地层和微裂缝泥页岩地层，在井壁的外围形成保护层，从而有望实现接近零滤失钻井，防止地层内黏土颗粒的运移，且封闭层位于岩石表面，易于清除，能够大大减小钻井液对储层的伤害，保护储层。

表 4-17 转换为超低渗透膜钻井液体系后对砂岩储层渗透率恢复值影响

配方	岩心	渗透率恢复值（%）			动失水滤液体积
		直接反排	切割 0.5cm	切割 1cm	
基浆	天然岩心	71.00		97.5	7.5
基浆 +1%JYW	天然岩心	95.00		100	8
基浆	人造岩心	53.30	68	100	4.25
基浆 +1%JYW	人造岩心	61.50	84.8	100	3.2
基浆	压制	26.64		80	2.82
基浆 +1%JYW	压制	82.12		96	2.64
基浆	4	36.47		100	3.2
基浆 +1%JYW	6	91.46		100	3.3

注：基浆为冀东油田高 72 - 46 井 2350m 两性离子聚合物钻井液，密度 1.18g/cm³。

六、生物毒性测试

对超低渗透膜钻井液几种处理剂用 DXY-2 生物毒性测试仪，采用发光菌法对其生物毒性进行了测定。JYW-1、JYW-2 及其组成的超低渗透膜钻井液 EC50（mg/L）检测结果分别为 250000，390000，> 100000，均无毒性，达到了建议排放标准大于 30000 要求。

第五节　超低渗透膜钻井液作用机理

一、吸附作用机理

超低渗透膜钻井液中具有疏水和亲水两性特点的两亲聚合物在井壁上具有较强的吸附能力，胶束聚合物能够迅速在井壁上形成薄而致密的胶束聚合物膜，从而发挥其成膜、承压、防塌和保护油气层等作用。而聚合物浓度必须满足一定加量的要求，达到或超过临界表面胶束浓度，才能保证钻井液中的两亲聚合物形成的胶束在钻井液开始向页岩渗透时迅速在泥页岩表面上铺展开，形成超低渗透膜封闭层，避免泥页岩的水化膨胀和分散，稳定井壁。即使在微裂缝地层，进入到裂缝中的胶束聚合物也会缔合形成多层的复合封闭膜结构，阻缓流体进入裂缝性地层的同时阻止压力继续向地层传递，这样，孔隙压力就不会像使用常规钻井液那样大幅度增加，有效应力将不会降低太多，起到有效支撑井壁的作用。因此，即使在钻井施工过程中引起泥页岩产生裂缝时，超低渗透膜钻井液也会阻止或减缓裂缝的伸展，避免井壁坍塌等事故的发生。

超低渗透处理剂的吸附作用具有一定的定向特征，即总是趋向于靠近剪切速率最低的井壁附近区域，在井壁处滞留并形成多点吸附，迅速形成封堵层，同时一部分处理剂颗粒也会进入近井壁的孔喉或裂缝中，增加了泥饼的强度和完整性，使形成的泥饼具有很强的抗冲蚀能力。

二、成膜作用机理

成膜技术不仅要求封堵颗粒的尺寸和变形特性，更多的是注重其化学特性，超低渗透处理剂在一定的温度、压力下可通过在井壁岩石表面吸附成网、卷曲成团而形成一层薄而致密的超低渗透封堵膜，有效封堵不同渗透性地层和微裂缝泥页岩地层，在井壁的外围形成保护层，使钻井液及其滤液不会渗入地层中，实现了近零滤失钻井。

超低渗透膜可以看做是一层复合封闭膜，由于其经过多次膜结构沉积沉淀，因此具有较高弹性和承压能力，且钻井液中的自由水在膜上的渗透率大为降低甚至为零，最终表现为没有失水量的增加。如果压力升高，胶束就会收缩，并进一步降低封闭膜的渗透率。

形成的超低渗透膜具有以下作用特点：（1）一定压力下，超低渗透剂浓度越大，形成膜的速度越快，膜也越厚，其封堵能力也越强，膜的形成是一个动态过程，随循环时间延长，膜增厚，强度增大；（2）聚合物聚集成的胶束进入页岩层间并在页岩表面上迅速地铺展开来，在孔喉处形成低渗透性的封闭膜，阻止了钻井液的进一步渗透；（3）具有膜效果的胶束（胶粒）具有界面吸力和可变形性，能封堵岩石表面较大范围的孔喉，在井壁岩石表面形成致密非渗透复合封闭膜层。

下面分别通过扫描电镜及高清电子成像实验结果来分析超低渗透膜的形成作用机理。

1. 扫描电镜分析

将做过 API 失水的泥饼在室温下自然干燥后切割成小块，再用扫描电镜观察泥饼表面，如图 4—16 至图 4—19 所示。

图 4—16　基浆泥饼（2000 倍）　　　　图 4—17　基浆中加入 1% 超低渗透剂（2000 倍）

图 4-18　基浆中加入 1%FLC2000（2000 倍）　　　图 4-19　基浆加入 1% 超低渗透剂（5000 倍）

图 4-16 中可以看出，泥饼的黏土颗粒堆积不明显，且颗粒表面包上了一层厚薄不均的高聚物薄膜，黏土颗粒之间形成的多孔结构清晰可见，说明该泥饼具有较大的渗透率。图 4-17 和图 4-18 可以看出，二者形成的泥饼结构基本是一致的，它们的大小颗粒紧密堆积，其表面也包上了一层高聚物薄膜，但与基浆不同，该聚合物均匀且有较强的附着力，这点从图中聚合物拉丝形态可以看出，泥饼中的固体颗粒形成的多孔结构不明显，说明泥饼的渗透性极差、并具有较大的抗压强度。从放大到 5000 倍的图片（图 4-19）可以更清楚地看到，在基浆中分别加入 1% 的超低渗透剂后形成的泥饼具有明显的层状结构，说明泥饼坚实而紧密，具有超低渗透性。

2. 高清晰电子成像分析

用扫描电镜（SEM）对高温高压条件下钻井液中加入超低渗透剂前后对岩心滤失量实验，完成实验后对除去外泥饼、切去 0.5cm 岩心表面形态、内部结构进行扫描放大分析研究。表面形态是采用二次电子图像进行观察研究的，配合能谱和波谱研究岩心切面的结构组成。结果见图 4-20 至图 4-24。

图 4-20　没污染岩心　　　　　　　　　　图 4-21　超低渗透膜污染后去表面泥饼

图 4-22　超低渗透膜污染后切去 0.5cm

图 4-23　未加超低渗透处理剂钻井液污染后

图 4-24　未加超低渗透钻井液污染后切去 0.5cm

结果表明，超低渗透膜钻井液在井壁岩石表面浓集形成胶束，依靠聚合物胶束或胶粒界面吸力及其可变形性，能封堵岩石表面的孔喉，在井壁岩石表面形成致密超低渗透封堵膜，有效封堵不同渗透性地层。在进入地层浅层的孔喉通道中迅速形成凝胶状的封堵膜薄层，形成渗透率为零的封堵层。

三、提高地层承压能力及防漏堵漏作用机理

超低渗透膜钻井液高地层承压能力机理为通过特殊聚合物处理剂在井壁岩石表面浓集形成胶束，依靠聚合物胶束或胶粒界面吸力及其可变形性，能封堵岩石表面较大范围的孔喉，在井壁岩石表面形成致密超低渗透封堵膜，有效封堵不同渗透性地层和微裂缝泥页岩地层。同时在井壁表层很浅的地方很快（形成井壁的同时）形成渗透率为零的封堵层，在井壁的外围形成保护层，钻井液及其滤液完全隔离，不会渗透到地层深处，可以实现接近零滤失。超低渗透剂通过在井壁表面形成超低渗透膜及在进入地层浅层的孔喉通道中迅速形成凝胶状的封堵膜薄层，形成渗透率为零的封堵层，大幅度提高了岩心承压能力，形成封堵层承压强度高，能提高地层漏失压力和破裂压力梯度，相当于扩大了安全密度窗口。

超低渗透封堵膜防漏堵漏作用机理为在弱地层原生裂缝处形成一个屏障，膨胀变大限制渗透，在摩擦系数大于井眼压力处的深度时，薄片吸入液体后膨胀，在漏失处锁住堵漏材料，压力从颗粒中挤出滤液。在钻井施工过程中，由于井壁对钻具会产生各种摩擦力，

这些摩擦力通过钻杆而形成过平衡压力，过平衡压力又通过钻杆施加于井壁上，如果无法减弱和消除对地层的平衡压力，势必会造成井壁坍塌和钻井液严重滤失。超低渗透封堵膜可将过平衡压力消除到零，压力不被传送到地层，通过有效的封堵地层，则钻杆不会由于过平衡压力而冲击井壁。在这种情况下，由过平衡产生的摩擦力被削减到零，故而不会造成井壁坍塌和钻井液严重滤失。

四、防塌作用机理

超低渗透膜钻井液的防塌作用机理可以从两个方面解释，当用超低渗透膜钻井液钻井时，由于钻井液中的聚合物聚集成可变形的胶束，当钻井液开始向页岩渗透时，这些胶束吸附在黏土颗粒、井壁表面，从而在页岩上迅速铺展开，并在孔喉处形成低渗透封闭膜，阻止压力传递与滤液侵入，一方面避免页岩与钻井流体接触，阻止了自由水与黏土结合，阻缓页岩的水化膨胀和分散，稳定井壁，另一方面孔隙压力不会像使用常规流体那样大幅度增加，有效应力将不会降低太多，井壁上不易产生裂缝。如果在弱胶结地层，当因钻井施工等因素引起页岩产生裂缝时，超低渗透钻井液能填塞这些裂缝，并且在这些裂缝的空隙中或碎片的表面上产生表面张力，空隙或碎片越小，张力越大，由此可以阻止钻井液滤失。同时超低渗透剂浓度越大，抑制效果越强。在裂缝中形成封闭层，阻缓钻井液继续滤失。因此即使产生裂缝，它的传递也会变慢或停止，不会使裂缝扩大，造成井壁坍塌。

五、保护储层作用机理

储层伤害最基本的机理包括孔喉的物理堵塞（固体颗粒侵入、聚合物侵入、黏土膨胀、结垢等）和相对渗透率的改变（流体阻塞、乳化、润湿性改变等）。因此，第一步必须把钻井液侵入降到尽可能低的水平（如果钻井液不侵入，就不会发生地层伤害）。在过平衡压力下侵入总会发生，所以第二步是钻井液应尽可能减少伤害。超低渗透膜钻井液能把滤失量降到很低的水平，而且超低渗透处理剂能与所有普通的钻井液添加剂配伍使用，这表明在不伤害低滤失性的条件下，超低渗透膜钻井液能够实现第二步。

超低渗透膜钻井液通过快速形成富含胶束的超低渗透膜提供优良的滤失控制能力，从而很大程度的减少固相或流体的进一步侵入。颗粒尺寸分布范围很广，它既能对很小的孔喉和裂缝进行封堵，又能通过卷曲对较大的孔喉和裂缝进行充填，能够起到快速封堵作用，超低渗透膜的清除非常简单。因为超低渗透膜位于岩石表面，且只有在高于聚合物临界表面胶束浓度下存在，所以当接触洗井液或完井盐水，以及采油过程中与储层流体接触时，封闭膜易于被内流体清除。因此，在室内实验中可以得到很高的渗透率恢复值。

总之，超低渗透膜钻井液通过在井壁表面形成致密的超低渗透封闭薄层，有效封闭渗透性地层和微裂缝泥页岩地层，在井壁的外围形成保护层，从而有望实现接近零滤失钻井，防止地层内黏土颗粒的运移，且封闭层位于岩石表面，易于清除，能够大大减小钻井液对储层的伤害，保护油气层。

第五章 "双膜"保护储层钻井液理论与技术

　　保护油气层是石油勘探开发过程中的重要技术措施之一，此项工作的好坏直接关系到勘探开发的综合经济效益。钻井过程中防止油气层伤害是保护储层系统工程的第一个工程环节，钻井过程中对储层的伤害不仅影响储层的发现和油气井初期产量，影响试井与测井资料的准确性，严重时可导致误诊，漏掉油气层甚至"枪毙"油气层，造成储量估算不准，影响合理制定开发方案，还会对今后各项作业伤害油气层的程度以及作业效果带来影响。钻井过程储层伤害的根本原因是外来固相及流体进入储层，固相进入储层造成孔喉堵塞，液相进入储层引起储层孔喉减小、油流阻力增大、采油量降低。目前国内外主要是通过封堵技术和提高钻井液液相的抑制性来保护储层，而研究重点主要是物理封堵技术。传统物理封堵技术选择暂堵剂的规则和方法均具有一定的局限性，在有些油田具有较好的效果，但有些油田效果不好，暂堵剂选择不当时，会导致储层伤害更加严重。对比而言，成膜保护储层技术是一种非选择性的化学封堵方法，近年来在国外得到较大发展。

　　本章在隔离膜、超低渗透膜水基钻井液的基础上，提出了"双膜"保护储层钻井液理论与技术，使储层保护技术从最初单纯有选择性物理封堵方法向非选择性物理化学方法转变，可实现储层保护与稳定井壁技术的有机统一，为实现储层低伤害甚至无伤害奠定了理论与技术基础。

第一节 "双膜"保护储层钻井液基础理论

一、传统保护储层技术及局限性

　　传统的保护储层方法即屏蔽暂堵法，属于颗粒堆积和理想充填理论的范畴。它的着眼点是根据已知油气藏孔隙尺寸及其分布特点，通过在钻井液中加入合适粒径的暂堵剂在油气藏井壁极浅部位快速形成致密的泥饼，使油气藏渗透率急剧下降至一个很小的值，以防止钻井液的固相和液相进一步侵入油气藏，同时形成的致密泥饼结合其他封堵方法，可确保在油井投产前易于清除。它的基本方法是根据油气藏的孔隙分布特点选择不同粒径分布，以形成致密的泥饼。

　　目前，国内外学者在储层保护中暂堵剂的选择上开展了大量研究工作，但其考虑的不是平均孔隙直径就是从零到最大孔隙直径的线性关系。其中包括 Abrams 等人提出的"1/3架桥规则"、国内发展起来的"2/3架桥规则"、"几何分形理论"、"D90理论"及"广谱性暂堵原理"等，这些规则均得到认可并在现场得到了较广泛的应用，下面将简要说明这些规则的基本原理。

1/3 ～ 2/3 架桥原理：当架桥粒子粒径为孔隙平均孔径的 2/3 匹配时，它在地层孔喉处的架桥最为稳定，不会再发生微粒运移现象，而架桥粒子粒径为孔喉平均孔径的 1/3 匹配时，形成的桥堵形态实质上是颗粒在孔喉处的堆积，仍有显著微粒运移现象。在一定正压差作用下，钻井液体系中一定量的与地层孔喉相匹配的架桥粒子和填充粒子在储层井壁上形成屏蔽环（内泥饼），从而达到屏蔽暂堵作用。通常要求桥堵固相颗粒的浓度不应低于 3%，填充粒子的浓度（包括可变形粒子）不应低于 2%。选择各种暂堵剂时，刚性暂堵剂的平均直径应为储层孔隙或裂缝平均张开度的 2/3，充填暂堵剂和可变形暂堵剂的平均颗粒直径应为储层孔隙或裂缝平均张开度的 1/3。

几何分形理论：储层孔隙尺寸分布和暂堵剂颗粒分布均在自相似范围内具有分形特征。储层孔隙分布分维值和暂堵剂颗粒尺寸分布分维值表示了砂岩孔隙空间和颗粒尺寸分布的复杂程度，能够较好地反映孔隙和颗粒尺寸的真实分布情况。因此，可以根据油气藏砂岩孔隙或裂缝分布的分维值，选取具有相同或相近颗粒分布分维值的暂堵剂作为此油气藏优选的暂堵剂。

D90 理论：也就是颗粒紧密堆积理论，实现钻井液中暂堵颗粒的"理想充填"。当钻井液中暂堵剂颗粒的累计体积分数与粒径的平方根（即 $d^{1/2}$）之间呈直线关系时，颗粒堆积效率最高，可达到理想充填。优选出的暂堵剂能够形成致密泥饼，有效地阻止固相颗粒和滤液的侵入，达到保护储层的目的。

广谱型暂堵原理：依据油气层纵向、横向、层内、层间孔喉直径的变化规律，确定多种粒径架桥粒子和多种粒径的充填粒子，依据对渗透率贡献率的大小来区别对待不同的孔喉，平均流动孔喉直径和最大流动孔喉直径的提出使屏蔽暂堵技术更科学、有效地封堵不均质油气层流动孔喉，以减少钻井液对储层的伤害。

为了进一步发展暂堵技术，Mei Wenlong 等人采用 Monte-Carlo 方法进行模拟，建立了储层内部原生孔隙颗粒运移、沉淀和堵塞的网络模型，并以堵塞喉道数目和堵塞深度选择暂堵剂。Suri 和 Sharma 等人建立了多组分滤失模型，以模拟钻井液中各种颗粒的滤失过程，预测储层岩心污染和返排后的伤害深度及对渗透率的伤害程度，并对钻井液固相的粒度分布进行了优化。

但是，以上这些规则和方法均具有一定的局限性，具体表现在仅考虑了孔喉平均尺寸和暂堵剂颗粒粒径（常用粒度中值表示）的匹配关系，而未对储层孔喉分布与暂堵剂颗粒粒度分布的匹配关系进行充分考虑，导致暂堵剂颗粒粒径难以与储层孔喉相匹配，据平均孔喉直径所用暂堵粒子难以有效封堵对储层渗透率贡献大的大孔喉。因为位于同一区块不同部位的井同一组油层各层孔隙度、渗透率在横向、纵向、层内、层间不均质程度均较高，根据一小层储层平均渗透率对应的孔喉直径所选用的各种暂堵粒子不能有效封堵渗透率严重不均质储层，依据孔喉分布规则的油藏模型形成的理论与方法无法满足非均质程度高的储层需要。

二、"双膜"保护储层钻井液技术的提出及特征

针对传统保护储层技术中存在的问题，以保护储层系统工程为出发点，提出了"双膜"（隔离膜＋超低渗透膜）保护储层钻井液理论与技术。

隔离膜水基钻井液技术通过聚合物吸附或化学反应在井壁上形成一层具有调节、控制井筒流体与近井壁地层流体系统间传质、传能作用的隔离膜，即在井壁的外围形成保护层，任何固相和液相组分均不能通过膜进行传递，阻止钻井液进入地层，有效防止地层水化膨胀、封堵地层层理裂缝，达到防止井壁坍塌、保护油气层的目的。这种成膜技术避免了地层物性的不确定性和最大限度避免了钻井液、完井液滤液对储层的伤害，且隔离膜在完井过程中可通过化学、物理或射孔等方法消除。

超低渗透膜水基钻井液技术利用特殊聚合物处理剂，在井壁岩石表面浓集形成胶束，依靠聚合物胶束或胶粒界面吸力及其可变形性，能封堵岩石表面较大范围的孔喉，在井壁岩石表面形成致密超低渗透封堵膜，有效封堵不同渗透性地层和微裂缝泥页岩地层。同时，在进入地层浅层的孔喉通道中迅速形成凝胶状的封堵膜段塞，形成渗透率为零的封堵层。在井壁的外围及井壁表层很浅的地方形成保护层，钻井液及其滤液不会渗透到地层深处，对油层渗透率的伤害大大地降低，有效保护储层。

在研究隔离膜与超低渗透膜保护储层技术过程中发现，隔离膜保护储层技术形成完全不透水的隔离膜需要 40min 左右，这段时间水还是要进入地层，对储层造成一定伤害，而且在地层的孔喉较大时，难以形成有效的完全不透水的隔离膜。超低渗透膜形成时间短、速度快，为 1 ~ 3min，对于比较大的孔喉及裂缝（达 3mm）仍然效果显著，其缺点是膜的密封度不如隔离膜。将两种处理剂同时使用，发现具有双膜协同增效作用，不仅对于各种大小孔喉及裂缝（达 3mm）均有显著效果，而且比单独使用一种膜技术效果更加显著，甚至可以实现对储层基本无伤害。

"双膜"保护储层钻井液技术就是利用超低渗透钻井液处理剂胶束或胶粒界面吸力及其可变形性，先进入较大孔喉地层浅层的孔吼通道中迅速形成凝胶状的封堵膜段塞，并在井壁岩石表面浓集形成胶束，在井壁岩石表面形成致密的封堵层。隔离膜以超低渗透封堵膜、井壁作为支撑体，通过吸附、浓集、覆盖形成渗透率为零的致密无孔膜封堵层。隔离膜、超低渗透膜产生协同增效作用，在井壁迅速形成不能有效流动的屏障（又称封堵层），使液柱压力不能传递到储层内部，阻隔外来流体中的固相和液相进入储层内部，防止外来的固相和液相与储层内部的液相和固相发生一系列的物理和化学变化而伤害储层，它是以最大限度保持储层原始状态，从而达到保护储层的目的。

第二节　隔离膜保护储层作用机制

一、隔离膜在储层岩石上的成膜机理

隔离膜成像见图 5-1 至图 5-5，实验所用样品是隔离膜水基钻井液经高温高压失水后所形成的滤饼。由图可以看出，所形成的滤饼在 3500 倍可见很多纤维互相缠绕，以堵孔的方式形成致密无孔的膜，膜表面较致密，大的固相颗粒较少，这种结构可阻止水分子透过该膜，具有很好的隔离效果。在滤饼上形成的保护膜，可封堵孔喉未被架桥粒子、填充粒子、降滤失剂封堵的空间，阻止滤液及钻井液向地层渗透，降低了泥页岩水化膨胀、分散作用，在钻开油气层极短时间内，于油层近井壁形成钻井液动滤失速率为零、厚度小于 1cm 的成膜封堵环带，有效阻止钻井液固相和液相进入油气层，从而保护储层。

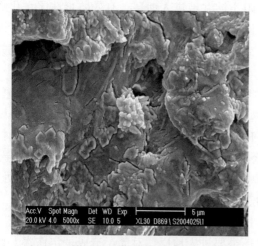

图 5-1 膜 5000 倍成像

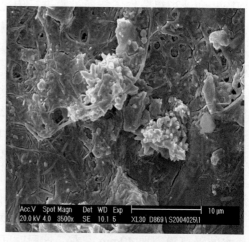

图 5-2 膜 3500 倍成像

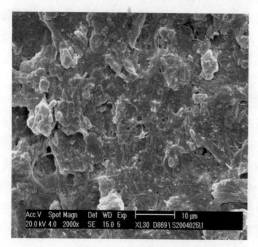

图 5-3 膜 2000 倍成像

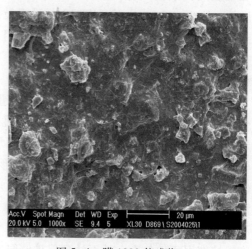

图 5-4 膜 1000 倍成像

图 5-5 膜 125 倍成像

二、隔离膜剂封堵性能

1. 隔离膜对突破压力影响

为了评价隔离膜对突破压力的影响，用 CL-Ⅱ高温高压岩心滤失实验仪测定不同渗透率岩心被隔离膜处理剂污染后的突破压力变化情况及同一渗透率岩心分别被磺化沥青和隔离膜污染后的突破压力对比情况，实验简要流程如图 5-6 所示。

试验步骤如下：

（1）在容器 1 上加注蒸馏水，在容器 2 中加注泥浆。分别旋紧俩容器上盖，接好快换接头，关闭驱替放空阀。

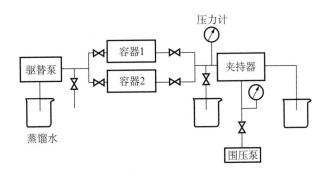

图 5-6 仪器简要流程示意图

（2）打开围压控制阀，压动手压泵，使围压保持在 20MPa，驱替压力比围压小 1～2MPa，关闭围压控制阀。

（3）设定温度为 120℃，加温过程中避免围压超过压力表量程。

（4）打开容器 1 出液阀，打开进气阀，平流泵驱替流量为 1mL/min，测定不同时间水通过岩心表面时进口压力 P1，然后关闭出液阀。

（5）打开容器 2 出液阀，打开进气阀，待有泥浆流出后关闭进气阀，打开夹持器出口阀门，泥浆驱替时平流泵流量为 5mL/min，及上限压力 3.5MPa 开始驱替实验。

（6）压力在 3.5MPa 时，开始计时，保持 30min。

（7）关闭容器 2 出液阀，打开容器 1 出液阀，打开进气阀，测定不同时间水通过岩心表面时进口压力 P2，记录下数据，对比泥浆污染前后对岩心表面压力的影响，体现泥浆对岩心表面承压能力的影响。配方如下：蒸馏水 +3%CMJ（磺化沥青）。

采用塔中地区 4-7-54 井的天然致密碳酸盐岩岩心，经人工造缝后，测得 26 号与 40 号岩心气测渗透率相差不大，用隔离膜污染 26 号岩心，用磺化沥青污染 40 号岩心，岩心参数如表 5-1 所示，实验结果如图 5-7 所示。

表 5-1 岩心参数表

编号	长度（cm）	直径（cm）	原始渗透率（mD）	原始孔隙度（%）	造缝后渗透率（mD）
26	3.446	2.518	0.214	0.59	73.48
40	3.450	2.514	0.120	0.56	72.85
48	3.552	2.520	0.359	0.45	127.70
64	3.342	2.516	0.685	0.45	182.41

由图 5-7 可知，磺化沥青能提高突破压力至 1.7MPa 左右，而同等条件下隔离膜处理剂可提高至 3.5MPa 左右。实验表明，隔离膜处理剂比磺化沥青更能有效阻止或减缓液相通过储层，减少或消除过平衡压力下液相进入地层后引起的膨胀应变、油流阻力增大等一系列负面影响，从而稳定井壁、保护储层。

此外，观察不同渗透率的天然岩心经人工造缝后进行污染前与污染后突破压力变化的趋势，同时对比隔离膜污染后的大渗透率人造岩心突破压力，作出对比曲线，如图5-8所示。

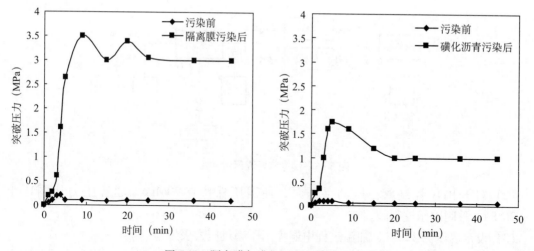

图5-7　隔离膜与磺化沥青阻隔效果对比图

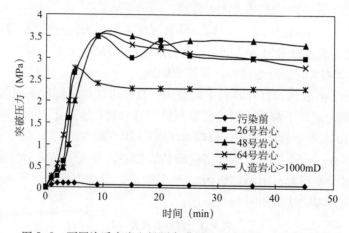

图5-8　不同渗透率岩心经隔离膜剂处理后的突破压力对比情况

可见，对于渗透率小于200mD左右的岩心，隔离膜阻隔增压幅度较稳定，均能保持在3.5MPa左右，然而采用大于1000mD的渗透率岩心，则增压幅度要小于前者，无法达到3.5MPa。说明隔离膜在渗透率小于1000mD岩心均能形成不透水的保护膜，具有很好的阻隔承压作用，但在约大于1000mD岩心上形成的隔离膜结构不致密，无法起到很有效的封堵效果，此时需要复配其他成膜剂来取得良好效果。

2. 隔离膜对破裂压力的影响

地层破裂是由于井内泥浆密度过大使岩石所受的周向应力超过岩石的抗拉强度而造成，通过模拟同一应力条件和深度地层不同渗透率岩心经隔离膜处理剂污染后，抗拉强度的变化趋势，可用来反应隔离膜对破裂压力的影响。

按照测试抗拉强度巴西实验（图5-9）要求制样，其中80号岩心为未处理原始岩心，实验结果见表5-2。

可见，隔离膜处理剂可明显提高不同渗透率岩心的抗拉强度，隔离膜具有较好的提高地层破裂压力能力，即能实现强化井眼，稳定井壁，保护储层。

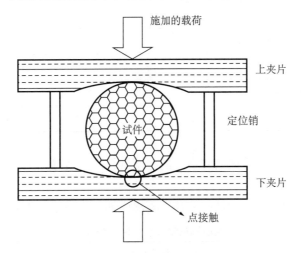

图 5-9　测抗拉强度巴西实验简要示意图

表 5-2　抗拉强度实验结果

编号	渗透率 （mD）	直径 （cm）	厚度 （cm）	抗拉强度 （MPa）
80	85.39	2.500	5.16	1.08
65	84.39	2.500	6.24	1.80
84	194.38	2.480	4.18	1.95
19	685.00	2.498	6.08	1.88
1	813.24	2.500	6.50	1.56
32	1329.36	2.480	5.94	1.18

三、隔离膜体系性能评价

1. 阻缓压力传递性能

压力传递评价实验的意义、原理、实验装置及实验方法在第四章中已有详细介绍，这里就不重复讲述了，通过与其他处理剂对比实验，测得隔离膜阻缓压力传递实验结果对比见表 5-3。

表 5-3　钻井液处理剂 PT 实验数据

试剂	渗透率（mD）
原岩样	6.06
4%土+3%CMJ	1.10
10%NaSiO$_3$	1.13

续表

试剂	渗透率（mD）
5%PE−3+10%KCl	12.30
20%FGA	75.60
10%FGA+5%NaSiO₃	57.40
0.3%PAM	6.17
1%MMH	7.84

从表5−3可看出，隔离膜剂具有良好的封堵微孔隙、裂缝，阻缓压力传递的能力。

2. 岩心静态滤失评价

表5−4是室内配制的聚合物钻井液加入隔离膜剂前后高温高压岩心滤失量实验结果。

表5−4　岩心滤失量实验结果（30min、150℃）

配方	滤失量（mL）	进入岩心深度（cm）
基浆	8	穿透
基浆 +1%CMJ	0	2.0
基浆 +2%CMJ	0	0.8

注：基浆配方为 4% 土浆 +0.3%Na₂CO₃+0.2%NaOH+1%CMP−1+3%JMP−1。

可见，隔离膜剂在高温条件下对岩心具有很好的封堵能力，可以有效减小或阻止钻井液进入岩心的深度，甚至可以实现近零滤失。

3. 岩心动态滤失评价

选用不同渗透率的人造岩心，测定隔离膜钻井液体系对这些岩心的动滤失实验结果如图5−10所示。

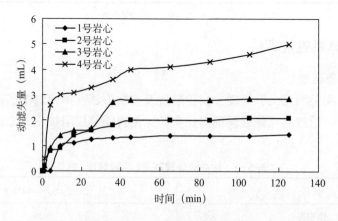

1 号岩心渗透率 73.50mD，2 号岩心渗透率 183.66mD，3 号岩心渗透率 190.52mD，4 号岩心渗透率 1123.36mD，体系为
4% 土浆 + 0.3%Na₂CO₃+0.2%NaOH+1%CMP−1+3%JMP−1+3%CMJ

图 5−10　同一配方钻井液在不同渗透率岩心动态滤失情况

可见，对于渗透率小于 1000mD 的岩心，40min 后滤失量不随时间的增加而增加，即隔离膜钻井液体系能在 40min 内在渗透率小于 1000mD 的岩心上形成不透水的隔离膜。

4. 隔离膜体系封堵效果评价

围压控制在 18MPa，进口压力量程约为 16MPa，选用不同渗透率的人造岩心参数见表 5-5，评价隔离膜体系（4% 土浆 +3%CMJ）的封堵性能，实验结果如图 5-11 所示。

表 5-5 人造岩心参数

编号	长度 (cm)	直径 (cm)	干重 (g)	湿重 (g)	渗透率 (mD)
5	4.93	2.50	52.40	54.33	83.56
6	5.01	2.49	52.44	56.35	187.25
7	5.04	2.49	52.52	56.48	1023.40

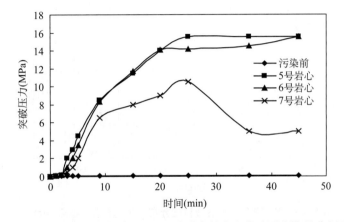

图 5-11 隔离膜体系处理不同渗透率的岩心突破压力情况对比图

可见，隔离膜体系对于渗透率约为 200mD 以内地层能稳定提高突破压力 14MPa 以上。对于渗透率大于 1000mD 的岩心能稳定提高突破压力 10MPa 左右。

总的来说，隔离膜保护储层技术形成完全不透水的隔离膜需要 40min 左右，这段时间水还是要进入地层，对储层造成一定伤害，而且在渗透率约大于 1000mD 的地层难以形成有效的完全不透水的隔离膜，需要复配其他成膜处理剂。

第三节 超低渗透膜保护储层作用机制

一、胶束聚合物粒度分布特征

测试采用 LA-950 激光粒度分析仪，测试了胶束聚合物在水溶液中的粒度分布特性，不同浓度的实验结果见图 5-12 和图 5-13。

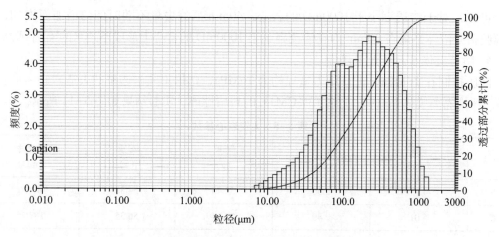

图 5-12　1% 聚合物水溶液粒度分布（平均粒径：257.4 μm）

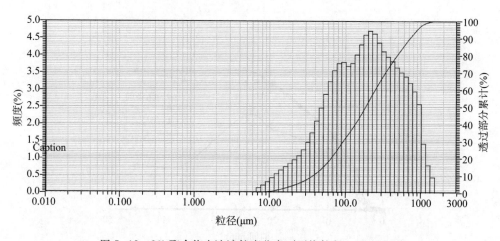

图 5-13　2% 聚合物水溶液粒度分布（平均粒径：287.7 μm）

由图 5-12 和图 5-13 可知，胶束聚合物的直径分布为从几微米到 1000 μm，其靠快速形成渗透率很低的封闭层（含有大量胶束）来控制固体颗粒或流体的进一步侵入，封闭层内的胶束是可变形的，如果压力增大，它们就被压缩，进一步降低了封闭层的渗透率，聚合物水溶液在 1% ~ 2% 浓度范围内可形成胶束聚合物，随着浓度的增加粒度范围变化不大，其平均粒径大小分布在 250 ~ 300 μm 之间。

二、超低渗透膜聚合物吸附量测定

1. 吸附等温线

在室温下，测定不同浓度胶束聚合物在黏土颗粒上的吸附量，吸附等温线见图 5-14。

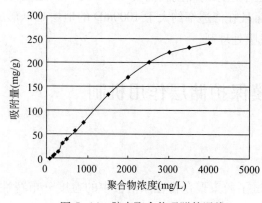

图 5-14　胶束聚合物吸附等温线

图 5-14 说明随着聚合物浓度的增大，吸附量呈现出先缓慢增加—再迅速上升—最后平缓增加趋向饱和。胶束聚合物在黏土表面产生了吸附，吸附层由吸附单体、表面胶束和表面空位组成，当吸附达到饱和时，吸附单体量和表面空位量趋向于零，表面胶束量趋向于极值，即表面上所有吸附部位都被表面胶束占据。这表明该特殊纤维封堵剂聚合物可以在井壁岩石表面产生吸附作用，当达到一定浓度时，可以形成致密的胶束封堵膜。

2. 临界表面胶束浓度

临界表面胶束浓度（smc）是指在固液界面上开始生成表面胶束而使吸附迅速上升时的溶液浓度。据此，临界表面胶束浓度可由室温下吸附等温线吸附量迅速上升的直线部分外延到与浓度轴相交之处的浓度得到，由图 5-14 可知，$smc=200mg/L$，即聚合物在钻井液中的浓度应至少大于 smc，否则，吸附量太少，在岩石表面形不成致密的封闭膜。

三、钻井液体系对岩心侵入评价

在基浆中加入超低渗透封堵剂，研究加入封堵剂前后钻井液侵入岩心深度与时间的关系（图 5-15）。实验结果表明，常规钻井液体系侵入岩心深度是随着时间的推移而不断增加的，趋近于线性关系，而加入特殊纤维封堵剂的钻井液体系侵入岩心深度不是随时间的延长而增长，而是在很短时间内侵入岩心深度达到一个稳定值，侵入深度很浅。这说明超低渗透封堵剂具有很好的保护储层性能。

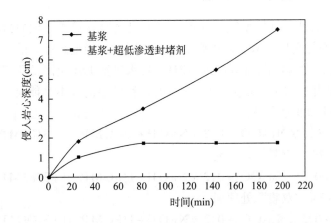

基浆为 4% 土浆 +0.3%Na₂CO₃+0.2%NaOH+1%CMP-1+3%JMP-1+2%CMJ

图 5-15　钻井液侵入岩心深度与时间的关系曲线

四、封堵裂缝效果评价

采用 DLM-01 型堵漏实验装置，在配制好的基浆中加入不同配比的超低渗透封堵剂聚合物，观察研究不同温度下封堵 1mm 裂缝的效果，结果见表 5-6。结果表明，加入 2% 的超低渗透封堵剂能有效封堵 1mm 宽的裂缝，抗温达到 150℃，具有很好的封堵效果。

表 5-6　超低渗透剂在不同温度下封堵裂缝实验结果

配方	温度（℃）	缝宽（mm）	不同压力下漏失量（mL）		效果评价
			0.7MPa	7MPa	
基浆 + 2% 超低渗透剂	100	1	100	200	成功
基浆 + 2.5% 超低渗透剂	120	1	150	300	成功
基浆 + 3% 超低渗透剂	150	1	200	350	成功

注：基浆：4%土+0.3%Na_2CO_3+0.2%NaOH+1%CMP-1+3%JMP-1+2%CMJ+15%重晶石。

超低渗透封堵膜形成时间短、速度快，为 1～3min，但是它形成隔水膜的密封性不如隔离膜。将隔离膜剂与超低渗透封堵剂结合使用，具有双膜协同增效作用，实现保护储层从有选择性的暂堵技术向非选择性物理化学封堵技术的转变。

第四节　"双膜"保护储层钻井液配方及性能

一、"双膜"保护储层钻井液配方

"双膜"保护储层钻井液体系能够在近井壁上快速形成不透过性的封堵膜，能阻止固相、液相侵入储层裂缝孔喉，减小污染带的深度，同时还能提高井壁的承压能力，起到稳定井壁的作用。通过优选抗高温保护剂 GBH、防水锁剂 FSJ 及降滤失剂 SPNH，配制出"双膜"保护储层钻井液的基本配方（1）～（4），钻井液的基本性能见表 5-7，该钻井液均具有良好的流变性和低滤失量。

（1）4% 土 +0.3%Na_2CO_3+0.2%NaOH+1%CMP-1+3%JMP-1+1%GBH+0.2%FSJ+2%SPNH+2%"双膜"处理剂；

（2）4% 土 +0.3%Na_2CO_3+0.2%NaOH+1%CMP-1+3%JMP-1+1%GBH+0.2%FSJ+2%SPNH+3%"双膜"处理剂；

（3）4% 土 +0.3%Na_2CO_3+0.2%NaOH+1%CMP-1+3%JMP-1+1%GBH+0.2%FSJ+2%SPNH+4%"双膜"处理剂；

（4）4% 土 +0.3%Na_2CO_3+0.2%NaOH+1%CMP-1+3%JMP-1+1%GBH+0.2%FSJ+2%SPNH+4%

"双膜"处理剂 + 重晶石；

2% 双膜处理剂配比为隔离膜处理剂：超低渗透封堵剂 =1：1。

3% 双膜处理剂配比为隔离膜处理剂：超低渗透封堵剂 =2：1。

4% 双膜处理剂配比为隔离膜处理剂：超低渗透封堵剂 =2：2。

表 5-7 "双膜"保护储层钻井液体系基本性能评价

体系	d (g/cm³)	PV (mPa·s)	YP (mPa·s)	G' / G'' (Pa)	FL (mL)	150℃ HTHP 滤失量 (mL)
(1)	1.05	17	14.5	3/6	2.2	16
(2)	1.05	17	14.5	3/6	2.2	14
(3)	1.05	22	15	3/9	2.0	15
(4)	1.12	20	18	7/8	3.0	15

可见，"双膜"协同保护储层钻井液体系加入 3% 双膜处理剂时，体系的流变性能为最佳，滤失量低，封堵效果最好。

二、"双膜"保护储层钻井液常规性能

1. 抗温性能

将配方（2）在不同温度下（经高温热滚）的 API 滤失量变化曲线见图 5-16，可见，"双膜"协同保护储层钻井液体系具有很好的抗温性能，抗温达 180℃。

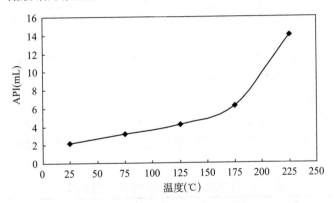

图 5-16 双膜协同钻井液 API 随温度的变化曲线

2. 抗盐性能

配方（3）在 150℃ 条件下测定高温高压滤失量，并绘制出 HTHP 滤失量随盐浓度含量变化的曲线，见图 5-17。可见，双膜协同钻井液体系具有较强的抗盐污染能力。

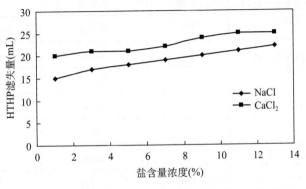

图 5-17 双膜协同钻井液 HTHP 滤失量随盐浓度的变化曲线

3. 抗污染性能

在双膜钻井液体系中加入不同量的钻屑粉，高速搅 20 分钟，在 150℃下热滚 16 个小时，对比热滚前后钻井液的常温性能，结果见表 5-8。

表 5-8　双膜钻井液体系抗污染性能评价

序号	钻屑 (%)	条件	AV (mPa·s)	PV (mPa·s)	YP (Pa)	FL (mL)	pH 值
1	0	热滚前	31.5	17	14.5	2.2	9
		150℃热滚	29	16	13	2.4	9
2	5	热滚前	32	18	14	2.6	9
		150℃热滚	35	20	15	2.8	9
3	10	热滚前	34	19	15	3.0	9
		150℃热滚	35	22	13	3.2	9
4	15	热滚前	34	20	14	3.2	9
		150℃热滚	35	20	15	3.4	9

注：配方为 4% 土 +0.3%Na_2CO_3+0.2%NaOH+1%CMP-1+3%JMP-1+1%GBH+0.2%FSJ+2%SPNH +3% 双膜剂。

由表 5-8 可知，不同加量的钻屑粉加入双膜钻井液体系中钻井液的性能变化不大，基本稳定，说明钻井液体系具有较好的抗污染能力。

4. 与地层水配伍性

采用絮凝法、浊度法评价钻井液与地层水配伍性，考察不同比例混合的钻井液滤液与地层水是否发生絮凝作用而产生沉淀，实验结果见表 5-9，所用浊度仪为 SZD-1 型散射光台式浑浊计。

表 5-9　钻井液滤液与地层水的配伍性试验

序号	混合比例	温 度（℃）	试验现象	浊度	结论
1	钻井液滤液与地层水 1:1	室温	无沉淀	—	配伍
		150	无沉淀	0	配伍
2	钻井液滤液与地层水 1:5	室温	无沉淀	—	配伍
		150	无沉淀	0.1	配伍
3	钻井液滤液与地层水 1:9	室温	无沉淀	—	配伍
		150	无沉淀	0.1	配伍
4	钻井液滤液与地层水 5:1	室温	无沉淀	—	配伍
		150	无沉淀	0.5	配伍
5	钻井液滤液与地层水 9:1	室温	无沉淀	—	配伍
		150	无沉淀	0.3	配伍

5. 对突破压力的影响

采用塔中地区 86 井的天然致密碳酸盐岩岩心，经人工造缝后，分别用双膜处理剂、隔离膜处理剂和磺化沥青污染，配方如下：（1）蒸馏水 +3% 双膜处理剂；（2）蒸馏水 +3%CMJ；（3）蒸馏水 +3% 磺化沥青。实验结果如图 5-18 所示。

可见，磺化沥青能提高突破压力至 1.7MPa 左右，隔离膜处理剂提高至 3.5MPa 左右，而同等条件下"双膜"处理剂协同增效提高突破压力可至 12.5MPa。实验表明，"双膜"处理剂比隔离膜处理剂、磺化沥青更能有效阻止或减缓液相通过储层，减少或消除过平衡压力下液相进入地层后引起的膨胀应变、油流阻力增大等一系列负面影响，起到了协同增效的作用，说明其具有十分良好的稳定井壁、保护储层的能力。

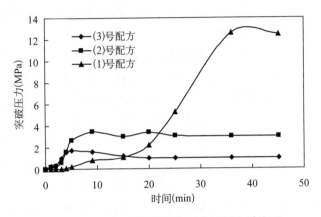

图 5-18 "双膜"封堵影响突破压力对比图

三、"双膜"保护储层钻井液体系污染伤害评价

1. 钻井液体系污染伤害评价方法

采用 JHMD - Ⅱ高温高压动态伤害评价仪对岩样进行污染伤害实验，通过液测法测量岩样的液相渗透率，用来评价钻井液体系与储层流体的相容程度，同时确定滤液侵入储层的深度。这种实验方法不仅可以获得渗透率恢复值这一主要指标，而且还可获得钻井液对岩样污染程度的一些辅助指标。

2. 钻井液体系污染程度的评价指标

（1）采用渗透率恢复值 K_{rs} 作为评价钻井液对岩样的污染程度的主要指标。K_{rs} 值越小，说明钻井液体系对岩样的污染越严重，渗透率恢复值 K_{rs} 值由（5-1）公式计算得出：

$$K_{rs} = \frac{K_{os}}{K_o} \times 100\%$$

$$(5-1)$$

式中　K_{rs}——岩样被钻井液污染后的油相渗透率恢复值，%；

K_o——岩样初始油相渗透率，mD；

K_{os}——岩样被钻井液污染后的油相渗透率，mD。

（2）钻井液体系对岩样污染程度的辅助评价指标。

①钻井液滤液侵入岩样的深度 h。

当岩样切去 h 长度后剩余段的油相渗透率 K_{osn} 值与岩样初始油相渗透率 K_o 相当时，此切去的长度 h 即为钻井液滤液侵入岩样的深度。

②启动压差 p_{max}（表示储层获得最小产能时的反排压差）。

启动压差是指当用煤油对钻井液体系污染后的岩样进行正向驱替实验时，在由小到大逐渐增大驱替压差过程中，获得的最小渗透率值时所对应的驱替压差值。此值越小，说明钻井液对岩样污染越易解除。

③滤失量和渗透率变化值 ΔQ 和 ΔK。

滤失量和渗透率变化值表示的是煤油对钻井液体系污染后的岩样进行驱替实验时，在驱替压差突然大幅度增加时（增加幅度 $\geqslant 1$），滤失量的增加量和渗透率的增加量。此值越小，说明钻井液对岩样的封堵能力越强，从而说明该钻井液体系对岩样所属储层的保护能力越强。

3. 钻井液体系污染评价实验步骤

选用煤油对岩样进行驱替实验，并测定岩样的液相渗透率。实验过程中分为恒定驱替压力法和恒定介质流速法两种方法，本实验采用恒定流速法。实验步骤如下：

（1）选用人造岩心抽空饱和地层水 24h，用煤油正向测岩心的初始渗透率 K_{o1}；

（2）压差控制在 3.5MPa，模拟实际钻井情况循环钻井液 125min，测定钻井液的滤失量，并利用达西公式计算岩心渗透率（K_m），以考察钻井液体系的封堵效果；

（3）停止钻井完井液循环，刮去岩心上的泥饼，用煤油正向再测岩心渗透率，测量过程中要注意观察启动压差 p_{max}，最后测定伤害后岩心的渗透率 K_{os}；

（4）确定岩心污染后的渗透率 K_{os}，取出岩心，截掉泥饼端一定长度后，再正向测岩心的渗透率，目的在于评价钻井完井液的伤害深度，确定钻井液滤液侵入岩样的深度 h。

4. 侵入储层深度测定评价

动态伤害评价所用钻井液基本配方：

（1）4% 土　浆 +0.3%Na$_2$CO$_3$+0.2%NaOH+1%CMP−1+3%JMP−1+1%GBH+0.2%FSJ+2%SPNH。

（2）4% 土　浆 +0.3%Na$_2$CO$_3$+0.2%NaOH+1%CMP−1+3%JMP−1+1%GBH+0.2%FSJ+2%SPNH+ 重晶石。

（3）4% 土　浆 +0.3%Na$_2$CO$_3$+0.2%NaOH+1%CMP−1+3%JMP−1+1%GBH+0.2%FSJ+2%SPNH+3% 双膜剂。

（4）4% 土　浆 +0.3%Na$_2$CO$_3$+0.2%NaOH+1%CMP−1+3%JMP−1+1%GBH+0.2%FSJ+2%SPNH+3% 双膜剂 + 重晶石。

1#、2# 岩心分别经配方（1）、（2）号污染，实验结果见表 5−10，表明未加"双膜"处理剂的钻井液体系的暂堵效果较差，钻井液循环污染后岩心自然反排渗透率的恢复值较低，分别只有 40% 和 50%，说明未加封堵保护剂的钻井液对储层伤害较大。而且实验过程中观察的启动压差较高，这会增大后续反排解堵作业的难度。截掉岩心泥饼端 1cm 后，岩心渗透率的恢复值最高仍只有 67%，因此可以判断钻井液中的固相颗粒侵入深度较大，超过了 1cm。

3#、4# 岩心分别经配方（3）、（4）号污染，实验结果见表 5−10，表明加了"双膜"钻井液体系封堵效果好，泥浆循环后岩心自然反排渗透率的恢复值高，分别达到了 75% 和

83%，说明加入储层封堵保护剂减少了原钻井液体系对储层岩心的伤害。实验过程中观察的启动压差较低，这说明后续的反排解堵作业工作较容易进行。当截掉泥饼端 1cm 后，岩心渗透率的恢复值已基本达到 100%，因此可以判断"双膜"协同保护钻井液体系的固相颗粒侵入深度较浅，一般在 1cm 以下。

表 5-10 "双膜"体系动态伤害侵入深度评价

岩样号	K_{o1} (mD)	煤油自然反排		截掉泥饼端 0.5cm		截掉泥饼端 1cm	
		K_{o2} (mD)	K_{o2}/K_{o1} (%)	K_{o3} (mD)	K_{o3}/K_{o1} (%)	K_{o4} (mD)	K_{o4}/K_{o1} (%)
1#	0.10	0.04	40%	0.04	40%	0.05	50%
2#	0.06	0.03	50%	0.03	50%	0.04	67%
3#	0.08	0.06	75%	0.07	88%	0.08	100%
4#	0.12	0.10	83%	0.08	67%	0.12	100%
备注	K_{o3} 为截掉泥饼端 0.5cm 后测得的煤油渗透率； K_{o4} 为截掉泥饼端 1cm 后测得的煤油渗透率						

钻井液体系动态污染岩心实验结果表明，"双膜"协同保护储层钻井液可在近井壁地带形成致密泥饼，明显降低了钻井液对地层的伤害，储层岩心的自然反排渗透率恢复值大于80%，说明"双膜"协同保护储层钻井液体系具有十分理想的储层保护效果。

四、"双膜"保护裂缝性储层效果评价

1. 动滤失量评价

采用塔里木油田塔中地区 86 井储层天然裂缝岩心，控制条件为温度 80℃和压差3.5MPa，测定其动滤失量随时间的变化曲线见图 5-19，"双膜"协同保护储层钻井液体系对动态滤失量的影响效果，如图 5-20 所示。

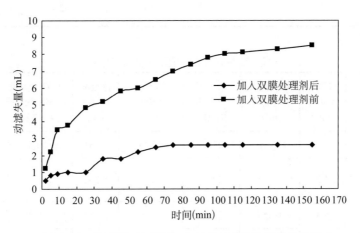

图 5-19 "双膜"处理剂加入前后对动滤失量变化的影响

由图 5-19 可见，未加"双膜"处理剂时的动滤失量随时间的推移不断增大，而加入

"双膜"处理剂后动滤失量随时间变化的增量在 60min 后为零，说明"双膜"钻井液体系具有良好的防止井壁坍塌和保护储层的效果。

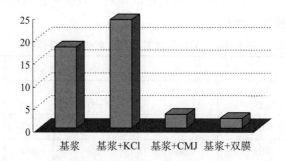

图 5-20　"双膜"协同钻井液体系对动态滤失量的影响效果

基浆：4%±+0.3%Na$_2$CO$_3$+0.2%NaOH+1%CMP-1+3%JMP-1+1%GBH+0.2%FSJ+2%SPNH

图 5-20 表明，"双膜"协同保护储层钻井液能显著地降低体系的动态滤失量，降低幅度在 70% 以上，充分达到了储层保护的效果。

2. 天然岩心伤害评价

采用塔里木油田塔中地区 86 井储层碳酸盐岩岩心经人工裂缝，模拟现场实际条件（温度 100℃和 150℃，钻井液循环伤害压差 3.5MPa，伤害速递为 200），评价了经"双膜"协同钻井液体系伤害的岩心渗透率恢复值，结果见表 5-11、表 5-12。实验表明，岩心经"双膜"钻井液伤害后的渗透率恢复值高，该体系对储层伤害小，有利于保护储层。

表 5-11　"双膜"钻井液动态伤害天然岩心评价

岩心编号	造缝后空气渗透率（mD）	油相渗透率（mD）	伤害后渗透率（mD）	渗透率恢复值（%）	条件
TZ86-8	71.3	16.7	14.5	86.8	温度 100℃ 压差 3.5MPa
切去 1cm	—	—	15.6	93.4	温度 100℃ 压差 3.5MPa

表 5-12　钻井液岩心渗透率恢复值实验结果

钻井液配方	岩心	125min 动滤失（mL）	造缝后气相渗透率（mD）	油相渗透率（mD）	伤害后渗透率（mD）	渗透率恢复率（%）	切割 1cm 后渗透率恢复率（%）	反排突破压差（MPa）	温度（℃）
基浆	TZ86-12	7.2	75.96	27.86	10.45	37.51	54.56	0.099	150
双膜钻井液	TZ86-17	4.2	77.23	29.07	26.75	92.02	—	0.047	150
基浆	TZ86-29	6.8	62.58	22.29	7.43	33.33	49.98	0.102	150
双膜钻井液	TZ86-30	4.0	64.61	23.88	21.57	90.33	—	0.051	150

第五节　裂缝性漏失储层的"双膜"保护储层钻井液

裂缝较发育的储层，又很容易发生漏失。一旦井眼发生漏失，井壁将无法承受流体的静压力，对储层造成严重的伤害，干扰地质录井等工作，钻井液的严重漏失是裂缝性储层钻井作业中常出现的井下复杂事故，应该给予高度的重视。近年来，大多采用的办法是往钻井液体系中加入碳酸钙和石墨等颗粒物质，来抑制封堵裂缝储层的漏失，这些颗粒封堵剂可以明显的提高井壁岩石的承压能力，但是对于裂缝性储层的漏失机理与颗粒封堵剂的封堵物理模型的分析研究还不够深入，此时，把"双膜"保护储层钻井液技术与防漏堵漏相关理论结合起来，形成针对裂缝性漏失储层的"双膜"保护储层钻井液。

一、裂缝性储层漏失机理

在线弹性理论和 Kirsch's 的剪切应力公式的基础上，scheidegger 在直井环形完美井壁上引出了裂缝初始压力的概念。裂缝初始压力是泥浆进入储层前井壁所承受的最大压力，定义为忽略岩石抗拉强度时，将剪切强度减小到零时的地层压力。完美井壁情况下的裂缝初始压力公式为：

$$p_{ini}=3S_h-S_H+T+p_o \tag{5-2}$$

式中　p_o——多孔介质的孔隙压力；

　　　T——抗拉强度；

　　　S_H——最大水平即应力；

　　　S_h——最小水平地应力。

在完美井壁情况下，当泥浆的当量循环密度大于裂缝初始压力时，漏失发生。

由于岩石性能和钻井条件各异，井段的井壁情况不可能都完美，井壁上会有裂缝。众所周知，很多天然裂缝是由构造运动、火山活动和盐丘迁移引起的。钻井过程中，异常高压诱发裂缝并不罕见，当地应力存在大压差时（如直井中 $S_H > 3S_h$），不管井筒压力如何都可能产生剪切缝。一旦井壁存在天然裂缝或诱导裂缝，若井眼液柱压力超过最小水平地应力时裂缝就会延伸引起井漏。Onyia 证实了这个理论，试验发现存在天然裂缝或诱导裂缝的井壁的破裂压力比预测的完整井壁值要低很多。Morita 从油基泥浆中也得到类似的结论：油基泥浆不会形成厚泥饼，从而使得预处理泥浆渗漏入天然裂缝中。

如表5-13所示，井壁压力需同时大于破裂压力和延伸压力才会发生漏失。破裂压力和延伸压力中较大的那个就是维持井眼压力安全壳（WPC），或者是漏失发生前井壁承受的最大压力。裂缝性储层的裂缝初始压力与完整井壁的裂缝初始压力意义不同，对于裂缝性储层而言，裂缝初始压力就是裂缝进一步延伸的压力。由于沉积岩和钻井过程的复杂性，井眼破裂压力受很多因素影响，包括杨氏模量、井眼大小、泥浆性能、天然裂缝、裸眼地应力场及裂缝强度等。

表 5-13　漏失发生条件

井眼压力（p_w）是否更大	裂缝延伸压力（S_h）	井眼破裂压力（p_w）	泥浆是否漏失
	否	否	否
	否	是	否
	是	否	否
	是	是	是

Haimson 和 Detournay 指出了泥浆侵入情况下的裂缝初始压力公式：

$$p_{ini} = \frac{3S_h - S_H - 2\eta p_o + T}{2(1-\eta)} \tag{5-3}$$

其中 η 定义为：

$$\eta = \frac{\alpha(1-2v)}{2(1-v)}$$

Haimson 和 Detournay 指出：这个公式代表裂缝初始压力的最小值。然而，钻井中，泥浆用于维持地层压力，出于储层保护、流变性稳定性、卡钻方面考虑，泥浆滤液要控制在很低的水平。所以泥浆侵入不会是减小 WPC 的主要原因。值得一提的是有些地层的裂缝尺寸太大，通常的泥浆固相无法有效实现封堵。

当地层中存在大孔喉，溶洞、天然裂缝时，其 WPC 主要与地层压力有关。沉积岩的抗拉强度，通常不超过 200psi。为简化应力分析，经常被忽略。Abou-Sayed 根据断裂力学理论得出：裂缝的几何尺寸及方位对裂缝的延伸和裸眼裂缝初始压力的影响很大。孔隙压力保持不变，研究得到存在天然裂缝的非渗透性储层中的裂缝初始压力公式：若裂缝长度小于井眼半径的 10%，$p_{ini}=(3S_h-S_H+T')/2$，其中 T' 为岩石的剪切强度。例如，对于井眼直径为 8.5 英寸（八寸半）的井眼而言，引起初始压力大幅下降的裂缝长度仅需 1.08cm（0.425 英寸）。表 5-14 为不同井壁情况下裂缝初始压力和延伸压力公式。

表 5-14　估算裂缝初始压力和裂缝延伸压力的公式

WPC	裂缝初始压力（p_{ini}）		裂缝延伸压力（S_h）
完美 WPC（Kirsch 周向应力）	完美井眼（没有侵入液时）	$S_H=S_h\&T=0$	当 $S_H=S_h$ 时，$S_h = \frac{v}{1-v}S_v + \left(1-\frac{v}{1-v}\right)p_o$
	$p_{ini}=3\sigma_h-\sigma_H+T+p_o$	$p_{ini}=2S_h+p_o > S_h$	
	完美井眼（没有侵入液时 $S_H=S_h\&T=0$）	$S_H=S_h\&T=0$，且 $v=1/3$	
	$p_{ini}=\frac{2v}{1-v}S_v+\frac{1-3v}{1-v}p_o$	$p_{ini}=S_v \gg S_h$	
液侵引起 WPC 减小	完美井眼（液侵）	当 $S_H=S_h\&T=0$，（$\sigma \gg 0$）$v=1/3$	
	$p_{ini}=\frac{3S_h-S_H-2\eta p_o+T}{2(1-\eta)}$　$\eta=\frac{\alpha(1-2v)}{2(1-v)}$	$p_{ini}=S_h+(1-2v)\sigma_h \gg S_h$	
裂缝减小 WPC	有微裂缝的井壁	$S_H=S_h\&T=0$	
	$p_{ini}=(3S_h-S_H+T')/2$	$p_{ini}=S_h$	

从表 5-14 可知，在同样的情况下，存在裂缝的井壁的裂缝初始压力比完美状态的裂缝初始压力要小很多，比液侵对 WPC 的减小程度更明显。表明裂缝性储层易漏失的主要原因是因为其裂缝初始压力低，而且泥浆一旦侵入裂缝，井壁的 WPC 会更变得更小，更容易引发井壁失稳、储层伤害等一系列问题。只有在漏失前迅速封堵和加固裂缝，大幅提高裂缝性储层井壁的 WPC 值，扩大安全密度窗口才能从根源上解决裂缝性储层漏失问题。

二、实现储层防漏堵漏的条件

维持裂缝面闭合的应力为裂缝闭合应力（FCS）。Nolte 认为闭合应力应该等于裂缝开启时的液柱压力，并认为裂缝闭合应力是以下二个力的合力：（1）最小水平地应力，一旦井壁压力接近最小水平地应力，闭合的裂缝即将重新开启；（2）井眼产生后，井壁坍塌前产生的切向应力在井壁上产生额外的抗压应力。维持裂缝开启的总应力就是近井壁地带较大的水平应力和较小的周向应力的总和，这两个应力不同时起作用。比如，井筒压力使得岩石破裂，液体直至井壁，对正在开启的裂缝面施加压力，此时环压力降为 0 而水平应力仍然存在。将体系模拟成受压介质中的二个平面板更适合。

如果钻井液密度降低，当量循环密度比闭合应力小，裂缝就会闭合，漏失停止。而当量循环密度大于闭合应力时，裂缝就会开启，漏失继续。现场经验表明，发育裂缝会反复开启，由于岩石的最小水平地应力不会改变，开启应力也不会变小。裂缝可以看成是可靠的卸压阀。

根据虎克定律：形变与应力成正比。线弹性裂缝力学模型表明，应力与宽度成线性关系，裂缝宽度增加某一值，周围岩石要压缩同样值，而岩石的压缩性即为弹性模量。这个关系一直是数值模拟的基础，但裂缝存在周向应力，包括近井壁地带周向应力及紧靠扩展裂缝尖端低压带的应力环。增加宽度的操作会增加其闭合应力。

Dupriest 指出：通过提高裂缝闭合压力可以实现堵漏，并提高裸眼完整性。裂缝增大会增加裂缝面的抗压强度。Deeg 采用水力压裂方法来研究裂缝开启应力，找出垂直及平行裂缝方向（S_H 和 S_h）的应力，随着裂缝宽度变大，应力情况变得很复杂。裂缝闭合应力与宽度的关系如图 5-21 所示。

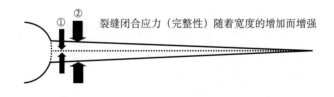

图 5-21 裂缝闭合应力与宽度的关系

通过封堵支撑使裂缝保持张开，增加裂缝宽度可增加裂缝闭合应力。裂缝宽度取决于裂缝压力、地层杨氏模量、柏松比。裂缝宽度增加，沿封堵面裂缝会产生额外大于 S_h 的应力。近井地带的应力增加跟裂缝宽度直接相关。裂缝压力超过最小水平地应力的部分定义为净裂缝压力（NFP）。NFP 越大，裂缝会变得越宽。最初产生 NFP 裂缝宽度的是钻井液液柱压力或当量循环密度（ECD）。超过最小水平地应力的净压力的增加会提高裂缝封堵后的裂缝重启压力。如果 FCS > ECD 即裂缝闭合应力大于当量循环密度，漏失不会发生。

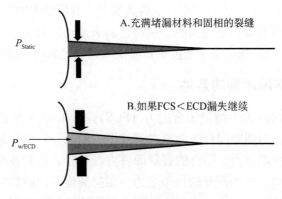

图 5-22　堵漏示意图

如图 5-22 所示，简单封堵无法堵漏，必须在架桥隔离的同时获得足够宽度使得裂缝闭合应力大于当量循环密度，裂缝可能会被材料堵塞使得压力无法传递到尖端。然而，如果裂缝宽度不足以提供足够的闭合应力，当额外井壁压力起作用时，裂缝会延伸，宽度变大，封堵材料通过，堵漏失败。如果操作成功，裂缝不会变宽或变长。裂缝全部填充固相，比如水泥浆、水化堵漏剂，其不能在长度范围内传递压力，但如果当量循环密度超过闭合应力，裂缝会变宽，漏失会越过材料继续蔓延到尖端。

由以上裂缝封堵模型可见，要想实现成功防漏堵漏作用，应满足以下两个条件：（1）材料必须能够在裂缝瞬间变宽的时候实现并维持架桥隔离；（2）最终宽度的闭合应力必须比当量循环密度大。

三、堵漏材料要求

裂缝性储层易漏失，主要是因为裂缝的存在，因此研究封堵机理应以裂缝为对象。封堵裂缝的关键是确定能够阻止裂缝扩展的临界条件。假设裂缝以一个恒定的速度向前传播，利用物质平衡原理可得在裂缝尖端周围从裂缝表面漏出的漏失总量是：

$$Q_{\mathrm{f}} = \frac{8}{3} C_{\mathrm{o}} \frac{r_1^{3/2}}{\sqrt{v}} + 2r_1 S_{\mathrm{p}} \tag{5-4}$$

式中　C_{o}——流体漏失系数，无因次；

　　　S_{p}——造壁前的漏失量，m^3；

　　　v——裂缝传播速度，$\mathrm{m/s}$；

　　　r_1——距离裂缝尖端的径向长度，m。

能够从裂缝尖端漏失的钻井液的体积是：

$$Q_{\mathrm{f}}' = \frac{16(1-\mu^2)}{3\sqrt{2\pi}E} K_{\mathrm{p}}^{c} \frac{3}{2} r_1^{3/2} (C_{\mathrm{m}} - \phi) \tag{5-5}$$

式中 C_m——钻井液与堵漏剂的混合浓度（百分比）；

ϕ——钻井液与堵漏材料的混合孔隙度（百分比）。

根据物质平衡的原理，裂缝尖端范围总的钻井液漏失量应大于或等于这个范围内用于引发滤失而漏走的钻井液体积，即可得到下面的表达式：

$$\left[\frac{16(1-\mu^2)}{3\sqrt{2\pi}E}K_p(C_m-\phi)-\frac{4}{3}C_o\Big/C_1\frac{1}{\sqrt{v}}\right]\cdot\sqrt{r_1}\leqslant S_p\Big/C_1 \tag{5-6}$$

式中 C_1——钻井液中的液相浓度（百分比）。

标准泥浆是由中等颗粒黏土固相及细粒的基液（包括液体和胶粒）组成的。其滤失机理是中等颗粒形成滤饼以防止细粒基液的渗漏。引入三种不同尺寸（大的材料、中的泥浆颗粒及细的基液）防漏材料可增加裂缝的裂缝延伸应力，阻止泥浆漏进裂缝并形成具有一定承压能力的封堵层，这样就可完全制止漏失并增加地层强度。

假定在某裂缝尖端的极限宽度内，一种防漏材料架桥封堵裂缝尖端，可以支撑裂缝压力而不破裂，那么裂缝压力增加时，此防漏材料在裂缝尖端周围的架桥将被破坏，那么，当裂缝尖端周围的泥浆体积减少时，堵漏材料所需的浓度随着裂缝的延伸而增加。而防漏材料能够阻止裂缝扩展建立合适尺寸的人造井壁的条件是：

$$C_o\Big/C_1\geqslant\frac{2(1-\mu^2)}{\sqrt{2\pi}\cdot E}K_p^c(C_m-\phi)\sqrt{v} \tag{5-7}$$

从式（5-7）可看出，高滤失量的泥浆倾向于增加防漏材料的浓度；高杨氏模量和低裂缝强度可形成一个狭小的裂缝尖端，就能很快被封筛隔住；较高的防漏材料浓度加上较低的 C_m 也可增加防漏材料的筛隔能力。上式还表明，封堵是否成功的关键因素之一是强度，如果破裂压力增加，桥堵在裂缝尖端周围的堵漏材料就可能破坏。由堵漏材料滤失产生的破裂传播阻力，随地层弹性模量和有效地应力的增加而增加，随裂缝尺寸的减少而减小。对于裂缝性地层，防漏材料是种常用的天然裂缝的抑制延伸剂，其井眼破裂压力可提高 958.6kg/m³，裂缝扩张压力增加 359.48～718.96kg/m³。当杨氏模量较高而裂缝强度较低时，则可形成一个狭小的裂缝尖端；提高防漏材料浓度可增加防漏材料的筛隔封堵能力；裂缝扩张阻力随着防漏材料的浓度、地层杨氏模量和地层有效应力的增加而增加；对于很大的天然裂缝，防漏材料则可作为封堵材料使用。

初始时裂缝的张开度很小，裂缝中几乎完全填充钻井液后，裂缝的张开度增加，稳定的架桥形成过程中，颗粒材料必须具有足够的抗压强度、抗拉强度和抗剪切强度才能承受压差引起的弯曲应力和纵向应力。同时，颗粒材料还必须具有足够的硬度，以防止颗粒变形而降低堵漏效果。对于柔性材料而言，它们必须有能力在堵桥上形成密封，以降低渗透率。也就是说，它们必须具有足够的强度，才能桥接封堵住颗粒材料中的间隙，而且还必须足够的弹性和塑性，才能变形封堵大部分缝隙的有效流动面积。因此，坚硬的颗粒材料与弹性塑性好的柔性材料的复合物才能提供最佳的裂缝封堵效果。

四、堵漏材料优选与评价

1. 柔性封堵材料

根据"应力笼"理论，除了常规封堵裂缝性储层选用的碳酸钙颗粒外，这里还选用了

图5-23 防漏失柔性封堵材料示意图

一种柔性封堵材料，它是一种含芳基单体、DAP单体以及一定量辅料在温度为75℃时的聚合物，加入一定量引发剂后，发生聚合及交联反应，最终得到这种封堵裂缝漏失性储层的柔性堵漏材料。它可以按照不同裂缝宽度的需要加工成不同粒径的柔性颗粒，其粒径范围为1～8mm，将其加入钻井液体系中可形成柔性颗粒悬浮液，便于现场使用。由于这种柔性封堵材料（图5-23）具有很强的形变能力，因此可以任意挤压、拉伸使其产生变形，从而达到挤压进裂缝并封堵裂缝的效果。

（1）柔性封堵材料基本性能。

这种柔性封堵材料具有密度可调，大小可调的优点，不影响钻井液的流变性，不污染钻井液，环境友好，根据不同裂缝地层的钻井需要，可调整其密度和大小加入钻井液体系中。和常用的硬质碳酸钙颗粒以及"双膜"封堵剂复配应用于裂缝漏失性储层的封堵保护具有很好的效果。室温下测定这种封堵材料的破裂压力在50MPa以上，弹性模量为80MPa，弹性系数为0.45。

不同裂缝宽度对柔性封堵材料颗粒的粒径选择见表5-15。

表5-15 不同裂缝宽度对柔性颗粒封堵材料粒径的选择

压力（MPa） 粒径（mm） 缝宽（mm）	1	2	3	4	5
1	1.10	1.20	1.35	1.60	2.0
2	2.20	2.40	2.80	3.20	4.0
3	3.30	3.60	4.20	4.80	5.50
4	4.40	4.80	5.40	6.0	7.0
5	5.50	6.0	6.80	7.50	8.0

针对漏失性储层裂缝宽度，优选出了以下4种粒径的柔性封堵材料FD-1，FD-2，FD-3，FD-4，其颗粒尺寸分布见表5-16。

表5-16 柔性封堵材料尺寸分布

材料	FD-1	FD-2	FD-3	FD-4
D_{10}（μm）	10	12	160	275
D_{50}（μm）	55	100	460	1060
D_{90}（μm）	110	210	710	1650

（2）柔性材料封堵机理。

考察不同的堵漏材料对裂缝漏失性储层的封堵承压能力实验。无效的封堵材料封堵实验表明，没有观察到有效的裂缝封堵能力，流体压力等于地层承压能力易导致漏失发生，伤害储层。图5-24为有效封堵材料封堵裂缝情况，本研究封堵材料采用的是防漏失柔性封堵材料和硬质碳酸钙，封堵效果显著，达到了保护储层的目的。

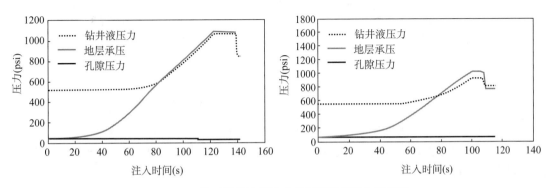

图5-24 普通钻井液无法有效封堵裂缝漏失性储层

高效防漏失柔性封堵材料可有效封堵裂缝，提高裂缝重启压力，有效强化井眼，提高裂缝梯度，防止裂缝漏失性储层的大量漏失，保护油气层，如图5-25所示。

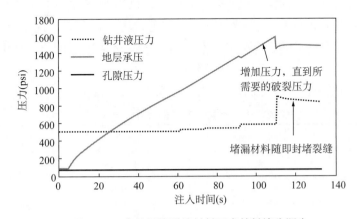

图5-25 高效封堵裂缝材料可有效封堵防漏失

这种柔性封堵颗粒材料完善了常规桥堵材料只能通过架桥充填封堵漏层的缺点，适应的范围拓广。在实际钻井应用过程中，裂缝宽度、长度通常未可知，此时可使用较大尺寸的柔性颗粒堵漏，当裂缝宽度大于柔性颗粒直径时，该粒结合复配封堵剂可通过架桥充填起到封堵防漏失作用；当裂缝宽度小于柔性颗粒直径时，该颗粒可通过挤压变形及扩张充填起到封堵防漏失作用。柔性颗粒材料的封堵裂缝原理见图5-26所示。

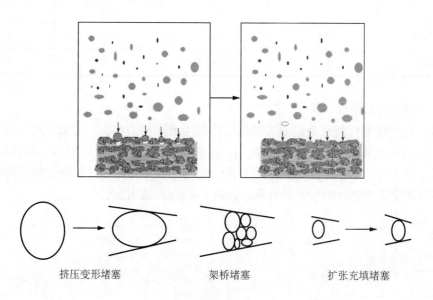

挤压变形堵塞　　　　　架桥堵塞　　　　　扩张充填堵塞

图5-26　弹性颗粒的挤压变形及扩张充填封堵原理

图5-26表明柔性颗粒进入裂缝内，发生一定程度的形变，颗粒在裂缝壁中的挤压力使得颗粒稳定地形成封堵骨架而存在，若再复配硬质碳酸钙颗粒和"双膜"封堵剂，必定能达到防漏堵漏的目的。

2. 针对不同宽度裂缝的硬质颗粒材料配方

由于是针对储层堵漏，堵漏材料选择酸溶性好的碳酸钙颗粒。碳酸钙颗粒的尺寸与规格见表5-17。

针对不同宽度裂缝，优选出适宜的封堵材料，以封堵宽度为1mm的裂缝为例，通过LA-950激光粒度分析仪来分析优选硬质碳酸钙封堵材料配方。优选出三种不同规格的碳酸钙颗粒产品FDJ-1100、FDJ-300和FDJ-60研究其封堵配方。FDJ-1100、FDJ-300和FDJ-60分别为粗中细规格的碳酸钙颗粒，其D_{50}值分别为1182.18 μm，314.82 μm，63.74 μm，粒径分布图见图5-27至图5-33。

表5-17　碳酸钙颗粒的尺寸分布表

材料	D_{10}（μm）	D_{50}（μm）	D_{90}（μm）
FDJ-1100	810	1182.18	2096
FDJ-1000	734	1000	1892
FDJ-700	401	665	1019
FDJ-600	515	600	1133
FDJ-300	168	314.82	641

材料	D_{10}（μm）	D_{50}（μm）	D_{90}（μm）
FDJ—150	67	150	321
FDJ—80	12	80	182
FDJ—60	12	63.74	108
FDJ—50	3	50	125
FDJ—35	5	35	113
FDJ—25	1	25	56
FDJ—5	1	5	11

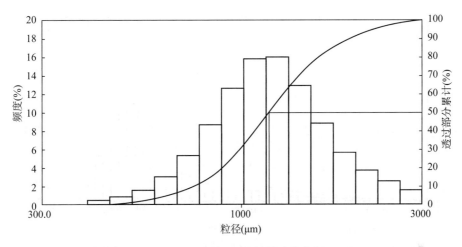

图 5-27 FDJ-1100 的尺寸分布图

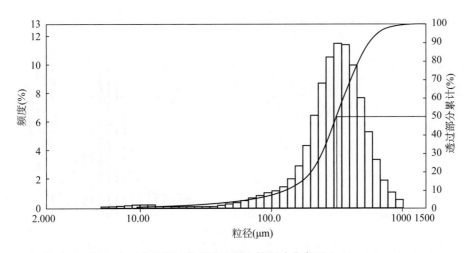

图 5-28 FDJ-300 的尺寸分布图

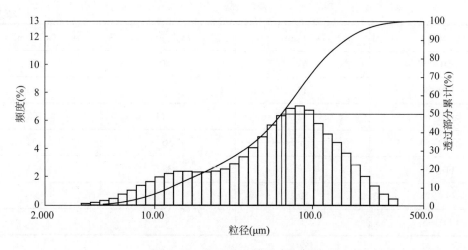

图 5-29　FDJ-300 的尺寸分布图

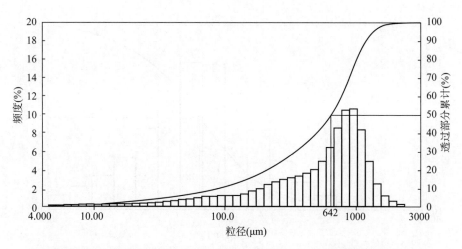

图 5-30　FDJ-1100 ∶ FDJ-300 ∶ FDJ-60 为 4 ∶ 4 ∶ 2 时颗粒尺寸分布图

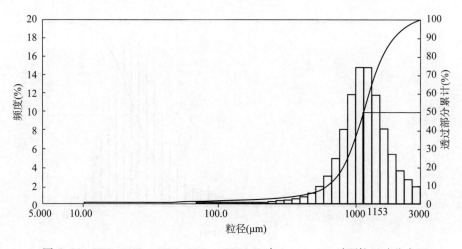

图 5-31　FDJ-1100 ∶ FDJ-300 ∶ FDJ-60 为 8 ∶ 1 ∶ 1 时颗粒尺寸分布图

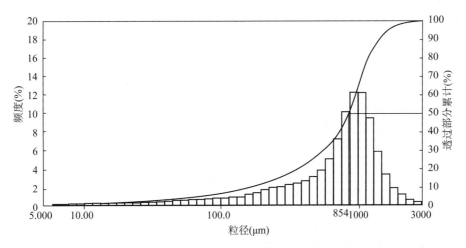

图5-32 FDJ-1100：FDJ-300：FDJ-60为6：3：1时颗粒尺寸分布图

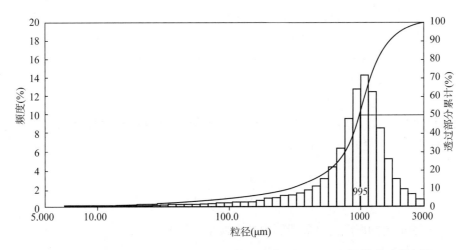

图5-33 FDJ-1100：FDJ-300：FDJ-60为7：2：1时颗粒尺寸分布图

从以上颗粒尺寸分布图中可看出：FDJ-1100：FDJ-300：FDJ-60为7：2：1时可达到要求，添加剂的颗粒尺寸分布是光滑和连续的，从黏土尺寸到需要的架桥宽度均有分布，而且D_{50}约为1mm。为了使架桥能承受压力激动和岩石运动的冲击，在封堵材料中加入2%的裂缝性地层新型弹性堵漏材料，形成硬弹性架桥颗粒组合。

通过同样方法得到对应100～1000μm裂缝的硬性颗粒组合配方表。对于100～1000μm的裂缝，其封堵配方见表5-18。

表5-18 对于不同宽度裂缝的封堵配方

裂缝尺寸（μm）	配方	D_{10}（μm）	D_{50}（μm）	D_{90}（μm）
100	FDJ-300：FDJ-50：FDJ-5=3：4：1	6.55	97.43	221.70
200	FDJ-300：FDJ-150：FDJ-25=4：2：1	14.15	208.91	363.76
300	FDJ-600：FDJ-150：FDJ-5=4：1：1	15.78	292.86	554.23
400	FDJ-600：FDJ-300：FDJ-35=2：1：1	16.32	304.22	964.25

裂缝尺寸 （μm）	配方	D_{10}（μm）	D_{50}（μm）	D_{90}（μm）
500	FDJ−700：FDJ−300：FDJ−25=4：4：2	23.01	511.06	1296.18
600	FDJ−1000：FDJ−150：FDJ−80=5：4：1	33.26	608.35	1033.99
700	FDJ−1000：FDJ−300：FDJ−50=5：3：2	36.69	716.45	1087.39
800	FDJ−1000：FDJ−300：FDJ−50=6：3：1	48.73	802.85	1525.12
900	FDJ−1000：FDJ−300：FDJ−50=7：2：1	48.86	908.97	1546.37
1000	FDJ−1100：FDJ−300：FDJ−60=7：2：1	51.26	998.56	1897.26

五、裂缝漏失性储层防漏堵漏对策

对于裂缝性漏失储层而言，裂缝既是储集空间又是渗流通道，一旦堵死漏层，也就没有了价值。钻井完井过程中针对储层段防漏堵漏，一方面要求如何在液相进入裂缝之前，迅速封堵并具有较高的承压能力；另一方面封堵层在完井试采过程中有高效解堵方法，或者说能返排恢复裂缝渗透率。

下面介绍如何快速有效封堵裂缝：

假设裂缝为放射状，那么控制裂缝张开所要求的压力是裂缝张开度和地层硬度的函数，公式（5−8）显示了裂缝的强化效应：

$$\Delta p = \frac{\pi}{8} \frac{w}{R} \frac{E}{(1-v^2)} \tag{5−8}$$

式中　Δp——裂缝内的净压力（裂缝压力减去最小水平地应力）；

　　　w——裂缝宽度；

　　　v——地层的泊松比；

　　　E——地层的杨氏模量；

　　　R——裂缝半径。

在裂缝开口附近用架桥粒子保持裂缝张开，使得裂缝宽度瞬间变大，提高周向应力，使得地层承受高于裂缝梯度的压力也不会造成泥浆漏失。架桥粒子产生的应力可以阻止液相过平衡压力的传递。桥塞自身的渗透率必须足够低，以便可以形成压力隔离。

以加宽裂缝方式增加裂缝闭合应力（FCS），在井眼周围产生增加的周向应力，从而有效扩大安全密度窗口，一旦FCS＞ECD即裂缝闭合应力大于当量循环密度，漏失不会发生，固相颗粒和液相就无法涌入地层造成严重伤害，从而达到良好的稳定井壁保护储层的作用。

为了使储层堵漏效果最佳，在瞬间增加裂缝宽度，挤入硬弹性组合达到增加裂缝闭合应力，强化井眼的目的，拟采用以下步骤达到目的。

首先借助成像测井技术识别裂缝位置和几何尺寸，尤其是它的宽度，然后根据裂缝的宽度来确定材料的种类和尺寸。较高浓度比低浓度效果更好。高浓度会使封堵更迅速，阻止裂缝延伸太长或太宽。按照表5−18形成的配方，结合弹性堵漏材料，形成硬弹性架桥材料。

一旦预期可能会严重漏失，迅速将硬弹性架桥材料加入泥浆中，接着适当提高泵压，使鳖压达到设计值，使裂缝充分开启，在裂缝层段挤注能有效形成封堵层的段塞强化地层，这种桥塞的变形性应足以承受压力波动和岩石运动。通过增加裂缝宽度来提高裂缝闭合应力，有效实现井眼强化。

高的挤注压力以加宽裂缝方式加强了井眼，从而增加了井壁压缩应力（图5-34）。

阻止裂缝延伸、提高周向应力使得地层承受高于裂缝梯度的压力也不会造成泥浆漏失。阻止或者封堵住井壁上的裂缝开口，裂缝能仍然保持稳定。只有裂缝宽度超过某临界值，钻井液穿过井壁到达裂缝后，裂缝的增长才会变得不稳定。一旦裂缝膨胀开始延伸，再用颗粒封堵就太晚了。

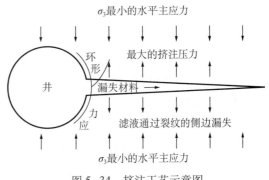

图5-34 挤注工艺示意图

对于高效解堵：首先立足于压力返排，这是最经济的解堵措施。而且由于所用的硬性材料为碳酸钙酸溶性高，弹性材料变性性极强，在一定的返排压力的就能变形挤出裂缝，且海相裂缝性储层中裂缝具有一定规模、一定缝宽、具有高压异常的储层，其返排自洁能力往往较强，该储层堵漏技术解堵效果很好。

对于裂缝性漏失储层的"双膜"保护储层钻井液体系配方为：4%土+0.3%Na_2CO_3+0.2%NaOH+1%CMP-1+3%JMP-1+1%GBH+0.2%FSJ+2%SPNH+3%双膜处理剂+2%柔性封堵材料+3%不同目数复配硬质碳酸钙，其中的硬弹性架桥组合最好挤注进入储层，以达到最佳的效果。

六、保护裂缝漏失性储层效果评价

采自塔中地区86井天然岩心，经人工造缝处理（图5-35），控制温度为120℃，伤害压差3.5MPa，模拟实际钻井现场，进行不同钻井液体系动态伤害实验，对比评价了防漏失"双膜"协同钻井液体系。

图5-35 人造裂缝岩心

1. 人造裂缝宽度估算

利用达西定律导出了裂缝宽度的计算式为：

$$W = 2 \times \left[\frac{3}{2} \times \frac{A}{H_f} \times \left(K_f - K_m \right) \right]^{\frac{1}{3}} \tag{5-9}$$

式中　K_f——测定渗透率，mD；

　　　K_m——岩石孔隙渗透率，mD；

　　　A——岩心截面积，cm^2；

　　　W——裂缝宽，μm；

　　　H_f——裂缝长度（或岩心长度），cm。

2. 防漏失"双膜"协同保护钻井液体系评价

1）采用钢板模具直观评价钻井液体系

由于钢板模具岩心的 K_m 为零，岩心的裂缝宽度可根据测定的渗透率（K_f）计算而得，即裂缝宽（W）与其渗透率的关系可表示为：

$$W = 2 \times \left(\frac{3}{2} \times \frac{A}{H_f} \times K_f \right)^{\frac{1}{3}} \tag{5-10}$$

再根据达西定律：

$$K_f = \frac{\mu Q H_f}{A \times \Delta p} \tag{5-11}$$

可以推导出不锈钢缝板模拟岩心的裂缝宽度计算公式为：

$$W = 5.848 \times \left(\frac{\mu Q}{\Delta p} \right)^{\frac{1}{3}} \tag{5-12}$$

式中　W——流量，mL/min；

　　　Δp——压差，MPa；

　　　μ——流体黏度，mPa·s。

岩心渗透率计算公式为：

$$K = \frac{5}{3} \times \frac{\mu Q H_f}{A \times \Delta p} \tag{5-13}$$

岩心渗透率恢复值（K_{RS}）计算公式为：

$$K_{RS} = \frac{K_0}{K_{0S}} \times 100\% \tag{5-14}$$

式中 K_{RS}——渗透率恢复值，%；

  K_0——污染后岩心的渗透率，mD；

  K_{0S}——污染前岩心的渗透率，mD。

现场所用聚合物钻井液配方：

4% 土 +0.3%Na$_2$CO$_3$+0.2%NaOH+1%CMP-1+3%JMP-1。

防漏失"双膜"协同钻井液配方：

4% 土 +0.3%Na$_2$CO$_3$+0.2%NaOH+1%CMP-1+3%JMP-1+1%GBH+0.2%FSJ+2%SPNH+3% 双膜处理剂 +2% 柔性封堵材料 +3% 不同目数复配硬质碳酸钙。

如图 5-36、图 5-37 所示，实验结果表明，现场所用聚合物钻井液体系对储层伤害大，污染严重，而防漏失"双膜"协同保护钻井液体系保护储层效果显著，可以达到无伤害目的。

图 5-36 现场所用聚合物钻井液污染伤害　　图 5-37 优化后双膜协同保护钻井液污染伤害

2）动态伤害天然人工造缝岩心评价钻井液体系

选用 JHMD-Ⅱ高温高压动态伤害评价实验仪对优选出的防漏失"双膜"协同保护储层钻井液体封堵保护严重漏失性裂缝储层效果进行研究评价，见表 5-19，结果表明，加入"双膜"钻井液体系中加入防漏失封堵材料后能显著降低动态滤失量，有效阻止固相、液相侵入储层，渗透率恢复值高，对塔中地区有很好的保护储层效果。

表 5-19 双膜协同作用保护海相裂缝性储层评价实验结果

裂缝大小 (mm)	配方	渗透率恢复值（%）			动失水量 (mL)
		直接返排	切割 0.5cm	切割 1cm	
0.05	"双膜"保护储层钻井液	90	95		8
0.1	"双膜"保护储层钻井液	85	91		9
0.2	"双膜"保护储层钻井液	44		62	20
	防漏失"双膜"保护储层钻井液	95		100	6
0.4	"双膜"协同保护储层钻井液	33	42	50	25
	防漏失"双膜"保护储层钻井液	63	87	100	8

裂缝大小 (mm)	配方	渗透率恢复值（%）			动失水量 (mL)
		直接返排	切割 0.5cm	切割 1cm	
0.7	"双膜"协同保护储层钻井液	31		40	30
	防漏失"双膜"保护储层钻井液	96		100	9
1.1	"双膜"协同保护储层钻井液	25		50	40
	防漏失"双膜"保护储层钻井液	84		90	15

注："双膜"协同保护储层钻井液配方为：

4%土+0.3%Na_2CO_3+0.2%NaOH+1%CMP−1+3%JMP−1+1%GBH+0.2%FSJ+2%SPNH+3%双膜处理剂

防漏失"双膜"协同保护储层钻井液配方为：

4%土+0.3%Na_2CO_3+0.2%NaOH+1%CMP−1+3%JMP−1+1%GBH+0.2%FSJ+2%SPNH+3%双膜处理剂+2%柔性封堵材料+3%不同目数复配硬质碳酸钙。

　　综上所述：对于100μm以下的微裂缝，采用"双膜"协同保护储层钻井液技术就可有效的封堵裂缝，减少伤害，保护储层；而对于严重漏失的裂缝性储层，在之前"双膜"协同增效的基础上优化复配使用了硬质碳酸钙和柔性封堵材料形成了防漏失"双膜"协同保护储层技术。所设计形成的两种保护不同类型裂缝性储层的技术均具有良好的流变性、强的抗污染能力、显著的保护储层效果以及良好的配伍性等优点，动滤失量可迅速能达到零增量，封堵能力强，能有效阻止固相、液相侵入地层，不仅能稳定井壁，还可提高地层承压能力，可有效保护裂缝性储层。

第六章　现场应用典型实例

钻井过程中井壁失稳和油气层保护是长期以来石油勘探开发过程中国内外待解决的重大技术难题。水基钻井液成膜技术的成功开发体现着我国稳定井壁钻井液技术实现了从物理封堵方法向物理化学封堵方法的重大转变，储层保护技术实现了从有选择性的物理暂堵方法向非选择性的物理化学封堵方法的重大转变。解决了以往钻长裸眼多套压力层系时易发生的井壁坍塌、漏失、卡钻和储层伤害等共存制约勘探开发速度、严重伤害油气储层的主要技术瓶颈。实现了稳定井壁与保护油气储层技术一体化，体现了我国在稳定井壁、防漏堵漏、储层保护技术及评价方法等方面取得的技术进步。

多年来，水基钻井液成膜技术已在青海、新疆、辽河、吉林、大港等油田得到广泛推广应用。在复杂地层钻井中效果更加显著，提升了我国钻井液和储层保护技术在国内外市场的核心竞争力，对于确保安全和优质高效钻井、提高油气井单井产量与降低"吨油"成本、保护油气资源具有十分重要的意义。

第一节　半透膜水基钻井液应用实例

半透膜水基钻井液因其具有较高的膜效率，能够充分发挥渗透压作用，使地层水逆向流动（从地层向井筒流动），阻止水和钻井液进入泥页岩，有利于井壁稳定，有效减少了井壁坍塌、漏失、卡钻等事故的发生，在青海、新疆、吉林等油田现场应用效果明显。

一、青海油田应用

1. 马海区块的应用

马海区块是青海油田东部新近勘探开发的关注焦点，但该区块地质条件复杂，钻井施工过程中井壁失稳井壁严重。为有效解决这一技术难题，采用了半透膜水基钻井液技术，取得了显著的效果，且在保护油气层方面也起到了关键的作用。

1）地质简况

（1）马海构造是在基岩古隆起背景下发育起来的，自上而下地层分别为新近系、古近系 N_1、E_3^2、E_3^1 地层。

（2）涩南一号构造自上而下钻遇地层为第四系的七个泉组 Q_{1+2} 和新近系的狮子沟组 N_2^3，七个泉组和狮子沟组为整和接触。

2）技术难点

马北区块的地层大多以棕黄色、棕红色泥岩、砂质泥岩与黄绿色砂岩互层沉积为主，夹泥质粉砂岩。在该区块钻井施工过程中，为了保护油气层，严格限制了钻井液密度，因此井壁不稳定导致井下复杂情况经常发生。特别在胶结性差的地层中，易发生坍塌、掉块。井壁膨胀、缩径、坍塌是该地区钻井施工过程中的钻井液技术难点。

3）钻井液技术

马北五号地区马北103井使用聚磺钻井液，井下坍塌、掉块较为严重，井径扩大率较大，井径极不规则。马105井、涩南2井采用成膜钻井液技术。成膜钻井液膜效率高，通过控制钻井液电解质的浓度，可以阻止或减缓自由水及钻井液进入地层，从而有效地防止了地层的水化膨胀，封堵地层裂缝，防止井壁坍塌，保护油气层。

马105井转化成为成膜钻井液后钻井液性能见表6-1。

表6-1　马105井1.8%的BTM-2前后钻井液性能

钻井液性能	AV (mPa·s)	PV (mPa·s)	YP (Pa)	含砂 (%)	初切 (Pa)	终切 (Pa)	FL (mL)	泥饼 (cm)
转化前	19	11	4	0.2	2	5	5	0.3
转化后	16	11	5	0.3	1	4	4	0.2

在涩南一号地区，涩南2井转化成成膜钻井液前后钻井液性能见表6-2。

表6-2　涩南2井转化为成膜钻井液前后钻井液性能

钻井液性能	AV (mPa·s)	PV (mPa·s)	YP (Pa)	含砂 (%)	初切 (Pa)	终切 (Pa)	FL (mL)	泥饼 (cm)
转化前	19	11	8	0.5	1	3	5	0.3
转化后	19	11	8	0.3	1	2	4	0.3

室内评价表明，成膜水基钻井液配方具有良好的常规性能、抑制性、抗温抗盐性能，能满足现场应用要求。

使用聚合物体系钻进的马103井和使用成膜钻井液的马105井径对比，见表6-3、表6-4、表6-5和图6-1至图6-3。

表6-3　马103井的井径情况

井深 (m)	钻头尺寸 (mm)	井径 (mm)	扩大率 (%)	井深 (m)	钻头尺寸 (mm)	井径 (mm)	扩大率 (%)
25	311.5	304.85	−2.13	575	215.9	218.99	1.43
75	311.5	308.23	−1.05	625	215.9	225.06	4.24
125	311.5	314.85	1.08	675	215.9	237.44	9.98
175	311.5	313.11	0.52	725	215.9	225.55	4.47
225	311.5	325.15	4.38	775	215.9	230.30	6.67
275	311.5	310.57	−0.30	825	215.9	252.43	16.92
325	311.5	321.82	3.31	875	215.9	244.68	13.33
375	311.5	316.56	1.62	925	215.9	215.90	0.00
425	311.5	289.40	−7.09	975	215.9	239.64	11.00
475	311.5	310.69	−0.26	1025	215.9	218.77	1.33
525	311.5	239.77	−23.03	1075	215.9	217.96	0.95

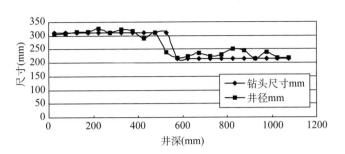

图 6-1　马北 103 井径情况

表 6-4　马 105 井的井径情况

井深 (m)	钻头尺寸 (mm)	井径 (mm)	扩大率 (%)	井深 (m)	钻头尺寸 (mm)	井径 (mm)	扩大率 (%)
50	311.15	319.1	2.56	650	215.9	214.0	−0.88
100	311.15	302.9	−2.65	700	215.9	223.4	3.47
150	311.15	299.2	−3.84	750	215.9	214.7	−0.56
200	311.15	314.8	1.17	800	215.9	215.1	−0.37
250	311.15	303.1	−2.59	850	215.9	212.8	−1.44
300	311.15	304.0	−2.30	900	215.9	227.0	5.14
350	311.15	294.5	−5.35	950	215.9	226.3	4.82
400	311.15	307.7	−1.11	1000	215.9	215.2	−0.32
450	311.15	388.8	24.96	1050	215.9	217.3	0.65
500	215.9	216.4	0.23	1100	215.9	213.3	−1.20
550	215.9	214.8	−0.51	1150	215.9	238.8	10.61
600	215.9	214.4	−0.69	1200	215.9	218.8	1.34

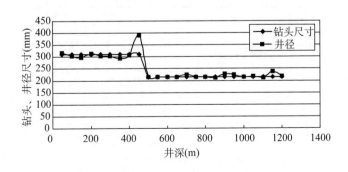

图 6-2　马 105 井井径情况

表6-5　涩南2井井径情况

井深 (m)	钻头尺寸 (mm)	井径 (mm)	扩大率 (%)	井深 (m)	钻头尺寸 (mm)	井径 (mm)	扩大率 (%)
50	444.5	450.00	1.20	1150	215.9	229.00	6.00
100	444.5	440.00	−1.00	1200	215.9	221.00	2.40
150	444.5	430.00	−3.30	1250	215.9	219.70	1.80
200	444.5	450.00	1.20	1300	215.9	221.70	2.70
250	444.5	450.00	1.20	1350	215.9	219.60	1.70
300	444.5	450.00	1.20	1400	215.9	218.80	1.30
350	311.2	337.50	8.50	1450	215.9	216.30	0.20
398	311.2	318.90	2.50	1500	215.9	214.00	−0.90
448	311.2	323.00	3.80	1550	215.9	213.90	−0.90
498	311.2	315.90	1.50	1600	215.9	219.00	1.40
548	311.2	316.20	1.60	1650	215.9	216.60	0.30
598	311.2	315.10	1.30	1700	215.9	219.40	1.60
648	311.2	313.00	0.60	1750	215.9	219.00	1.40
698	311.2	311.60	0.10	1800	215.9	211.90	−2.00
748	311.2	312.80	0.50	1850	215.9	218.70	1.30
798	311.2	314.30	0.10	1900	215.9	218.50	1.20
848	311.2	312.70	0.50	1950	215.9	222.00	2.80
898	311.2	311.40	0.10	1100	215.9	224.90	4.10
948	311.2	313.40	0.70	1150	215.9	229.00	6.00
998	311.2	309.70	−0.50	1200	215.9	221.00	2.40
1048	311.2	317.90	2.20	1250	215.9	219.70	1.80
1100	215.9	224.90	4.10				

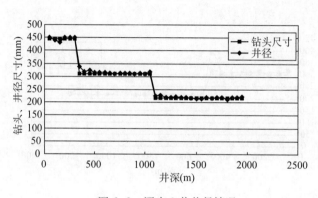

图6-3　涩南2井井径情况

现场应用效果表明，邻井马 103 井井径扩大范围为 16.92% ～ −23.03%，井径极不规则；而使用成膜钻井液技术的马 105 井井径扩大范围为 10.61% ～ −5.35%（仅套管鞋位置存在 24.96% 的扩大率）和及微裂，涩南 2 井的井径扩大范围为 8.5% ～ −3.3%，井径规则。有效地阻止了钻井液及钻井液滤液进入地层，防止了地层的水化膨胀，封堵地层裂缝，防止井壁坍塌，未发生过掉块和坍塌现象，井径规则。

2. 涩北气田的应用

半透膜水基钻井液技术在青海油田涩北气田的钻井施工中进行了现场应用共 25 口井，现场应用效果表明，该钻井液体系性能稳定，有效地减少了起下钻造成的抽吸情况，其中有 15 口井达到了"一趟钻"的钻井目标，现场应用取得了良好的效果。

1）地质概况

涩北气田为第四系沉积背斜构造，主要以深灰色泥岩、泥质粉砂岩和粉砂岩为主，夹少量的灰黑色碳质泥岩，间互分布大套暗黑色泥岩和砂岩。岩性细而杂、泥质含量高、欠压实、地层胶结疏松、成岩性极差。储层平均孔隙度为 31.0%，平均渗透率为 32.0mD。地层承压能力低，钻井过程中容易发生井漏。一开采用 ϕ374.56mm 钻进至 150m，下入 ϕ273.1mm 表层套管，二开采用 ϕ241.3mm 钻头钻进至设计井深，下入 ϕ177.8 套管固井完井。

2）钻井液技术难点

（1）井壁稳定。

由于该气田为第四系地层，岩性细而杂、欠压实、地层孔隙度高、成岩性差、地层疏松，极易吸水膨胀，易导井壁缩径。

（2）井眼净化。

由于第四系地层岩性泥质含量高，泥岩的可塑性强，钻速快（1 ～ 2min/m），钻井液中钻屑含量高，且不断相互集结变大，不易被携带出地面，在循环过程中易粘附于井壁和钻具上，或形成岩屑床，造成井眼不畅等复杂情况。

（3）润滑防卡。

由于地层疏软，胶结性能差，在钻进和起下钻过程中，极易在下井壁划出键槽，从而增大钻具与地层接触面积，增大润滑防卡的难度。

（4）抗污染。

涩北气田地层含盐量高，钻井液易受到污染，影响了钻井液性能的稳定。

3）钻井液技术措施

针对涩北气田地质概况及钻井液技术难点，分别确定了一开浅部井段钻井液技术和二开井段钻井液技术措施。一开地层疏松，主要采用强抑制钻井液体系，控制好钻井液黏切。黏度：45 ～ 50s、初终切 2 ～ 6Pa、严格控制钻井液滤失量小于 8mL，加入 B-21、L-23 维护处理，提高钻井液的抑制性。顺利完成一开施工。二开在一开钻井液的基础上，调整好钻井液性能，然后加 0.5%BTM-2、0.5%BTM-1。保持钻井液具有良好的抑制性和防塌性能，以利于井壁稳定。严格控制钻井液滤失量在 5mL 以内，防止井壁吸水膨胀。在加足防塌、抑制剂的同时加入润滑剂，钻井液性能要稳定。钻井黏切要控制得当，以利于携带岩屑，黏度 40s 左右，切力 1 ～ 3Pa。保证钻井液中 BTM-2、BTM-1 的有效含量，不足时可配成胶液加入。起钻前进行大排量洗井，保证井眼干净。

将聚合物钻井液进行处理，把膨润土含量控制在 25g/L 以下，然后加 0.5% 半透膜抑制剂、0.5% 半透膜降黏剂，调整钻井液流变性。在钻进过程中并不断进行补充，保证半透膜抑制剂、半透膜降黏剂的有效含量。

（1）钻井液性能分析。

表 6-6 是半透膜钻井液体系在涩北二号区块现场应用的钻井液性能情况，平均井深 1213m，平均每米钻井液成本费用为 110.71 元。

表 6-6　2009 年涩北地区使用半透膜钻井液体系的部分井钻井液性能情况

井号	密度 (g/cm³)	黏度 (s)	塑性黏度 (mPa·s)	切力 (Pa) 初切	切力 (Pa) 终切	屈服值 (Pa)	滤失量	pH 值	平均成本 (元 /m)
涩 R38-3 井	1.25 ~ 1.31	37 ~ 43	12 ~ 16	1	2 ~ 3	3 ~ 5	5 ~ 8	9	77.08
涩 R16-3 井	1.21 ~ 1.28	38 ~ 40	12 ~ 18	1 ~ 2	2 ~ 4	3 ~ 5	5 ~ 8	9	82.21
涩试 13 井	1.26 ~ 1.31	35 ~ 45	15 ~ 20	1 ~ 3	2 ~ 7	5 ~ 10	6 ~ 10	9	115.75
涩 R25-3 井	1.26 ~ 1.29	34 ~ 38	14 ~ 19	1 ~ 2	2 ~ 4	4 ~ 8	6 ~ 10	9 ~ 11	73.45
涩 R37-3 井	1.22 ~ 1.27	36 ~ 40	12 ~ 15	1 ~ 2	4 ~ 7	3 ~ 6	5 ~ 8	9 ~ 10	127.67
涩试 9 井	1.24 ~ 1.27	35 ~ 39	8 ~ 15	1 ~ 3	2 ~ 7	4 ~ 8	8 ~ 10	9	129
涩试 14 井	1.24 ~ 1.29	37 ~ 39	14 ~ 18	1 ~ 2	4 ~ 6	5 ~ 6	6 ~ 10	9	150.62
涩试 16 井	1.26 ~ 1.30	37 ~ 41	13 ~ 14	1 ~ 2	2 ~ 4	5 ~ 6	5 ~ 7	9	110.1
涩 R40-3 井	1.28 ~ 1.31	37 ~ 38	11 ~ 13	1 ~ 1.5	3.5 ~ 5	4.5 ~ 5	6 ~ 8	9	129.8

表 6-7 是聚合物钻井液体系在涩北二号区块现场应用的钻井液性能情况，平均井深 1293m，平均每米钻井液成本费用为 133.57 元。表 7 列出的 SR4-3、SR15-3 井在钻井中遇到了井漏复杂情况的发生，SR5-3 井、SR2-3 井的短起下作业中，都有抽吸情况的发生。通过表 6-6 和表 6-7 对比，可以看到，半透膜钻井液体系比聚合物钻井液体系性能更为稳定，钻井液平均每米成本费用也较为低。

表 6-7　2009 年涩北地区使用聚合物钻井液体系的部分井钻井液性能情况

井号	密度 (g/cm³)	黏度 (s)	塑性黏度 (mPa·s)	切力 (Pa) 初切	切力 (Pa) 终切	屈服值 (Pa)	失水 (mL)	pH 值	平均成本 (元 /m)
涩 R4-3 井	1.28 ~ 1.33	35 ~ 50	10 ~ 35	1 ~ 2	2 ~ 5	3 ~ 7	5 ~ 8	8 ~ 9	174.7
涩 R24-3 井	1.21 ~ 1.31	35 ~ 39	13 ~ 21	1 ~ 2	3 ~ 5	5 ~ 7	6 ~ 8	9	98.39
涩 R1-3 井	1.23 ~ 1.30	39 ~ 43	17 ~ 19	1 ~ 2	3 ~ 5	3 ~ 4	5 ~ 7	8.5 ~ 9	186.62
涩 R6-3 井	1.26 ~ 1.31	38 ~ 40	8 ~ 19	1 ~ 2	3.5 ~ 6	5 ~ 9	5 ~ 10	8.5 ~ 9	184
涩 R5-3 井	1.23 ~ 1.33	37 ~ 38	11 ~ 20	1 ~ 2	2 ~ 7.5	3 ~ 7.5	5 ~ 7	9	144.51
涩 R7-3 井	1.30 ~ 1.31	38 ~ 39	17 ~ 18	0.5 ~ 1	2 ~ 7	3 ~ 5	5 ~ 6	9	134.3
涩 R15-3 井	1.23 ~ 1.30	39 ~ 43	10 ~ 14	1 ~ 2	5 ~ 6	3 ~ 6	5 ~ 6	8 ~ 9	131.08
涩 R18-3 井	1.24 ~ 1.27	37 ~ 39	8 ~ 12	1 ~ 2	3 ~ 5	4 ~ 6	5 ~ 8	9	74.07

续表

井号	密度 （g/cm³）	黏度 （s）	塑性黏度 （mPa·s）	切力（Pa）		屈服值 （Pa）	失水 （mL）	pH值	平均成本 （元/m）
				初切	终切				
涩R2-3井	1.26～1.31	37～39	15～16	2～3	4～7	3～5	5～11	9～10	157.63
涩R20-3井	1.24～1.31	36～39	13～18	2～4	4～6	4～8	4.8～5	9	98.23

（2）使用半透膜水基钻井液后，与邻井在不同岩性地层的井径数据对比。

选取同一施工井队40905钻井队，同在涩北二号区块，不同钻井液体系（水基半透膜钻井液和聚合物钻井液体系）所钻探井的井径做分析比较：

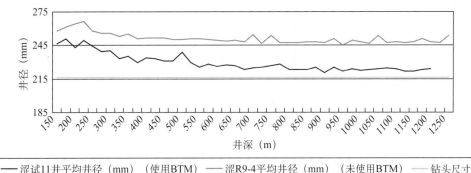

图6-4 井径对比

涩试11井150～1210m平均井径230.6mm，在井深1200～1210m最大井径为287.1mm，在井深900～925m处，最小井径为220.1mm；涩R9-3井150～1265m平均井径251.3mm。在井深225～250m最大井径为298.6mm，在井深1225～1250m处；最小井径为236.3mm。从图6-4可以看出，使用水基半透膜钻井液体系比使用聚合物钻井液体系钻探的井径更为平缓和规则，涩试11井全井无缩径，垮塌现象。说明水基半透膜钻井液具有良好的抑制作用和很好的井眼稳定作用。

（3）与邻井综合钻井指标对比分析：包括完钻井深、钻井周期、机械钻速、复杂次数、复杂事故损失率、平均井径扩大率、油层井径扩大率。

表6-8统计表明，使用半透膜钻井液体系所施工井，平均井深1238.2m，平均建井周期4.48天，平均机械钻速为74.02m/h，电测一次成功率为92%，达到了预期效果。

表6-8 2009年涩北地区使用半透膜钻井液体系施工情况

队号	井号	实际井深 （m）	钻井周期 （d）	平均井径扩大率 （%）	机械钻速 （m/h）	复杂次数
30584	涩R25-3井	1331	4.15	-0.19	101.99	无
	涩R34-3井	1314	6.89	10.75	81.61	无
30612	涩R16-3井	1328	5.37	5.33	33.92	无
	涩R38-3井	1334	3.57	8.71	54.34	无
	涩R33-3井	1337	7.77	4.54	61.35	无

队号	井号	实际井深 (m)	钻井周期 (d)	平均井径扩大率 (%)	机械钻速 (m/h)	复杂次数
40905	涩试 13 井	1041	3.42	15.79	115.41	无
	涩试 11 井	1218	3.52	6.80	82.30	无
	涩 R27-3 井	1323	5.03	8.52	49.40	无
40906	涩试 17 井	931	2.94	8.80	61.66	无
	涩 R30-3 井	1316	3.96	10.72	46.69	无
	涩 R29-3 井	1316	6.49	8.20	48.29	无
40667	涩 R19-3 井	1317	5.1	27.23	36.94	无
	涩试 15 井	933	1.88	9.40	77.88	无
	涩 R28-3 井	1323	7.08	8.26	32.98	无
50576	涩试 14 井	996	3.85	9.67	73.51	无
	涩 R37-3 井	1330	3.44	9.67	82.97	无
40668	涩试 16 井	930	3.21	−1.60	115.38	无
	涩试 10 井	1213	3.42	−2.51	69.08	无
	涩 R48-3 井	1400	6.63	−1.67	40.25	无
40539	涩 R22-3 井	1318	4.37	−0.91	112.17	无
	涩 R40-3 井	1401	2.29	−3.32	126.44	无
	涩试 12 井	1043	4.09	2.03	91.09	无
	涩 R46-3 井	1395	4.48	−3.60	87.34	无
40520	涩试 9 井	1222	3.75	5.38	84.28	无
	涩 R26-3 井	1345	5.17	7.25	83.44	无

从钻井资料统计可以看出，使用聚合物钻井液体系所施工井，平均井深 1344m，平均建井周期 6.62d，平均机械钻速为 36.09m/h，电测一次成功率为 87%，见表 6-9。

表 6-9　涩北地区使用聚合物钻井液施工情况

队号	井号	实际井深 (m)	钻井周期 (d)	平均井径扩大率 (%)	机械钻速 (m/h)	复杂次数
30600	涩 R4-3 井	1285	7.06	−4.59	18.71	无
	涩 R14-3 井	1270	5.33	−5.04	40.42	无
	涩 R24-3 井	1324	6.01	9.21	50.38	无
	涩 R39-3 井	1346	5.03	4.49	41.74	无
	涩 R42-3 井	1401	7.14	8.48	51.89	无
30612	涩 R1-3 井	1290	7.44	−1.80	15.53	无

续表

队号	井号	实际井深 (m)	钻井周期 (d)	平均井径扩大率 (%)	机械钻速 (m/h)	复杂次数
30612	涩 R17-3 井	1331	5.33	11.16	30.56	无
40905	涩 R9-3 井	1275	5.75	16.40	47.52	无
40667	涩 R3-3 井	1275	6.91	−1.27	23.47	无
50576	涩 R6-3 井	1275	6.23	9.80	34.00	无
	涩 R23-3 井	2250	12.5	9.87	40.12	无
40668	涩 R13-3 井	1270	6.63	0.83	38.22	无
40539	涩 R5-3 井	1285	4.08	1.07	44.05	无
	涩 R7-3 井	1270	4.94	12.30	30.76	无
30540	涩 R15-3 井	1285	6.24	3.24	37.58	无
	涩 R12-3 井	1275	8.77	12.69	36.43	无
	涩 R18-3 井	1333	5.93	12.97	38.08	无
	涩 R31-3 井	1332	5.09	12.83	43.99	无
	涩 R32-3 井	1332	6.47	9.68	42.56	无
20963	涩 R2-3 井	1290	8.81	−3.90	24.11	无
	涩 R11-3 井	1285	8.57	−3.64	24.59	无
	涩 R20-3 井	1316	6.53	6.32	34.19	无
	涩 R21-3 井	1316	5.47	−1.26	41.18	无

二、新疆油田的应用

1. 新疆油田 T85388 井

T85388 井设计井深 2480m,实际井深 2501m。表层套管 199.5m,二开井段长,分属多套压力系统,且地层原始压力遭破坏,难以准确预测,易发生井漏、井喷。三叠系白碱滩组、克拉玛依组泥岩地层层段长,黏土矿物以伊蒙混层为主,易水化分散,造成散塌。目的层乌尔禾组地层裂缝发育,易井漏。用成膜钻井液完成二开井段,全井工作时间 483h,机械钻速 8.23m/h,纯钻时间 304h,占总工作时间的 60.68%,复杂时间 18h,占总工作时间的 3.59%,油层段井径扩大率 −3.24%,非油层段井径扩大率 −0.45%。用聚磺混油钻井液完成的邻井 T85235 井,完钻井深 2463m,全井工作时间 489h,机械钻速 5.92m/h,纯钻时间 418h,复杂时间 39h,油层段井径扩大率 3.24%,非油层段井径扩大率 −0.38%。成膜钻井液机械钻速高,抑制性较强,钻屑包被效果好,其井径与邻井相比更规则。

2. 新疆油田 T85242

T85242 井为新疆油田的一口开发井,全井使用半透膜钻井液技术,井径变化情况见图 6-5,可以看出,井径扩大率小,井径规则。

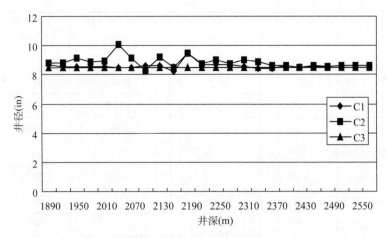

图 6-5　T85242 井井径变化

现场应用效果表明，成膜钻井液膜效率高达 76%，能有效阻止或减缓钻井液及钻井液滤液进入地层，从而有效地防止地层的水化膨胀，封堵地层裂缝，防止井壁坍塌；钻井液伤害后岩心的渗透率恢复值高，渗透率恢复值高达 100%，具有很好的保护储层性能。钻井液抑制性强，防塌效果好，井径扩大率小。

三、吉林油田的应用

半透膜钻井液技术先后在昌 34 井三开、昌 36 井、昌 35 井、星 122 井应用。这几口井在目的层的坍塌性强，极易掉块。现场施工证明，半透膜钻井液体系性能优良，能够很好地控制目的层位的地层坍塌，井径扩大率小，有效地提高了机械钻速，油气层保护效果好，见表 6-10。

表 6-10　机械钻速对比情况

井号	完钻井深 (m)	平均机械钻速 (m/h)	钻井液体系
星 122	1900	20.4	半透膜钻井液
昌 36	2412.25	11.42	半透膜钻井液
昌 35	3000	9.22	半透膜钻井液
昌 32	2636	8.17	聚合醇钻井液
昌 6	2585	4.52	聚合醇钻井液
昌 23	2441	7.91	聚合醇钻井液

由于该体系具有很强的稳定井壁能力，保证了昌 35 井在两次加深后二开 3460m 长裸眼井段的顺利施工。该地区相同井身结构的星 119 井完钻井深 3075m，由于井壁坍塌，多次划眼，累计损失时间 40 多天。半透膜钻井液体系抑制性强，返出岩屑代表性强（图6-6），棱角分明，钻头牙齿印明显，更有利于岩屑录井。

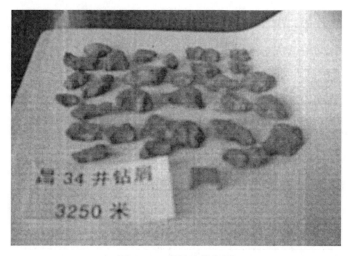

图 6-6　现场录井岩屑

第二节　隔离膜水基钻井液应用实例

在微裂缝、微裂隙地层，隔离膜水基钻井液在钻井液柱压力和地层渗透作用下，无论对于强水敏性地层或弱水敏性地层，均能够瞬间成膜（隔离膜），且隔离膜结构以内泥饼和外泥饼形式存在，内泥饼与地层岩石能够发生强烈的相互作用，具有强的韧性和强度，形成浅封堵层，填充并修复微裂缝、微裂隙，增强微裂缝、微裂隙间的结合力，配合以外泥饼形式存在的膜，使微裂缝、微裂隙完全闭合，形成致密保护层，阻止水（滤液）及钻井液进入地层，大大提高钻井液的承压能力，阻止井眼垮塌、掉块，即使在高密度钻井液柱作用下，也难以撑开微裂缝、微裂隙，从而预防诱导裂缝的形成和井漏的发生。

因此，无论对于强水敏性地层或弱水敏性地层，隔离膜水基钻井液体系均能够在井壁上形成一种有效的膜结构封堵层，阻止钻井液及滤液向井壁的渗漏（滤失），使井内外的压差为零，保证井壁稳定。隔离膜水基钻井液技术在冀东、吐哈、青海、新疆等油田现场应用取得良好效果。

一、冀东油田的应用

1. 冀东南堡油田的应用

南堡油田储层渗透率分布不均，采用隔离膜水基钻井液技术进行储层钻进。该钻井液对渗透率为 169～2070mD 储层岩心均具有较好的效果，实验结果见表 6-11。对于渗透率低于 1000mD 或渗透率为 2000mD 左右储层岩心，返排渗透率恢复值均高于 90%，对于渗透率为 1000～1600mD 储层岩心，其封堵带少于 1cm，切 1cm 后渗透率恢复值均大于 95%。

结果表明：隔离膜技术能减少对高、中、低渗透率储层的伤害，有效保护储层。南堡油田现场应用结果表明对于低、中、高渗的不均质孔隙型储层，可以采用成膜钻井液技术来实现对油气层的低伤害钻井，减少对油气层的伤害，提高勘探、开发综合经济效益见表 6-12。

表 6-11　隔离膜钻井液对低、中、高渗储层渗透率恢复值的影响

序号	气体渗透率 (mD)	油相渗透率 (mD)	突破压力 (MPa)	渗透率恢复值 (%)	切割 1cm 后恢复值（%）
1	169.06	39.33	0.8	99.13	
2	483.75	41.18	0.074	94.87	
3	860.16	181.66	0.018	99.39	
4	1131.86	438.25	0.123	27.07	103.90
5	1103.51	258.16	0.04	31.58	95.72
6	1505.19	153.54	0.158	54.08	98.86
7	2070	304.37	0.024	92	

表 6-12　隔离膜钻井液在南堡地区探井使用情况

井号	层位	层号	解释井段 (m)	厚度 (m)	射孔井段 (m)	厚度 (m)	表皮系数
NP1-17	Ed$_1$	81	3276.0 ~ 3288.0	12	3276.0 ~ 3288.0	12	-3.32
		82	3311.4 ~ 3322.0	10.6	3310.0 ~ 3316.0	6	-1.42
NP1-22	Ed$_1$	65	3375.4 ~ 3384.8	9.4	3375.4 ~ 3384.8	9.4	0.0625
		39	2967.8 ~ 2991.6	23.8	2967.8 ~ 2991.6	23.8	-0.492
		34	2904.0 ~ 2906.0	2.0	2904.0 ~ 2906.0	2.0	
		32	2893.6 ~ 2896.0	2.4	2893.6 ~ 2896.0	2.4	-2.92
		30	2887.6 ~ 2894	2.8	2887.6 ~ 2894	2.8	

2. 冀东高尚堡油田的应用

冀东油田试验井 G76-42 位于高尚堡油田高 76 断块构造较高部位，钻探目的是开发 Es$_1$ ~ Es$_3^1$ 油藏，为三段制三开定向井，造斜点深度 1706m，完钻井深 3286m，最大井斜角 31°，全井采用 PDC 钻头、单弯螺杆复合钻进，施工井段 2286 ~ 3286m。

在试验井 G76-42 二开聚合物基浆中加入半透膜处理剂 BTM-2．隔离膜剂 CMJ-2，养护 24h，120℃温度下热滚 16h，测试热滚前后的钻井液性能及高温高压滤失量。试验结果见表 6-13。钻井液体系转化前后的抑制性能测试结果见表 6-14。

表 6-13　钻井液的性能

项目 序号	热滚前					热滚后（120℃热滚 16h）					
	AV (mPa·s)	PV (mPa·s)	YP (Pa)	FL (mL)	pH 值	AV (mPa·s)	PV (mPa·s)	YP (Pa)	FL (mL)	pH 值	HTHP 滤失量 (mL)
1	15	11	4	5.2	9	13	10	3	5.1	9	26
2	14.5	11	3.5	5.3	9	12	10	2	4.6	9	25

项目 序号	热滚前					热滚后（120℃热滚16h）					
	AV (mPa·s)	PV (mPa·s)	YP (Pa)	FL (mL)	pH 值	AV (mPa·s)	PV (mPa·s)	YP (Pa)	FL (mL)	pH 值	HTHP 滤失量 (mL)
3	40	5	35	8	9	38	32	6	7.6	9	34
4	25	20	5	4.4	9	24	20	4	4.5	9	22
5	22.5	18	4.5	3.2	9	25	21	4	3.6	9	15
6	22.5	18	4.5	2.8	9	22	18	4	3.2	9	12

注：1. 冀东基浆（L90−34，2240m 聚合物钻井液）；
　　2. 冀东基浆 +0.5%BTM−2；
　　3. 冀东基浆 +1%BTM−2；
　　4. 冀东基浆 +1%BTM−2+1%SMC；
　　5. 冀东基浆 +0.8%BTM−2+1%SMC+1% 液体降黏剂 +2%CMJ−2+1%SMP−1；
　　6. 冀东基浆 +1%BTM−2+1%SMC+1% 液体降黏剂 +2%CMJ−2+1%SMP−1。

试验结果表明，成膜钻井液具有强的抑制泥页岩水化、膨胀、分散的能力。

表 6−14　钻屑回收率试验（冀东钻屑）（120℃热滚 16h）

回收率 (%) 配方 \ 井段	G63 (1981～1986m)	M3S−3 (2482～3561m)	B26*1 (3560～3561m)	G715−20 (3512.7～3512.5m)	B26 (3092.08～3094.08m)
1	65.87	71.84	89.71	87.67	85
2	80.1	86.73	98.03	96.96	96.63
3	36.03	12	21.93	76.0	3.17

注：1. 冀东基浆；
　　2. 冀东基浆 +1%BTM−2+1%SMC+1% 液降 +2%CMJ−2+SMP−1；
　　3. 清水。

G76−42 井成膜钻井液体系的试验是在聚合物体系的基础上开展的，转换前，对聚合物钻井液进行处理，把膨润土含量控制在 50g/L 以下，然后加入 0.8% 半透膜剂、2% 隔离膜剂，0.5% 液体降黏剂。半透膜剂配成胶液加入，加入以后，钻井液的流变性好。并随后进行补充，保证半透膜剂、隔离膜剂的有效含量。转化前后钻井液性能见表 6−15。

表 6−15　二开钻井液转换成成膜水基钻井液前后性能

性能 配方	井深 (m)	漏斗黏度 (s)	密度 (g/cm³)	PV (mPa·s)	YP (Pa)	Gel (Pa)	API FL (mL)	泥饼厚度 (mm)	pH 值
二开聚合物	−2286	42	1.17	15	5	1.5/4	4.8	0.5	9
成膜钻井液	2286～3024	35	1.18	9	4.5	0.5/1	4.4	0.5	9
井涌加重后 成膜钻井液	3024～3286	50	1.39	19	6	2/4	3	0.5	9

二开钻井液转换成成膜水基钻井液性能非常稳定，钻井液性能一直维持到钻到 3024m，

此时发生较为严重的油气侵，最后把钻井液密度提至 1.39g/cm³，此时钻井液性能见表 6-15，该性能维持到完钻。

三开钻井施工过程中，在 2822m、3202m 和 3286m 三次短起下，起下钻正常，无任何阻卡现象。电测一次成功，下套管完井顺利。

二、吐哈油田应用

吐哈油田神北 6 井为神北构造上的一口重点预探井，设计井深 3350m，裸眼段长达 3750m。其钻遇的新近系、古近系及白垩系富含盐膏，侏罗系含有易坍塌的硬脆性泥页岩和大段煤层，存在严重井壁不稳定问题。其邻井神北 1 井、神北 4 井、神北 5 井在钻井施工过程中都发生了大段划眼或卡钻。针对神北区块的地层情况，决定在神北 6 井侏罗系以下井段采用半透膜膜效率高、抑制能力强、防塌性能较好、油层保护效果突出的水基成膜钻井液体系。

1. 钾钙醇钻井液转换成水基成膜钻井液配伍试验

神北 6 井二开上部井段采用的是钾钙醇钻井液体系，二开开始前需将钾钙醇钻井液体系转换成成膜钻井液体系。向神北 6（2600m）的钾钙醇井浆中加入 1.5%BTM-2+0.5%CMJ-2，测定钻井液转换前后的性能，实验结果见表 6-16。

表 6-16 两种钻井液配伍性试验

序号 性能	AV (mPa·s)	PV (mPa·s)	YP (Pa)	Gel (Pa/Pa)	FL (mL)	pH 值
1	62	41	21	5.5/23	3	9
2	62	39	23	8.5/54	4.5	9

注：1. 2600m 处井浆；
2. 2600m 处井浆 +1.5%BTM-2+0.5%CMJ-2。

结果显示，钾钙醇钻井液中加入半透膜剂 BTM-2 和 CMJ-2 后性能稳定，说明二者具有良好的兼容性。

2. 现场应用及效果

神北 6 井穿过侏罗系齐古组 J_3q、七克台组 J_2q、三间房组 J_2s 硬脆性泥页岩水敏性和新近系、古近系、白垩系近 2000m 富含盐地层，以及下部地层间断含有煤层，裸眼井段长达 3750m，井壁浸泡周期长。邻井常发生坍塌、缩径、粘卡等复杂情况。本井在进入 K 层上部即 2600m 将钾钙醇钻井液转化为水基膜钻井液，转化前后钻井液的性能如表 6-17。

表 6-17 钻井液转化前后的性能

性能	FV (s)	YP (Pa)	API FL (mL)	pH 值
转换前	115	19	4.8	8.5
转换后	150	21	4.2	9.0

结果表明，转换后，钻井液性能优良。与邻井所用钻井液相比，该钻井液具有下列优点：（1）动塑比高，有利于携屑；（2）滤失量小，有益于防止井壁坍塌；（3）虽然黏度高，但在高黏切条件下也能保持较低的水眼黏度，不易发生泥包钻头，钻屑不粘贴井壁，有利

于 PDC 钻头保持高机械钻速。神北 6 井钻井液与邻井钻井液性能对比见表 6-18。

表 6-18　神北 6 井钻井液性能表

井号	井深 (m)	黏度 (s)	API FL (mL)	PV (mPa·s)	YP (Pa)	动塑比 (Pa)	水眼黏度	pH 值
神北 1 井 (聚磺钻 井液)	2500	53	5.2	15	10	0.67	8.80	8.5
	2700	56	5.0	20	12	0.60	7.86	8.5
	2900	68	4.8	20	11	0.55	7.56	8.5
	3100	63	5.6	23	15	0.66	9.63	9.0
	3300	75	5.5	24	15	0.62	9.82	9.0
	3500	76	4.6	24	16	0.66	9.92	9.0
神北 4 井 (聚合醇 钻井液)	2200	55	6.0	21	11	0.52	5.46	8.0
	2400	59	5.2	22	12	0.54	8.58	8.0
	2600	59	5.2	25	13	0.52	9.35	8.0
	2800	65	5.0	25	14	0.56	9.89	8.0
	2950	67	4.6	26	14	0.53	10.89	8.0
	3070	68	4.0	29	15	0.52	11.66	8.0
神北 6 井 (成膜钻 井液)	2600	103	4.2	28	19	0.68	4.17	9.0
	2800	120	4.0	30	22	0.73	3.85	9.0
	3000	98	3.8	32	24	0.75	4.55	9.0
	3200	130	3.6	34	26	0.76	4.11	9.0
	3400	120	4.0	29	26	0.89	2.56	9.5
	3600	130	4.0	29	26	0.89	3.93	9.5

在神北 6 井使用成膜钻井液与邻井神北 1 井、神北 4 井、神北 5 井使用其他钻井液效果对比见表 6-19、表 6-20。

表 6-19　井径数据对比表

地层	神北 1 井		神北 4 井		神北 5 井		神北 6 井	
	井径 (mm)	井扩 (%)	井径 (mm)	井扩 (%)	井径 (mm)	井扩 (%)	井径 (mm)	井扩 (%)
E₃h	265	22.68	266	23.15	294	36.09	236	9.44
K₁tg	245	13.43	33	55.09	253	16.99	250	15.74
J₃q	250	15.74	260	20.41	289	33.56	265	22.68
J₂q	230	6.48	350	62.00	262	21.29	254	17.59
J₂s	250	15.74	315	45.83	258	19.44	268	24.07
J₂x	265	22.68	—	—	—	—	245	13.42
J₁s	—	—	—	—	—	—	225	4.13
J₁s+b	—	—	—	—	—	—	225	4.13

表 6-20　与邻井综合钻井指标对比

井号	完钻井深 (m)	钻井周期 (d)	机械钻速 (m/h)	复杂 次数	复杂事故 损失率（%）	平均井径扩 大率（%）	油层井径扩 大率（%）
神北 1 井	3500	125.3	2.14	11	8.28	20.32	23.41
神北 4 井	3070	59.9	4.87	8	9.17	30.40	53.00
神北 5 井	3166	75.5	3.97	12	18.25	28.78	19.62
神北 6 井	4151	91.5	3.61	3	6.95	13.09	11.15

使用效果表明，在神北 6 井使用成膜水基钻井液，与邻井使用其他钻井液相比，井径扩大率和油层井径扩大率显著减小，复杂事故次数减少，由于复杂事故带来的损失降低。使用该钻井液钻至井深 4151m 完钻，电测、下套管和固井顺利。成膜水基钻井液在神北 6 井的应用，获得以下几点认识：

（1）由于该钻井液突出的井壁稳定能力，使得该井顺利完成了吐哈最长的裸眼段 3751m 的钻井施工，节约了一层技术套管；

（2）神北 6 井的平均井径扩大率和油层井径扩大率比邻井分别降低 50% 和 65%，说明水基半透膜钻井液比其他类型钻井液具有更好的防塌效果；

（3）其他三口邻井相比，复杂损失率降低 42%；

（4）神北 6 井平均井径扩大率为 13.09%，和邻井对比，平均井径扩大率下降 50%；

（5）现场施工中神北 6 井中途起下钻及完钻起下非常顺利，下钻到底易开泵而且返出的沉砂较少。邻井神北 4、神北 5 中途起下钻遇阻频繁，经常大段划眼，下钻到底沉砂较多，开泵比较困难，有时甚至开不开泵，被迫起钻。

三、青海油田的应用

青海油田马海区块是青海油田东部新近勘探开发的重点区块。马海区块的地层多数以棕黄色、棕红色泥岩、砂质泥岩与黄绿色砂岩互层沉积为主，夹泥质粉砂岩。在钻井过程中，为了保护油气层，严格限制了钻井液的密度，因此由于井壁不稳定导致井下复杂情况经常发生。特别在胶结性较差的地层中，极易发生坍塌、掉块。防止井壁膨胀、缩径、坍塌是该地区钻井施工过程中的钻井液技术难点。使用隔离膜钻井液体系的马 105 井、涩南 2 井，因为该钻井液在井壁外围形成了隔离膜，即在井壁的外围形成了保护层，阻止了钻井液及其滤液进入地层，从而有效地防止了地层的水化膨胀，封堵了地层裂缝，防止了井壁坍塌，在钻井过程中未发生掉块和坍塌现象，井径规则。马 105 井井径扩大率为 10.61%，涩南 2 井的井径扩大范围为 8.5%～3.3%。而使用聚磺钻井液体系的邻井马 103 井井径扩大率为 16.92%～23.03%。

四、新疆油田的应用

新疆油田 T85388 井井深为 2501m。表层套管下深为 199.5m，二开井段长，分属多套压力系统，且地层原始压力已遭到破坏，难以准确预测，易发生井漏、井喷。三叠系白碱滩组、克拉玛依组泥岩地层层段长，黏土矿物以伊蒙混层为主，极易水化分散，造成地层坍塌。目的层乌尔禾组地层裂缝发育，易漏失。使用成膜钻井液体系完成了二开井段。全井机械钻速为 8.23m/h，纯钻时间为 304h，占总工作时间的 60.68%；复杂时间为 18h，占总工作时间的 3.59%。油层井段井径的扩大率为 −3.24%，非油层段井径扩大率为 −0.45%。用聚磺混油钻井液完成的邻井 T85235 井，完钻井深为 2463m，全井机械钻速为 5.92m/ h，纯钻时间为 418h，复杂时间为 39h，油层段井径扩大率为 3.24%，非油层段井径扩大率为 −0.38%。由上述比较证明，使用隔离膜钻井液机械钻速高，抑制性较强，钻屑包被效果好，其井径与邻井相比更规则。

第三节　超低渗透膜水基钻井液应用实例

超低渗透膜水基钻井液主要适用于多压力层系、易坍塌地层、疏松易渗漏砂岩储层、微裂缝地层等，该技术在大港、辽河、吉林、吐哈、新疆、塔里木、冀东、华北、胜利、江苏等油田进行了现场应用。堵漏一次成功率大于 90%，防漏堵漏效果显著，能有效解决以往钻长裸眼多套压力层系时易发生的漏失、卡钻、坍塌和储层伤害等共存技术难题，安全密度窗口平均提高 0.226g/cm³，在防漏堵漏、井壁稳定、提高地层承压及保护储层等方面均取得了显著效果。

一、大港油田的应用

1. 官字井上的应用

大港油田官字井的生物灰岩井段（1950 ~ 2055m）几乎每口井都发生较为严重漏失，常规方法堵漏效果差，导致井下复杂情况多，严重影响该地区的勘探开发速度。官 23−50 井是一口定向生产井，设计井深 2400m，1950 ~ 2055m 地层为生物灰岩，钻至 1950m 发现井漏，漏速 10 ~ 15m³/h，强行钻至 2055m，配制 30m³ 超低渗透膜水基钻井液打入井底起钻，漏失停止，下钻后没有出现漏失及渗漏现象，安全顺利钻至设计井深。邻井 23−49 井设计井深 2357m，1938m 处发生井漏，漏速 10 ~ 15m³/h，用常规方法堵漏，漏失量虽减小为 4 ~ 5m³/h，但无法完全堵住，只好边钻边漏边补充新浆，直到钻至设计井深。表明超低渗透膜水基钻井液能够有效解决裂缝漏失等现象，表 6−21。

表 6−21　超低渗透膜钻井液技术在大港油田官字井上的应用情况

项目	试验井 – 官 23−50 井	邻井 – 官 23−49 井
井深（m）	2400	2357
漏失井段（m）	1950 ~ 2055	1938
漏失原因	生物灰岩	生物灰岩
漏失速率（m³/h）	10 ~ 15	10 ~ 15
堵漏方法	超低渗透膜钻井液	常规堵漏方法
堵漏效果	一次堵住，顺利完钻	无法堵住，堵后漏失量为 4 ~ 5m³/h，边钻边漏至完钻

2. 港深区块的应用

大港油田港深地区港 16 井及港 −27−1 井，同一裸眼井段上部压力敏感性地层压力系数为 1.5，下部高压地层的压力系数分别为 1.72、1.75，采用超低渗透膜水基钻井液技术，提高了压力敏感性地层承压能力，顺利完井。而同一区块的港深 78 井，上部压力敏感性地层压力系数为 1.46，下部高压地层压力系数为 1.60，采用常规堵漏技术堵漏一个月，堵漏失败，最后增加一层套管完井，见表 6−22。

表 6−22　超低渗透膜钻井液在大港油田港深区块的应用情况

井号	邻井—港深 78 井	实验—港东 16 井	实验—港 6−27−1 井
完井井深（m）	4460	3387	3073
漏失井段（m）	3860	2928 ～ 2836	3054.75 ～ 3073
漏失原因	进入高压层前加重，漏失严重，共计近 2000m³	溢流压井导致严重漏失，共计 852m³	井喷压井导致漏失，共计 1180m³
漏失现象	有进无出	有进无出	有进无出
堵漏方法	常规堵漏	超低渗透膜钻井液	超低渗透膜钻井液
地层破裂压力系数	1.46	1.50	1.50
高压层所需密度（g/cm³）	1.60	1.72	1.75
扩大安全密度窗口		0.22	0.25
堵漏效果	处理一个月后，无法堵漏，被迫增加一层套管改变井身结构完井	有效堵漏，提高地层承压能力，已完井	有效堵漏，提高地层承压能力，已完井

二、辽河油田的应用

辽河油田主要漏失原因是长裸眼多压力层系造成的压差过大，局部地层承压能力不够引起的。钻井施工中要彻底改变被动堵漏局面，采取预防为主的原则，以提高地层承压能力来解决井漏问题，超低渗透膜水基钻井液技术能很好地满足该技术要求。超低渗透膜水基钻井液技术在辽河油田钻井一公司的 51 口井进行了现场试验，堵漏成功率达 90%，防漏成功率达 82.9%，可提高地层承压能力 4.4 ～ 7MPa，较好地解决了以往钻遇长裸眼安全密度窗口窄地层或压力衰竭地层时发生的漏失、卡钻、坍塌等技术难题，形成了针对馆陶、长裸眼渗透性地层漏失、长裸眼破碎性地层漏失、低压裂缝性漏失及水平井漏失等辽河典型漏失的随钻防漏堵漏钻井液技术，见表 6−23 和表 6−24。

表 6−23　辽河油田钻井一公司应用超低渗透膜钻井液堵漏井情况统计

序号	井号	井队	完钻井深（m）	漏失层位（m）	应用效果
1	双古 1	70131	4740	3991/4310	漏失 200m³，堵漏成功
2	冷 43−27−166	32416	1978	1555	漏失 15m³，堵漏成功
3	海 16−26	30599	1922	1360	漏失 200m³，堵漏成功

序号	井号	井队	完钻井深 (m)	漏失层位 (m)	应用效果
4	海 151－45	17517	2380	1784	漏失 20m³，堵漏成功
5	高 3－72－108	32457	1945	1720	漏失 20m³，堵漏成功
6	欧 48－38－36	70131	2945	2458 /2912	漏失 50m³，堵漏成功
7	冷 41－H22	32690	2132	2106	漏失 50m³，堵漏成功
8	冷 41－H10	32690	2053	1540	漏失 65m³，堵漏失败
9	冷 42－H5	32468	2106	1884	漏失 30m³，堵漏成功
10	杜 144－18－22	40609	3712	3712	漏失 200m³，堵漏成功

表 6－24　辽河油田钻井一公司应用超低渗透膜钻井液防漏井情况统计

序号	井号	井队	完钻井深 (m)	使用井段 (m)	实施效果
1	冷 42—H5 领眼	32468	1900	1405 ～ 1900	未发生漏失
2	冷 43—27—166	32468	1788	1405 ～ 1788	未发生漏失
3	冷 37—37—55	32468	3278	2720 ～ 3278	未发生漏失
4	冷 37—37—53	32468	3266	2744 ～ 3266	未发生漏失
5	冷 37—54—571	32690	1761	1250 ～ 1761	未发生漏失
6	冷 37—56—559	32690	1771	1620 ～ 1771	未发生漏失
7	小 33—40—28	40609	3040	2760 ～ 2787	未发生漏失
8	小 33—36—28	40609	3000	2700 ～ 2727	未发生漏失
9	小 10－气 1	70131	1780	1560 ～ 1780	未发生漏失
10	海 12 － K23	32455	1940	1360 ～ 1940	未发生漏失
11	海 8 － K16	32455	1950	1250 ～ 1950	未发生漏失
12	海 141－31	15517	1893	1100 ～ 1893	未发生漏失
13	高 3－71－168	32457	1946	1560 ～ 1946	未发生漏失
14	高 3－71－154	32457	1920	1650 ～ 1920	未发生漏失
15	高 3－62－174	32457	1842	1640 ～ 1842	未发生漏失
16	欧 606－1	40611	3303	2976 ～ 3303	未发生漏失
17	欧 606	70136	3353	3108 ～ 3353	未发生漏失
18	高 2－ 莲 H1	32416	2209	1800 ～ 2209	未发生漏失
19	曙 615－H1	32457	2065	1814 ～ 2065	未发生漏失

序号	井号	井队	完钻井深 (m)	使用井段 (m)	实施效果
20	沈 625–H4	40566	3685	3340 ~ 3685	漏失 800m³ 见到效果
21	齐 131 – H2	40611	3834	3300 ~ 3843	未发生漏失
22	高 3– 莲 H2	32473	2160	1742 ~ 2160	未发生漏失
23	洼 38– 东 H3	30823	1945	1658 ~ 1945	未发生漏失
24	洼 38– 沙 H1	30823	1885	1639 ~ 1885	未发生漏失
25	洼 38– 沙 H2	30823	1886	1634 ~ 1886	未发生漏失
26	齐 131 – H1	40501	3737	3332 ~ 3737	未发生漏失
27	小 22 – H2	32823	3448	3043 ~ 3444	试验失败
28	小 22 – H5	32467	3589	3293 ~ 3589	未发生漏失
29	小 22 – H6	40502	3645	3225 ~ 3645	未发生漏失
30	欧 601 – H1	15516	3834	3300 ~ 3843	未发生漏失
31	海 H2	32457	1866	1594 ~ 1866	未发生漏失
32	兴北 3–1	30583	2752	1780 ~ 2500	未发生漏失
33	高 3–71–68	40611	1934	1560 ~ 1934	未发生漏失
34	坨 43	32467	3217	2400 ~ 3217	未发生漏失
35	大 43	40504	3536	2000 ~ 3536	未发生漏失
36	兴古 7–1	40577	4054	2582 ~ 4054	未发生漏失
37	兴古 7–3	40578	4160	2575 ~ 4160	未发生漏失
38	兴古 9	15516	3292	2837 ~ 3292	未发生漏失
39	海 60	32985	3462	2750 ~ 3462	未发生漏失
40	马南 9	30504	4220	2890 ~ 4220	未发生漏失
41	马 603–1	30560	3280	2450 ~ 3280	未发生漏失
42	牛 17S	32457	4045	3924 ~ 4045	有明显效果

　　此外，还在辽河油田的冷东 8 口井、小龙湾地区 7 口井、海 H2 水平井段 16 口水平井及兴古地区成功应用了超低渗透膜水基钻井液，解决了这些地区的渗漏、漏失、坍塌严重等问题。小龙湾区块渗漏、漏失、坍塌严重，应用超低渗透膜钻井液所钻 5 口井无渗漏、漏失，复杂时间平均损失时间（h/ 口井）降低 94%，钻井液排放量降低 50%（常规聚合物钻井液所钻井因井塌掉快二次破碎增加钻井液的固相含量导致大量排放钻井液），平均井径扩大率降低 41%。有效解决了该区块泥页岩地层水敏性强的难题，起到了较好的防塌效果，同时有效提高了易破碎地层的承压能力。

表 6-25 辽河油田小龙湾区块应用超低渗透膜钻井液效果对比

对比项目	邻井应用聚合物钻井液	应用超低渗透膜钻井液
井数（口）	5	5
平均井深（m）	3277	3534
损失时间（h/口井）	46.55	3.38
平均井径扩大率（%）	11.23	6.59
机械钻速（m/h）	5.68	6.56
坍塌情况	坍塌掉块严重	基本无坍塌掉块现象
钻井液排放情况	因坍塌钻屑分散严重，导致大量排放钻井液	较对比井减少50%
漏失情况	漏失较严重	无渗漏、漏失现象

辽河钻井二公司钻井液公司也先后在欧51、小22平1井、欢612平1井上应用超低渗透膜水基钻井液，取得了很好的应用效果，见表6-26。

表 6-26 辽河油田二公司几口井超低渗透膜钻井液应用情况

对比项目	欧51	22平1井	欢612平1
钻井液体系	超低渗透膜	超低渗透膜	超低渗透膜
井深（m）	3398	3376	2384
临井漏失现象	有进无出	有进无出	有进无出
漏失密度（g/cm³）	1.08	1.08	1.03
漏失井段	2834	3046	2005
使用效果	无漏失	渗漏 0.5～1m³/h	无漏失
最高密度（g/cm³）	1.28	1.28	1.20
扩大安全密度窗口	0.2	0.2	0.17
全井情况	安全无事故	安全无事故	安全无事故

三、吉林油田的应用

吉林油田扶余西区T73区块，位于西浪河以西的松花江内，油藏物性较好，受地面条件限制，采用常规定向井难以开发，经过油藏地质论证，认为在该区块采用浅层水平井开发是可行的，该地区直井产量2～3t/d，见表6-27。

表 6-27 超低渗透膜钻井液技术在吉林油田的应用情况

井号	扶平1井	扶平2井
斜深（m）	891.66	916.00
垂深（m）	442.00	459.30

井号	扶平 1 井	扶平 2 井
造斜点（m）	220.7	240.8
水平位移（m）	548.96	552.18
技套下深井斜角（°）	448.6/60	479.4/67
靶前位移（m）	260.8	263.5
水平段长（m）	288.16	288.68
开采方式	射孔完井，射开 1/5 井段	射孔完井，射开 1/5 井段
保护储层方法	屏蔽暂堵	超低渗透膜钻井液
日产量（t/d）	7	13

扶平 1 井开采方式为射孔完井，射开 1/3 水平段，稳产 7t/d，虽然在油井的单井产能上取得了突破，但试油后表皮系数为 9，说明各种工作液对油层存在较严重污染。扶平 2 井采用超低渗透膜水基钻井液技术保护储层，开采方式也是射孔完井，射开 1/3 水平段，扶平 2 井稳产 13t/d，大幅度提高了采收率。

四、吐哈油田的应用

1. 应用情况

吐哈油田红台区块所钻探井复杂情况比较突出，主要是漏失、划眼，平均每口井损失时间 140.01h，漏失钻井液 113.88m³。红台地区红台 15 井与已完探井应用超低渗透膜钻井液技术后对比情况见表 6-28。

表 6-28 超低渗透膜钻井液技术在吐哈红台 15 井与已完探井对比情况

序号	井号	完钻井深（m）	复杂类别	损失时间（h）	漏失量（m³）
1	红台 1	2929	划眼井漏	93.32	86
2	红台 3	3351	划眼	8	无
3	红台 4	3350	划眼井漏	180	70
4	红台 8	3530	渗漏	无	295
5	红台 9	3880	划眼	4.5	460
6	红台 11	3030	划眼井漏	201.33	无
7	红台 12	3025	划眼	618	无
8	红台 202	3120	划眼	15	无
	平均	3277		140.01	113.88
9	（试验井）红台 15	2800	无	无	无

吐哈油田疙瘩台区块所钻探井复杂情况比较突出，平均口井损失时间 27.53h，漏失钻

井液 189.43m³，吐哈油田疙瘩台区块疙 16 井与已完成探井应用超低渗透膜钻井液技术对比情况见表 6-29。

由表 6-29 的对比情况可以看出，应用超低渗透膜水基钻井液技术后，红台 15、疙 16 井在施工中未发生复杂和漏失情况，取得了较好的井壁稳定及防漏效果。

此外，在吐哈油田葡 14 井的施工过程中，三开后从 3528m 使用超低渗透膜钻井液体系，钻至 4183m 之前井下正常，起下钻畅通，未发生复杂，在井壁稳定、防粘卡方面取得了较好的效果。同区块、同完钻层位的葡北 2-X1 井（3536～4557m）中完前，采用常规聚磺钻井液体系，发生井塌卡钻 1 次、黏吸卡钻 2 次，共计损失 3103.3h。

表 6-29　超低渗透膜钻井液技术在吐哈疙 16 井与已完探井对比情况

序号	井号	完钻井深（m）	复杂类别	损失时间（h）	漏失量（m³）
1	疙 8	2700	划眼	15	无
2	疙 10	2678	井漏（上）	37.5	125
3	疙 11	2500	井漏（上）	42	162
4	疙 12	2420	划眼	12.3	无
5	疙 13	3230	划眼井漏	58.42	975
6	疙 14	3596	划眼	27.5	64
	平均	2789		27.53	189.43
7	（试验井）疙 16	3100	无	无	无

超低渗透膜钻井液技术在红台 15、疙 16 井的应用取得了成功，与同区块所钻探井相比，井下缩径、垮塌划眼及井漏等复杂减少，降低了钻井施工的风险，特别是对于储层的保护作用尤为突出，红台 15 完井测试表皮系数 -2.2，说明该钻井液体系具有良好的储层保护效果，基本不伤害储层。

五、塔里木油田的应用

沙南一井、八盘一井、阿北 1 井、羊塔 8 井、康村 2 井、大北 101 井是塔里木油田 2005—2006 年的一批预探井，超低渗透膜钻井液在上述井上进行了现场试验，应用情况见表 6-30。

表 6-30　超低渗透膜钻井液在塔里木油田的应用情况

项目 井号	井深（m）	岩性	复杂情况井段（m）	钻井液体系	复杂类型	使用前后情况	
						前	后
沙南一井	6206.42	泥岩、膏岩	3404～5984	超低渗透膜	井塌、井漏、卡钻	发生井漏、卡钻、蹩泵	堵漏成功，电测一次成功，下套管，固井顺利
八盘一井	6507.77	粉砂泥岩、膏盐	5302～6206	超低渗透膜	卡钻、井漏、蹩泵	卡钻、井漏、电测不成功	堵漏成功，电测一次成功

续表

井号	项目	井深 (m)	岩性	复杂情况井段 (m)	钻井液体系	复杂类型	使用前后情况	
							前	后
阿北区块	阿北1井	6013	膏盐泥岩、砂岩、泥岩	2800～6013	超低渗透膜	掉快、渗漏、挂卡	井漏	堵漏成功，电测一次成功
	阿克一井（邻井）	4209.50	砂砾岩、泥岩	208～3228.10	聚磺	井漏、断钻铤		井漏两次、断钻铤三次
羊塔区块	羊塔八井	5772.5	细砂岩、粉砂岩	5235～5772.5	超低渗透膜	井漏、粘卡	井漏、粘卡	堵漏成功，电测一次成功
	却勒1井（邻井）	5858.34	泥岩、夹泥岩、石膏	5701.48～5858.34	钾聚磺	井漏、阻卡		发生井漏三次，阻卡六次，测井仪卡一次，5800m断钻头，只好侧钻，5858.34m又遇卡
康村区块	康村2井	6565	砂砾泥岩	4844.12～5900	5975.7～6565m段用超低渗透膜	井漏、卡钻	多次发生井漏、卡钻	未出现黏卡、井漏，电测一次成功
	东秋五井（邻井）	5316	砂砾泥岩	2090～5316	2090～4773m用饱和盐水KCl，4773～5316用聚磺盐水KCl	卡钻、溢流、断钻具	该井2514.85m遇卡，5314.84m被卡死，发生溢流情况七次，断钻铤一次，断扶正器一次，卡钻五次，掉牙轮一次	
大北区块	大北101井	5919	粉砂岩、膏质泥岩	1241～5900	805.8～5790m用聚磺，5790～5919m用超低渗透膜	井漏、卡钻	多次发生井漏、卡钻	转换后未出现黏卡、井漏、渗漏情况，电测一次成功
	大北1井（邻井）	5800	褐色泥岩、膏质泥岩	4565～5800	盐水KCl聚磺	井漏、卡钻	发生井漏6次，卡钻7次	

其中，对塔里木油田典型井应用情况介绍如下。

1. 八盘一井

八盘一井于2004年8月5日开钻，2005年8月31日完钻，其钻井目的是为了了解八盘水磨含油气情况和烃源岩、储盖组合发育情况，获取钻井地质资料，为该区块储层评价和勘探准备基础资料，该井在5302～6507.77m采用了超低渗透膜钻井液技术，使用效果见表6-31。

表6-31 八盘一井超低渗透膜钻井液使用效果

井号	八盘一井（实验井）
实际井深（m）	6507.77
设计井深（m）	6400
钻井周期（d）	383
试验井段（m）	5302～6507.77
钻井液体系（m）	超低渗透钾聚磺钻井液体系

井号	八盘一井（实验井）
钻井液密度（g/cm³）	1.5～2.20
测井一次成功率	83.33
复杂情况类型	井漏、卡钻、掉块
漏失层位	喀什群E、卡仑达尔组 P_2KL
漏失层地质情况	泥岩、粉砂质泥岩、含膏泥岩、粉砂岩、凝灰岩
漏失情况	漏失五次，漏失107.3m³
漏失井深（m）	5603.50、6189.5、6255.26、6274.54、6397.8
漏失原因	裂缝性漏失
堵漏措施	5603.50m一次堵漏成功（密度2.2g/cm³），6189.5m注入26.23 m³一次堵漏成功（密度2.2g/cm³）、6255.26m处注入15m³一次堵漏成功（密度2.0g/cm³）、6274.54m处密度1.85，6397.8m处密度1.80
最大安全密度窗口（g/cm³）	0.4

2. 阿北1井

阿北1井位于阿图什北1号构造上，其钻井目的是为了了解阿图什北1号构造下白垩系砂岩含油情况，获取钻井地质资料，验证构造解释模型，它是一口6000m的深井，比邻井阿克一井深达约2000m。由于采用了超低渗透膜钻井液技术，能提高安全密度窗口，封堵裂缝，采用裸眼完井。该井在2800～6013m段采用超低渗透膜钻井液技术，使用效果见表6-32。

表6-32　阿北1井超低渗透膜钻井液使用效果

井号	阿北1井（实验井）
设计井深（m）	6850.0
实际井深（m）	6013.0
钻井周期（d）	447.5
试验井段（m）	2800～6013
钻井液体系（m）	超低渗透钾聚磺钻井液体系
钻井液密度（g/cm³）	1.52～2.10
测井一次成功率	100
完井方法	裸眼
井径扩大率	9.5
复杂情况类型	井漏
漏失层位	古生界二叠系
漏失层地质情况	灰色、深灰色，间夹深灰色泥岩及灰色粉砂岩

井号	阿北1井（实验井）
漏失情况	漏失七次
漏失井深（m）	2800m、4762m、5184.71m、5225.79m、5258.99 m、5258.99 m、6007.16m
漏失原因	地层裂缝，5258.99m处第二次漏失是由于循环激动引起的
堵漏措施	2800.00m（密度1.54g/cm³）堵漏三次成功；4762m处（密度1.75g/cm³）堵漏一次成功；5184.71m处（密度1.77g/cm³）堵漏一次成功；5225.79m处（密度1.77g/cm³）堵漏一次成功；5258.99m处（密度1.76g/cm³）堵漏一次成功；5258.99m处（密度1.75g/cm³）第二次漏失采用固井；6007.16m处（密度1.92g/cm³）堵漏一次成功
最大安全密度窗口	0.56

六、冀东油田的应用

1. 柳南地区

冀东油田柳南地区储层非均质性很强，由于储层孔吼分布范围宽，常规屏蔽暂堵技术不能对非均质性很强的所有储层孔喉进行有效封堵。采用超低渗透膜钻井液技术，取得了良好的储层保护效果。试验井 L25-7 位于柳 25-10 断块，该断块被两条断层所夹持。与试验井同在一个断块、相距较近的邻井一共有 8 口，其中 L25-4、L25-5、L25-6、L21-10、L21-2 开发的是明化镇油气层，仅 L25-10、L25-12 和 L125-1 井开采的是馆陶组油气层。试验井 L25-7 井于 2006 年 1 月 9 日试油 Ng 油气层，与其邻井 L25-10、L25-12 和 L125-1 井同为 Ng 层位的油气层投产后的初期产量作对比，它们的初期产量见表 6-33。

表 6-33　L25-7 井与其邻井投产后的产量对比表

类别	井号	层位	投产后初期产量	
			油（t）	气（m³）
对比井	L25-10	Ng	10.3	
	L25-12		0	621
	L125-1		10.4	102
平均			6.9	241
试验井	L25-7	Ng	18.2	546
对比结果（%）			163 ↑	126 ↑

从表 6-33 中结果可以看出，在钻井工程施工条件基本相同的条件下，试验井比邻井产油量、产气量分别提高了 163% 和 126%，采用超低渗透膜钻井液技术进行储层保护的试验井取得了良好的储层保护效果。

2. 高尚堡地区

为改善冀东油田高尚堡深层油藏整体开发效果，实现"少井高效"的开发目的，在高 65 和高 76 区块部署了 7 口大斜度井。该 2 个断块位于高尚堡深层披覆背斜构造高部位，油层分布受断层控制，储层变化大，岩性对油层分布起控制作用，储层为岩性构造油藏。为确保采用的钻井液对钻遇的不同渗透性油层均能起到保护作用，从而获得最大的经济效益，在两个断块试验使用了超低渗透膜钻井液。投产的高 65—P1 和高 65—P2 井，单井平均钻遇油层 12 层，单井平均钻遇油层厚 70.8m，单油层平均厚 7.4m，最大单油层厚达34.4m，投产井初期平均日产原油 50 多吨。

G56—40 井（G56—34、G10—3、G17—16 和 G17—18 等邻井都在 2200 ～ 2400m 井段发生井漏导致卡钻等事故）密度为 1.22g/cm³，钻井液钻至井深 1989 ～ 2425m 时发生井漏，漏速大于 28m³/h。因该段地层含多段低压漏层和高压水层，钻至 2212 ～ 2224m 井段发生溢流，且下部地层生物灰岩发育，承压能力低，将钻井液密度提高至 1.36g/cm³ 后又加重了漏失。采用常规堵漏方法多次堵漏后效果不明显，于是，在现场配制了 40m³ 密度为1.40g/cm³，加入 2% 超低渗透剂的超低渗透膜钻井液，通过提高地层承压能力，成功封堵了漏层并控制住溢流，减少了处理井下复杂的时间。

七、华北油田的应用

华北油田馆陶组地层底部砾岩孔隙发育，普遍存在渗透性漏失，而许多区块由于长期注采，井下原始地层压力遭到彻底破坏，同一井眼的不同层位存在很大压力差异，较高密度的钻井液在低压层形成的压差较大，更易诱发渗透性漏失。钻井超低渗透膜钻井液防漏堵漏技术在 4 口典型渗透性漏失井中进行了应用，取得了显著效果。

华北油田束 3 井钻至井深 1402m 发生渗漏，继续钻至井深 1584m，漏失情况没有改善，随钻加入 2t 单向压力封闭剂堵漏，效果不明显。钻至井深 1707m 时，随着漏层的不断揭开，漏失严重，最高漏速达 4 ～ 5m³/h，累计漏失钻井液 100m³，继续采用单封加其他桥接堵漏材料进行堵漏，不见效果，被迫起钻 5 柱，静止观察。后决定采用超低渗透膜钻井液技术，取 25m 井浆加入 0.5t 超低渗透剂泵入到漏失井段，静止 30min，井筒液面不下降，20min 后补充 70m³ 钻井液，开泵循环 30min，钻井液罐液面没有下降，下钻开始正常钻进。随钻加入 2t 超低渗透处理剂，一直钻至井深 1767m 未见明显漏失，后续在 1834m 和2115m 随钻补充超低渗透处理剂来维护钻井液的性能，确保其含量为 2% ～ 3%，有效控制了漏失。

此外，在留 67X1 井、苏 55—4X 井及京 II 平 1 井分别应用了超低渗透膜钻井液，有效解决了施工过程中遇到的漏失问题，防漏堵漏效果显著。

八、胜利油田的应用

超低渗透膜钻井液技术在胜利油田胜科 1 井、渤 930 井、永 920 井及草 4 区块等不同地层、不同区块的多口井上进行了现场应用，均取得了很好的应用效果和经济效益。

其中，胜科 1 井三开阶段分别钻遇了泥岩、砂岩、盐岩、盐膏岩、软泥岩、泥质膏岩、膏质泥岩等不同的岩性地层，在整个三开钻进过程中，聚合物复合盐欠饱和聚合醇超低渗透膜钻井液体系，很好地解决了多层系、多压力地层复杂问题，顺利钻完三开；渤 930 井三开钻遇中生界和石炭、二叠系地层的硬脆性泥岩，易剥蚀掉块，垮塌，邻井钻井液资料显示，二叠系地层井径扩大率较大，平均扩大率最高达 50% 以上，复杂情况时有发生，采用抗高温超低渗透膜乳化钻井液体系，井眼平均扩大率控制在 10% 以内；永 920 井在 2900m、3600m 井段钻遇砂砾岩体，防塌、防漏和储层保护是关键，采用聚合醇超低渗透膜钻井液体系，没有出现起下钻不畅和井壁坍塌掉块等异常现象，期间电测时间长达 7d，通井两次，均无异常显示，电测井径曲线，该井有良好的油气显示；在草 4 区块应用超低渗透膜钻井液，控制了井眼扩大率，保证了固井质量和后期的顺利开采。

九、江苏油田的应用

海南花场构造前期所钻的花 3–1、花 3–5、花 3–6、花 3–7 四口井，每口井平均复杂时间约 8%，出现复杂的地层都在流二段底部，该地层岩性为硬脆性泥岩，易垮，以前主要依靠提高钻井液密度来平衡地层坍塌压力，但高密度容易引起上部地层和下部流三砂岩地层的缩径，诱发井漏，而且对于流二段硬脆性泥岩，如果不进行有效封堵，在高密度作用下，钻井液滤液大量渗入地层，在物理化学作用下引起地层垮塌。通过以上分析，决定将超低渗透膜钻井液引进该区的花 3–8 井使用，在易垮层流沙港组获得成功，有效控制了该井的井壁不稳定，加强了对地层的封堵作用，承压能力得到了有效提高，减少了滤液进入地层，全井无复杂、无事故。花 3–8 井与使用其他钻井液的 3 口邻井的井径、防塌剂用量、复杂情况及钻井液密度对比情况见表 6–34。

表 6–34　超低渗透膜钻井液在江苏油田花 3–8 井的应用对比情况

井号	井深 (m)	密度 (g/cm³)	防塌剂加量 (t)	井径扩大率 (%)	完井周期 (d)	电测 情况	复杂时间 (d)
花 3–5	3250	1.48	16	25	73	通井	7
花 3–6	3250	1.48	16	27	71	通井	6
花 3–7	3568	1.42	15	30	78	卡电	5
花 3–8	3309	1.36	11	12	62	成功	0

第四节　"双膜"保护储层钻井液应用实例

双膜协同保护储层钻井液技术具有提高地层承压能力、提高成膜效率等特点，可有效阻隔压力传递，因而适用于各种孔隙及裂缝性地层，成膜封堵效果显著。"双膜"可通过负压反排解堵，渗透率恢复值大于 95%，有效保护储层和稳定井壁。由于"成膜"封堵主要通过化学反应和强吸附作用来实现，对过平衡、欠（近）平衡以及煤层气钻井均适用。双膜协同保护储层钻井液技术在国内冀东、大港、吐哈、新疆等油田应用，其保护低中高渗砂岩及微裂缝性储层效果显著。

一、大港油田裂缝性储层的应用

大港油田的板深 51 区块的非目的层井段存在大段高渗低压砂岩，而目的层又属于高压低渗油气藏，属于难开采油气田。室内进行了砂床滤失量、砂床封堵带承压能力、岩心封堵带承压能力及油气层保护实验，实验表明：在双膜协同钻井液体系中增加固含能提高地层承压能力，降低砂床侵入深度，增强保护油气层效果。评在大港油田长芦地区板深51断块的长22-15、长23-17K、长22-13等9口井上进行了现场试验，结果表明，双膜协同保护油气层技术能有效解决含多套压力层系长裸眼段钻井过程中的事故复杂，保护油气层等技术难题。6口试验井试油，其中5口井射孔后未经过压裂、酸化、排液处理，获自喷高产。尤其长22-15井射孔后井筒压力迅速恢复，形成自喷油流，日产油96t、产气3600m³；长23-17K井试油自喷日产92t；长22-13井自喷最高达日产109t，6口井的初期产油量与邻井相比提高了近8倍，创该油田单井试采产量最高纪录，见表6-35。

表6-35 试油数据统计表

	井号	试油时间	日产油量(t/d)	日产气量(m³/d)	采油方式
邻井	长23-19	200410	13.63	238	泵抽
	长24-19K	200412	4.28		泵抽
	长27-21	200502	5		泵抽
	平均		7.63		
试验井	长22-15	200505	96	3600	自喷
	长23-17K	200509	92		自喷
	长22-13	200501	109	978	自喷
	长22-19	200602	10		泵抽
	长29-23	200603	22.38		自喷
	长21-17	200604	33.35		自喷
	平均		60.53		

二、在吐哈三塘湖盆地的应用

1. 三塘湖现场情况简介

复杂情况多、漏失严重、划眼次数多、坍塌（掉块）、储层伤害较严重。表6-36显示了各井伤害情况。

牛圈湖区块主要井下复杂是井漏和划眼，6口井有4口出现井下复杂事故共计26次（划眼9次；井漏17次，漏失量870m³），占完钻井总数的67%。塌漏同层，因漏致塌，裂缝、微裂缝发育，三叠系、二叠系岩性硬脆，构造应力强，地层胶结差，液柱压力低（密度低、井漏）小于地层坍塌压力。裂缝、微裂缝发育，钻井液或滤液易进入地层，坍塌压力升高—坍塌、掉块。

2007年所钻井漏失严重（如方1、马21、马23），其他井都存在不同程度漏失，复杂主要是漏失并引起掉块、阻卡，漏失导致液柱压力不够，剥落掉块（甚至坍塌）、阻卡是裂缝连通性地层的必然结果。

表 6-36　各井伤害情况

序号	井号	电测解释	试油解释	表皮系数（s）	污染程度
1	马 13	油层		0.8	
2	牛 101	油层		60	深度污染
3	马 18	油层		7	严重污染
4	马 3	油层		−1.3	完善井
5	马 703	油层	干层		
6	马 14	油层	差油层		

上述问题在三塘湖地区采用的钻井液对该地区的低孔低渗储层造成了严重伤害，传统的钻井液技术已不适用于三塘湖地区，为了加快三塘湖地区的勘探开发，采用了水基成膜钻井液术。

2. 钻井液配方及性能

通过处理剂优选实验，优选出了构成无固相水基聚合物成膜钻井液体系的主要组成成分以及使用的工艺条件。

配方及主要添加剂为：

3#：4.0% 土 +0.1% ~ 0.2%KPAM（考虑低加量）+2.0%CMJ 隔离膜剂 +1% ~ 2%JYW−1（超低渗透−微裂缝）+2.0%DL−102 防塌剂 +0.5%BTM−2（半透膜）+ 2% ~ 3%SPNH（降滤失剂）+1.0% 防水锁剂（降低坍塌压力剂、高效润滑剂）。

堵漏方法：1% ~ 2%JYW−2。

大漏：常规堵漏配方 +1% ~ 2%JYW−2。

（1）基本性能见表 6-37。

表 6-37　钻井液流变参数

性能序号	养护 24h 后				120℃ 热滚 16h 后				
	AV (mPa·s)	PV (mPa·s)	YP (Pa)	$FL30$ (mL)	AV (mPa·s)	PV (mPa·s)	YP (Pa)	$FL30$ (mL)	HTHP 滤失量 (mL)
1	20.0	14.0	6.0	4.4	23.0	16	7	4.6	14.2

实验结果表明，钻井液具有良好的流变性、较低的滤失量和强的抗温能力。

（2）钻井液的润滑性能见表 6-38。

表 6-38　钻井液热滚前后的摩阻系数（120℃ ×16h）

配方	密度（g/cm³）	摩阻系数	
		热滚前	热滚后
3#	1.15	0.045	0.052

结果表明，该钻井液具有良好的润滑性能。

（3）钻井液的动滤失量试验见表6-39。

表6-39　钻井液动态滤失量

序号	岩心	钻井液配方	K_a (mD)	平均温度 (℃)	滤液体积（mL）				动滤失速率（mL/min）		
					65min	105min	125min	145min	0～25min	25～65min	65～105min
1	3	1#	163.60	120	4.2	6.7	7	7.5	0.12	0.05	0.045
2	4	2#	179.6	120	3.5	5.4	5.7	6.0	0.09	0.04	0.024

　　配方1#：4%土+1%JYW-1+2%DL-102+0.3%KPAM+0.3%BTM-2；

　　　　 2#：1#+2%CMJ。

上述实验结果表明：加入了2%CMJ后，成膜钻井液体系中动滤失量随时间变化的增量在150min后为零，证明成膜钻井液体系具有良好的防止泥页岩坍塌和保护储层效果。

（4）钻井液体系的储层保护效果室内评价实验（图6-7）。

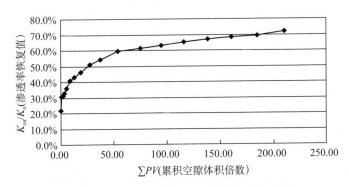

图6-7　渗透率恢复值与累计空隙体积倍数的关系图

岩心：K_0=7.49mD；

配方：4%土+1%JYW-1+2%DL-102+0.3%KPAM+0.3%BTM-2+2%CMJ。

双膜（超低渗透+隔离膜）可以达到很好的保护裂缝性储层的效果，渗透率恢复值大于95%，甚至达到100%，钻井液体系的保护储层效果很好。

3. 现场试验情况

在吐哈三塘湖条11井和马23井试用了双膜处理剂，并与未使用的探井与试验井的情况进行了对比，具体参数见表6-40和图6-8。

表6-40　吐哈三塘湖条11井和马23井与未使用的探井与试验井对比

井号	开钻年度（年）	钻井周期（d）	井深（m）	钻井液体系	平均机械钻速（m/h）	完钻钻井液密度（g/cm³）	油层平均井径扩大率（%）	全井平均井径扩大率（%）
条5	2000	156	3800	聚磺	2.05	1.29	8.7	12.2
条7	2002	133	3540	聚磺	1.53	1.25	9.03	15.9
条10	2005	65	2800	聚磺	4.84	1.22	7.35	15.25

续表

井号	开钻年度 （年）	钻井周期 (d)	井深 (m)	钻井液体系	平均机械钻速 (m/h)	完钻钻井液密度 (g/cm³)	油层平均井径扩大率 (%)	全井平均井径扩大率 (%)
条 11	2007	78	3400	双膜	3.19	1.15	7.87	9.11
马 801	2006	79	3000	聚磺	3.16	1.2	7.75	9.32
马 19	2006	74.12	2800	聚磺	2.92	1.2	14.3	14.8
马 23	2007	64	2840	双膜	4.29	1.15	15.37	15.53

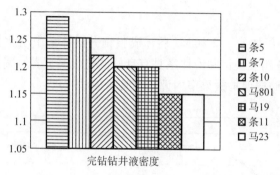

图 6-8　条 11 井和马 23 井与未使用的探井与试验井完钻钻井液密度对比

　　吐哈三塘湖条 11 井和马 23 井与未使用的探井与试验井对比，井径扩大率低，完井液密度低，下拉安全密度窗口，提高了平均机械钻速。减少了漏失，取得明显效果。

　　4. 井下复杂情况统计分析

　　将吐哈三塘湖条 11 井和马 23 井这两口试用井的井下复杂事故情况与未使用的探井和试验井的情况进行了对比，具体情况见表 6-41。

表 6-41　井下复杂情况统计表

井号	复杂情况	井段（m）	钻井液密度 (g/cm³)	漏失量（m³）	损失时间	处理复杂时效 (%)	原因
条 5	划眼 8 次 漏失多次	3430～3685	1.29	1609	465：40	16.94	地层胶结差、裂缝发育，划眼压力过大井塌
条 7	扩划眼井漏	2249～2254	1.25		91：37	1.92	地层较疏松、存在破碎带
					11：55		
条 10	漏失	2151～2155.8	1.22	26.2	22：50	0.75	存在漏层
				65	11：50		
条 11	漏失	2015～2353	1.15	4	41：45	2.21	
马 801	漏失	2094	1.20	430	20：55	1.1	裂缝性漏失
马 19	阻卡	2124	1.20		48：00	2.5	中途电测，钻井液静置时间过长，地层垮塌
马 23	漏失	1963.3～1964.96 1970～1988.58	1.15	92	21：55	1.14	

从表 6-41 可知按初步研究成果进行的现场试验，降低了钻井液密度，减少了漏失，取得明显效果。复杂情况主要表现漏失以及由漏失而引发的掉块、阻卡。

结果表明，双膜协同保护储层技术能有效阻止固相和液相进入储层，达到稳定井壁和保护储层的双重目的。

三、冀东油田裂缝性储层的应用

冀东油田岩性圈闭储层具有埋藏深的特点，该地区的奥陶系裂缝性碳酸盐岩储层钻探成本高、风险较大，因此采用"双膜"协同保护储层钻井液技术进行了现场应用，见表6-42。结果表明，该钻井液体系的表皮系数小于或接近零，API 滤失量低，瞬时失水量为零，砂床滤失量均为零，平均井径扩大率为 6.7%，油层平均渗透率恢复值达到 90% 以上，与邻井相比产量提高了 2.44 倍，水平井产量是邻井的 4.75 倍，有效地解决了该地区水平井、压力敏感地层井、漏失井等的技术难题，储层保护效果显著。

表 6-42　冀东油田双膜协同作用保护储层评价现场应用效果

井号	层位	层号	解释井段 (m)	厚度 (m)	射孔井段 (m)	厚度 (m)	表皮系数
NP1-17	Ed₁	81	3276.0 ~ 3288.0	12	3276.0 ~ 3288.0	12	-3.32
		82	3311.4 ~ 3322.0	10.6	3310.0 ~ 3316.0	6	-1.42
NP1-22	Ed₁	65	3375.4 ~ 3384.8	9.4	3375.4 ~ 3384.8	9.4	0.0625
		39	2967.8 ~ 2991.6	23.8	2967.8 ~ 2991.6	23.8	-0.492
		34	2904.0 ~ 2906.0	2.0	2904.0 ~ 2906.0	2.0	-2.92
		32	2893.6 ~ 2896.0	2.4	2893.6 ~ 2896.0	2.4	
		30	2887.6 ~ 289.4	2.8	2887.6 ~ 289.4	2.8	

四、新疆油田的应用

新疆呼图壁储气库位于南缘山前褶皱带，该区块自勘探开发以来，钻井复杂事故频繁发生，强地应力和水敏性泥页岩引起的井壁失稳一直制约着该地区油气勘探开发。采用双膜协同保护储层技术，通过物理化学方法封堵地层的层理和微裂缝，实现物化阻隔，有效支撑井壁，同时阻止钻井液滤液进入地层。强化了钻井液的抑制性，提高膜效率。

现场应用表明，双膜协同保护储层技术具有以下优势：

（1）复杂事故少。目前储气库钻井工程开钻 10 口井，其中顺利钻穿安集海河组 6 口井，已完钻 3 口井。发生卡钻事故 1 井次，井漏 2 井次，起下钻阻卡现象得到有效控制。比较以往勘探开发井（卡钻 15 井次，井漏 9 井次，阻卡频繁），井下复杂事故大大减少。电测成功率为 100%，套管顺利下到位。

（2）钻井周期缩短。以往勘探开发井平均钻井周期为195d，而目前储气库钻井工程已完钻 3 口井的平均钻井周期为 137d，其中 HUK20 井在安集海河组发生卡钻头事故，处理事故 8d，钻井周期 134d；HUK18 井全井取心 82.14m（其中安集海河组取心 5.30m，收获率达到 100%），钻井周期为 157d；HUK24 井钻井周期为 119d。钻井提速有效地为储气库建设、投产争取了大量时间。

（3）保护储层。表 6-43 为室内渗透率恢复值实验数据，可以看出，双膜完井液具有很好的储层保护效果。

表 6-43　室内渗透率对比实验

钻井液	初始渗透率（mD）	恢复渗透率（mD）	恢复值（%）
钾盐聚磺完井液	35.2	21.5	61
切割 1cm	35.2	30.3	86
钾盐双膜屏蔽完井液	39.5	16.6	42
切割 1cm	39.5	35.9	91

参 考 文 献

白小东，蒲晓林．水基钻井液成膜技术研究进展．天然气工业，2006，26（8）：75－77

白小东．纳米—膜结构水基钻井液机理研究．博士论文，2007

丁锐，李健鹰．活度与半透膜对页岩水化的影响．钻井液与完井液 1994，第 11 卷，第 3 期

丁锐，苏辉等．成膜树脂型防塌剂 FGA 开发应用．钻井工程井壁稳定新技术．北京：石油工业出版社，1999：531－534

杜德林等．页岩在不同活度溶液中的膨胀规律．钻井工程井壁稳定新技术，169－177

哈润华，侯斯健等．高单体浓度下反相微乳液聚合．高分子通报，1995（6）：745－748

哈润华，侯斯健等．微乳液结构和丙烯酰胺反相微乳液聚合．高分子通报，1995（10）：10－15

哈润华，侯斯健等．微乳液聚合和丙烯酰胺反相微乳液聚合．高分子通报，1995（1）：10－19

洪啸吟，冯汉保．涂料化学．北京：科学出版社，1997

金军斌，于忠厚等．新型成膜防塌剂 MFT-1 的研究和应用．西部探矿工程，2002（2）：62－63

林喜斌，孙金声，苏义脑．水基半透膜钻井液技术的研究与应用［J］．钻井液与完井液，2005，（6）

蒲晓林，白小东等．钻井液隔离层理论与成膜钻井液研究．钻井液与完井液，2005，22（6）：1－4

任建新．膜分离技术及其应用．北京：化学工业出版社，2003，1（1）

（苏）戈罗德诺夫著，李蓉华、周大晨译．预防钻井过程中复杂情况的物理化学方法．北京：石油工业出版社，1992：196－196

孙金声，林喜斌，张斌，尹达，杜小勇，刘雨晴．国外超低渗透钻井液技术综述［J］．钻井液与完井液，2005，22（1）：57－59

孙金声，苏义脑，罗平亚，刘雨晴．超低渗透钻井液提高地层承压能力机理研究［J］．钻井液与完井液，2005，22（5）：1－3

孙金声，唐继平，张斌，汪世国，尹达，梁红军，刘雨晴．超低渗透钻井液完井液技术研究［J］，钻井液与完井液，2005，22（1）：1－4

孙金声，唐继平，张斌，汪世国，尹达，梁红军，刘雨晴．超低渗透钻井液完井液技术研究［J］，钻井液与完井液，2005，22（1）：1－4．文章编号：1001－5620（2005）01－0001－04

孙金声，唐继平，张斌，尹达，虞邦杰，邹盛礼，梁红军．几种超低渗透钻井液性能测试方法［J］．石油钻探技术，2005，33（6）：25－27

孙金声，汪世国，刘有成，张毅，魏民洁，刘雨晴．隔离膜水基钻井液技术研究与应用．钻井液与完井液，2005，22（3）：5－8

孙金声，汪世国，刘有成，张毅，魏民洁，刘雨晴．隔离膜水基钻井液技术研究与应用［J］．钻井液与完井液，2005，22（3）：5－8

孙金声，汪世国等．水基钻井液成膜（半透膜、隔离层）技术研究．钻井液与完井液，

2003，No.6

孙金声，张家栋，黄达全，王宝田.超低渗透钻井液防漏堵漏技术研究与应用[J].钻井液与完井液，2005，22（4）：21−26

孙金声.水基钻井液成膜技术研究.博士论文，2006

汪长春，府寿宽等.活性自由基聚合法制备以C60封端的聚苯乙烯.功能高分子学报，2000，13（2）：125−128

王平全，孙金声，李晓红.成膜（隔离膜）水基钻井液体系实验研究[J].西南石油学院学报，2004，（6）

王平全，孙金声，李晓红.成膜（隔离膜）水基钻井液体系实验研究[J].西南石油学院学报，2004，（6）

王煦，杨世珖等.空气雾化钻井井壁稳定剂的室内评价研究，油田化学，2000，17（2）：107−109

肖衍繁，李文斌.物理化学.天津：天津大学出版社，1997（第一版）：221−223

徐相凌，葛学武等.甲基丙烯酸甲酯微乳液聚合中粒子成长过程的探讨.高分子学报，1998（6）：658−664

徐相凌.微乳液聚合研究进展.高等学校化学学报，1999，20（3）：478−485

袁春，孙金声，王平全等.抗高温成膜降滤失剂CMJ−1的研制及其性能[J].石油钻探技术，2004，（2）

袁春，孙金声等.抗高温成膜降滤失剂CMJ−1的研制及其性能.石油钻探技术，2004，No.1

张洁，孙金声，徐红军，等.隔离膜处理剂CMJ性能研究[J]，钻井液与完井液，2009，26（2）：16−18

张克勤等.国外水基钻井液半透膜的研究概述.钻井业与完井液，2003，20（6）：1−5

张克勤等.国外水基钻井液半透膜的研究概述.钻井液与完井液，2003，6

张绍槐，罗平亚等.保护储集层技术.北京：石油工业出版社，1993

张孝华.现代钻井液实验技术.北京：石油工业出版社，1999：43−45

赵瑶兴，孙祥玉.有机分子结构光谱鉴定.北京：科学出版社，2003：1−60

赵艺强，府寿宽等.聚合物纳米粒子的制备及其新型物理水凝胶结构的AFM和SEM研究.高等学校化学学报，1999，20（6）：984−986

赵勇，何炳林等.反相微乳液中疏水缔合型丙烯酰胺的合成及其性能研究，高分子学报.2000，（10）：550−553

Eric van Ocrt 等著.农政军译.泥页岩中的水相运移与改良钻泥页岩水基钻井液的设计.国外钻井技术，1999，No.3

Marcel Mulder 著，李琳译.膜技术基本原理.北京：清华大学出版社，1999

Ballard, T.1 .Beare, S.P., and Lawless, T.A. Mechanisms of shale inhibition with water−based muds. Paper presented at the 1993 IBC Conference on Preventing Oil Discharge from Drilling Operations−The Options, Aberdeen, U.K., June 23−24

Bartholome C, Beyou E, Bourgeat−Lami E, Chaumont P, Zydowicz N, et al. [J] . Macromolecules, 2003, 36：7946−7952

Bland R, et al, Low Salinity Polyglycol Water−based Drilling Fluids as Alternatives to Oil−

based Mud. SPE36400

Bland R.Water—based glycol systems acceptable substitute for oil—based muds [J] Oil & Gas Journal, 1992, 90 (26) : 54 — 59

C. P. Tan, Fersheed K. Mody. Development and Laboratory Verification of High Membrane Efficiency Water—Based Drilling Fluids with Oil—Based Drilling Fluid—Like Performance in Shale Stabilization [C] . 2002, SPE78159

Candau F., Palos C.M., Ed. Polymerization in Organic Media. PA : Gordon Science Publication, 1992: 215

Candau F., Palos C.M., Ed. Polymerization in Organic Media. PA : Gordon Science Publication, 1992: 215

Caroline Lemarchand, Patrick Couvreur, Christine Vauthier, Dominique Costantini, Ruxandra Gref. Study of emulsion stabilization by graft copolymers using the optical analyzer Turbiscan. International Journal of Pharmaceutics, 2003 (254) : 77—82

Cheep. P. Tan, Fersheed K. Mody. Novel High Membrane Efficiency Water—Based Drilling Fluids for Alleviating Problems in Troublesome Shale Formations [C] . 2002, SPE77192

Chenevert M E and Sharma A K. Permeability and Effective Pore Pressure of Shales.SPE Paper 21918, 1991

Chenevert M E and Sharma A K. Permeability and Effective Pore Pressure of Shales.SPE Paper 21918, 1991

D. O. Shah, Macro and Microemulsion : Theory and Practices, ACS Symp., Ser., ACS : Washington DC, 1985, 272

Darcy, H., Les fontaines publique de la ville Dijon, 1856

Developing water—based muds to achieve membrane efficiency, drilling fluids, 2001

Downs .J .D. A New Concept in Water—based Drilling Fluids for Shales .SPE 26699, 1993

Durand C.Influence of clay on borehole stability : a literature Survey : Part one : Occurrence of drilling problem.Physico—chemical description of clays and of their interaction with fluids.Rev. Inst.Fr.Pet, 1995, 50 (2)

Fersheed K. Mody, Uday A. Tare. Development of Novel Membrane Efficient Water—Based Drilling Fluids Through Fundamental Understanding of Osmotic Membrane Generation in Shales [C] . 2002, SPE77447

Gan L. M., Chew C.H., Lee K.C., et al. Polymerization of Methyl Methyacrylae in Oil—in—Water Microemulsion. Polymer. V 34 n14 1993: 3064—3069

Gan L.M., Chew C.H. Microporous Polymer Composites from Microemulsion Polymerization. Colloid and Surfaces A : Physicochemical and engineering Aspects. V123 ~ 124 1997: 681—693

Gan L.M., Lian N., Chew C.H. et al. Polymerization of Methyl Methacrylate in a Winsor I—Like System. J Macroml Sci—pure Appl chem.1996, A33 (3) 371 —384

Hale A H, Mody F K and Salisbury D P.Experimental Investigation of the Influence of Chemical Potential on Wellbore Stability.IADCISPE Paper 23885, 1992

Headley J A, walker T O, Jenkins R W. environmentally Safe Water—Based Drilling

Fluid to Replace Oil—Based Muds for Shale Stabilization [R] Drilling Conference, Held in Amsterdam, February 28—March 2, SPE ／ IADC 29404, 1995

J. D. Morgan, M. Lusvardi, E. W. Kaler, Macromolecules, 1997, 30, 1897

Loh S E, Gan L.M., Lian N., Chew C.H. et al. Polymerization of Styrene in a Winsor I—like System Langmuir. V10 n7 1994：2197—2201

Mijnlieff, P.F., and Jaspers, W.J.M., Trans. Faraday Soc., 67 (1971) 1837

Mody F K, Hale, A. H. A Borehole Stability Model to Couple the Mechanics and Chemistry of Drilling Fluid/Shale interaction. SPE/IADC 25728, Feb 1993

Mody F K, Hale, A. H. A Borehole Stability Model to Couple the Mechanics and Chemistry of Drilling Fluid/Shale interaction. SPE/IADC 25728, Feb 1993

Mondshine T C, Kercheville J D and Gas Journal, 1969, 7, 14.Shale Dehydration Studies Point Way to Successful Gumbo Shale Drilling.The Oil and Gas Journal, 1966, 3, 28

Mondshine T C.New Techinque Determines Oil—mud Salinity Needs in Shale Drilling.The Oil

Nakao, S—I, Wijmans, J.G., and Smolders, C.A., J. Membr. Sci., 26 (1986) 165

Philipse A P, Vrij A, Bohn E, et al. [J] .J Colloid Interface Sci, 1989, 128：121

R. Schlemmer, J. E. Friedheim. Chemical Osmosis, Shale, and Drilling Fluids [J] . SPE Drilling & Completion, 2003 (12)：318—331

R. Schlemmer, J. E. Friedheim. Membrane Efficiency in Shale—An Empirical Evaluation of Drilling Fluid Chemistries and Implication for Fluid Design [C] . IADC/SPE Conference, 2002, IADC/SPE 74557

R.Schlemmer. Membrane efficiency in shale—An empirical evaluation of drilling fluid chemistries and implication for fluid design, IADC/SPE 74557, 2002

S. Biggs, F. Grieser, Macromolecules, 1995, 28, 4877

Simpson J P, Walker T O, Jinng G Z Environmentally acceptable Water—Based Mud Can Prevent Shale Hydration and Maintain borehole stability [R] .drilling conference, held in dallas, tx feb 15—18, SPE/IADC 27496, 1994

Strauss U P, Leung Y P.J.Am.Chem.Soc., 1965, 87：1476

Svedberg, T., and Pedersen, K.O., the Ultracentrifuge, Clarendon Press, Oxford, 1940

T. F. Hear and J. H. Schalman, Nature, 1943, 52, 102

Van den Berg, G.B., and Smolders, C.A., J. Membr. Sci., 40 (4989) 149

Xu Xiangling, Fei Bin, Zhang Zhicheng et al. Polymerization of Butyl Acrylate in Anionic Microemulsion. Journal of Polymer Science, Part A：Polymer Chemistry.V34 n9 1996：1657—1661

Xu Xiangling, Zhang Zhicheng, Wu Hongkai et al. Polymerization of Styrene in Anionic Microemulsion with High Monomer Content. Polymer. V39 n21 1998：5245—5248

Xu Xiangling, Zhang Zhicheng, Zhang Manwei et al. Microemulsion Polymerization of Butyl Acrylate Initiated by γ Rays. Journal of Applied Polymer Science.V62 n8 1996：1179—1183